·畜禽病防治及安全用药丛书·

牛 病
防治及安全用药

李建喜　杨志强　◎主编

U0230785

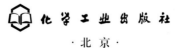

化学工业出版社

·北京·

本书由中国农业科学院兰州畜牧与兽药研究所长期从事牛病研究的人员，结合多年临床经验和科研成果编写而成。本书从牛病的免疫预防、疾病诊断、治疗方案、合理科学用药等方面提出指导与建议。本书内容丰富、文字简练、实用性强，可供规模化养牛场（奶牛、肉牛、牦牛）的畜牧兽医工作者及养牛专业户学习使用，期望对众多养殖户和临床兽医有所帮助，为我国的畜牧业尽微薄之力。

图书在版编目（CIP）数据

牛病防治及安全用药 / 李建喜，杨志强主编 . —北京：化学工业出版社，2018.1 （2022.10重印）
（畜禽病防治及安全用药丛书）
ISBN 978-7-122-31070-5

Ⅰ. ①牛… Ⅱ. ①李…②杨… Ⅲ. ①牛病－防治②牛病－用药法 Ⅳ. ① S858.23

中国版本图书馆 CIP 数据核字（2017）第 293167 号

责任编辑：漆艳萍　　　　　　　　　　文字编辑：赵爱萍
责任校对：宋　夏　　　　　　　　　　装帧设计：韩　飞

出版发行：化学工业出版社
　　　　　（北京市东城区青年湖南街13号　邮政编码100011）
印　　装：北京缤索印刷有限公司
850mm×1168mm　1/32　印张10³/₄　字数290千字
2022年10月北京第1版第7次印刷

购书咨询：010-64518888
售后服务：010-64518899
网　　址：http://www.cip.com.cn
凡购买本书，如有缺损质量问题，本社销售中心负责调换。

定　　价：68.00元　　　　　　　　　　　　　版权所有　违者必究

牛病防治及安全用药

编写人员名单

主　　编	李建喜　杨志强
副 主 编	王旭荣　冯　霞　张景艳
参 编 人 员	王　磊　王学智　吕嘉文
	张　康　张　凯　张　宏
	李锦宇　罗超应　郑继方
	孟嘉仁　周旭正　杨馥茹
	崔东安　韩积清

牛病防治及安全用药

前 言

FOREWORD

　　随着现代农业科技进步和发展，我国在牛产业经济方面取得了显著成效，在养殖技术方面有了明显提高，奶牛标准化规模养殖模式已经成熟并得到广泛推广，肉牛养殖朝精细化方向转变，牦牛产业一直是青藏高原藏区畜牧业的重要支柱，水牛养殖得到了各界重视。2007年以来，农业部和财政部启动了现代农业产业技术体系建设项目，在奶牛产业技术体系、肉牛牦牛产业技术体系和行业相关团队的带动下，一大批养殖技术得到了熟化并落地开花，促进了养牛业的转型升级，支撑了牛产业又好又快的发展，牛肉品质越来越好。人们对牛病防控的认识在思想上有了明显变化，防重于治的意识逐渐增强，牛病防控水平得到了全面提升，兽药和疫苗资源得到了扩充，口蹄疫等大病在规模牛场被有效控制，普通病发病率呈下降趋势，在保障牛产业健康持续发展方面发挥着重要作用。但是，随着养殖方式的转变和贸易流动加快，牛病的发生出现了新情况和新态势，病原有突变现象，临床症状呈非典型化、病因呈复杂化，一些人畜共患病净化速度慢，外来病、新发和再发病导致的生物安全问题没有引起养殖场（户）足够重视，抗菌药物过量和不规范使用导致的细菌耐药问题仍然严重，诸多因素均威胁着我国牛养殖业健康发展和乳、肉的质量安全。

近年来，我国兽医人才教育和培养发展不均衡，临床兽医严重缺乏，不能满足牛病防控需求，精准诊治技术难以全面普及和推广，药物的科学、合理使用方案不能有效落实，中兽医医药防病技术没有发挥出其应有价值，这就需要继续加强临床兽医、兽药知识的普及，指导牛病规范化防控。因此，为了保障我国牛养殖业健康持续发展和安全用药，笔者广泛查阅和收集了近年来兽医工作者治疗牛病的技术资料，并根据自己的临床应用与学习体会，编写了《牛病防治及安全用药》。本书系统地介绍了牛病临床检查、牛传染病防治、牛消化系统疾病防治、牛营养代谢病防治、牛乳房疾病防治、牛产科疾病防治、牛中毒性疾病防治、牛寄生虫病防治、犊牛疾病防治、牛病安全用药、疫苗合理使用等内容，从疾病概念、病因病原、临床症状、诊断、预防与控制、中西兽医防治等方面进行了详细介绍。

　　本书第一章由王旭荣编写，第二章由冯霞、张康、王旭荣编写，第三章由王磊、冯霞、王学智编写，第四章由杨志强、王磊、张凯编写，第五章由李建喜、崔东安编写，第六章由王磊、韩积清编写，第七章由王旭荣、李锦宇、罗超应编写，第八章由崔东安、杨志强、周旭正编写，第九章由李建喜、王旭荣、孟嘉仁编写，第十章由张景艳、张宏、吕嘉文、郑继方编写，第十一张由吕嘉文、杨馥茹编写。

　　本书在编写过程中，参考了近年来兽医工作者治疗牛病的最新资料，得到了国家奶牛产业技术体系岗位科学家项目支持，非常感谢养牛领域各位同仁！

　　限于笔者水平，书中不足之处在所难免，恳请读者批评指正。

编　者

牛病防治及安全用药

目 录
CONTENTS

第一章　牛病临床检查

第二章　牛传染病防治

第三章　牛消化系统疾病防治

第四章　牛营养代谢病防治

第五章　牛乳房疾病防治

第六章　牛产科疾病防治

第七章　牛中毒性疾病防治

第八章　牛寄生虫病防治

第九章　犊牛疾病防治

第十章　牛病安全用药

第十一章 疫苗合理使用

第一章

牛病临床检查

一、临床检查内容

临床检查的目的是通过兽医的基本理论诊断和鉴别诊断来分析、确定动物患有何种疾病。临床检查包括获取有诊断价值的病史、牛体全面检查、选择必要的辅助手段等内容。

1. 病史

诊断的基本要素是获得详细、准确且有诊断价值的现病史和既往病史资料。通过观察和简单的询问，获得牛只性别、体重、品种、体形、年龄、采食、颜色、用途等最基本的信息，然后提出与疾病相关的关键性问题。确定疾病的持续时间，一般根据发病时间，分为最急性、急性、亚急性和慢性疾病，持续时间一般为0～24小时、24～96小时、4～14天、14天以上。

2. 一般检查

一般检查为望诊。望诊的内容包括牛的姿势、体况、体形、情绪等。牛的姿势包括站姿、卧姿、起立姿势等，异常的姿势都可以为疾病的诊断带来有价值的信息。临床兽医可以根据牛群的总体状况或与同群的其他个体比较，来评定犊牛或成年牛的体况。过度肥胖或过度消瘦都可能是与疾病相关的主要信息。牛的非正常体形或

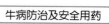

结构缺陷很可能诱发或暗示患有某种疾病。牛只或牛群的性情变化会提示患有某种疾病或管理中存在的一些问题。

3.详细检查

一般从牛的后躯进行检查会减少牛的应激，因为接近牛的头部和前躯均易引起牛只兴奋，心率和呼吸频率会发生改变。① 用动物体温计测量直肠温度，体温计应在直肠中停留2分钟以上。② 在离尾根15～30厘米的尾动脉触诊确定脉搏数。③ 通过观察胸部运动记录呼吸频率。④ 对奶牛可触诊乳房及乳房上淋巴结，通过触诊乳区和检查每个乳区分泌的乳汁性状来评估乳腺健康程度。⑤ 通过检查阴户黏膜的颜色和特征可查出是否贫血、黄疸或充血，也可观察阴道排出物的情况。⑥ 体左侧的检查包括心肺听诊、瘤胃和腹部的检查；心脏听诊时应测定心率、节律和心音的强度；肺部听诊时应覆盖整个肺区，听诊发现异常应进行胸部叩诊以辅助诊断；检查左腹部对瘤胃进行评估，应触诊和听诊瘤胃，在左肷窝处最少听诊1分钟以确定瘤胃的收缩次数和性质。⑦ 体右侧检查包括心肺的听诊、腹部检查、乳腺检查等；右侧心肺的检查与左侧相同；右侧腹部可检查许多脏器。⑧ 头部检查应对其对称性、鼻液、鼻孔气流、眼球凹陷或突出、黏膜、牙齿等进行检查，注意呼吸道和口腔的气味。⑨ 直肠检查可评估部分胃肠道疾病和生殖道疾病。⑩ 阴道检查可有效评估奶牛生殖道状况、监察和协助分娩，对产后保健、恢复有重要临床意义。⑪ 如出现跛行或肌肉骨骼异常，要对牛的四肢、蹄及其他部位进行检查。

4.辅助检查

辅助检查包括血液学检查、血清学检查、超声检查、腹腔穿刺术、胸腔穿刺术、心包穿刺术、关节穿刺术、乳汁抽样检查等，然后根据不同的病例，在实验室进行诊断分析。

二、临床检查和实验室检查的参考数据

参见表1-1～表1-4。

表1-1 牛的正常生理指标参考值

项 目	品 种				
	奶牛	犊牛	肉牛	水牛	黄牛
体温/℃	38～39.5	38～39.5	38～39	36.5～38.5	37.0～39.5
脉搏/（次/分）	60～80	72～100	50～80	30～50	60～80
呼吸频率/（次/分）	10～30	20～40	10～30	10～50	10～30

表1-2 牛的异常姿势与疾病分析参考示例

异常姿势	可能发生的疾病
厌食，弓背，肘外展的疼痛站立姿势	胸膜炎、腹膜炎
厌食，弓背，躺卧时四肢伸得比正常远，不愿站立	多发性关节炎
举尾、头颈平伸，前肢和后肢均比正常时前伸和后送，精神紧张，耳竖立	破伤风
卧地，前肢伸直	前肢肌肉骨骼损伤
侧卧但有警觉反应	有时为正常状态，常是肌肉骨骼疼痛的指征，或者由于乳房肿胀、腹部蜂窝织炎引起的腹侧部疼痛
躺卧时颈部呈"S"状弯曲，沉郁或昏迷	低血钙
犊牛侧卧，角弓反张，沉郁	脑灰质软化或其他中枢神经系统疾病
成年牛侧卧，角弓反张，沉郁	偶见于低镁血症或其他中枢神经系统疾病
磨牙，眼瞎但有良好的瞳孔反应，沉郁	铅中毒，脑灰质软化
磨牙，用鼻子抵推物体	慢性腹痛、鼻窦炎、肌肉疼痛、骨骼疼痛
腹痛	消化不良，小肠梗阻，泌尿道异常，盲肠臌胀或扭转

续表

异常姿势	可能发生的疾病
腕部支地，后躯抬起	蹄叶炎
里急后重	病毒性腹泻、阴道炎、直肠刺激、球虫病、狂犬病、肝衰竭
前肢交叉，不愿运动	两前蹄内侧都出现跛行
咀嚼物品，咬水槽、铁管，舔咬皮肤，有攻击行为	神经性酮病或中枢神经系统疾病

注：引自《奶牛疾病学》（第二版）。

表1-3　奶牛全血细胞计数参考值

项　　目	正常值范围
血细胞比容（HCT）/%	23.1～31.7
血色素（HB）/（克/升）	86～119
红细胞（RBC）/（$\times 10^{12}$/升）	5.0～7.2
红细胞平均体积（MCV）/飞升	41.2～52.3
红细胞平均血红蛋白量（MCH）/皮克	15.3～19.2
红细胞平均血红蛋白浓度（MCHC）/（克/升）	357～381
红细胞分布宽度（RDW）/%	16.7～23.0
白细胞总数（WBC）[①]/（$\times 10^{9}$/升）	5.6～12.7
淋巴细胞/（$\times 10^{9}$/升）	2.3～9.3
中性粒细胞/（$\times 10^{9}$/升）	1.1～5.7
嗜酸粒细胞/（$\times 10^{9}$/升）	0～2.0
嗜碱粒细胞/（$\times 10^{9}$/升）	0～0.2
血小板平均容积（MPV）/飞升	5.5～7.2

① 指正常情况下＜6周龄的犊牛。

注：引自《奶牛疾病学》（第二版）。

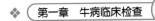

表1-4　牛血液生化检验参考值

项　　目	牛
钠/（毫摩尔/升）	132 ～ 152
钾/（毫摩尔/升）	3.9 ～ 5.8
氯化物/（毫摩尔/升）	95 ～ 110
钙/（毫摩尔/升）	2.43 ～ 3.10
磷/（毫摩尔/升）	1.08 ～ 2.76
镁/（毫摩尔/升）	0.74 ～ 1.10
铜/（毫摩尔/升）	5.16 ～ 5.54
铁/（微摩尔/升）	10 ～ 29
渗透压/（毫摩尔/升）	270 ～ 306
总铁结合力/（微摩尔/升）	20 ～ 63
pH值（静脉）	7.35 ～ 7.50
碳酸氢盐/（毫摩尔/升）	20 ～ 30
总二氧化碳/（毫摩尔/升）	20 ～ 30
尿素氮/（毫摩尔/升）	2.0 ～ 7.5
尿素/（毫摩尔/升）	3.55 ～ 7.10
肌酐/（微摩尔/升）	67 ～ 175
总胆红素/（微摩尔/升）	0.17 ～ 8.55
直接胆红素/（微摩尔/升）	0.70 ～ 7.54
间接胆红素/（微摩尔/升）	0.51
胆酸/（微摩尔/升）	＜ 120
胆固醇/（毫摩尔/升）	1.0 ～ 5.6
血糖/（毫摩尔/升）	2.49 ～ 4.16
总蛋白/（克/升）	57 ～ 81
白蛋白/（克/升）	21 ～ 36
球蛋白/（克/升）	30.0 ～ 34.8

项　　目	牛
血清白蛋白/球蛋白/（克/升）	0.84～0.94
α球蛋白/（克/升）	7.5～8.8
β球蛋白/（克/升）	8.0～11.2
γ球蛋白/（克/升）	16.9～22.5
纤维蛋白原/（微摩尔/升）	8.82～20.6
丙氨酸转氨酶（ALT）/（国际单位/升）	11～40
天冬氨酸转氨酶（AST）/（国际单位/升）	78～132
碱性磷酸酶（ALP）/（国际单位/升）	0～500
谷氨酰转移酶（GGT）/（国际单位/升）	6～17.4
肌酸激酶（CK）/（国际单位/升）	35～280
乳酸脱氢酶（LDH）/（国际单位/升）	692～1445

注：引自Radostits O M，et al. 2005. Veterinary Medicine. 9th Edition；Morgan r h. 2007. Handbook of Small Animal practice. 5th Edition。

第二章

牛传染病防治

一、口蹄疫

口蹄疫是由口蹄疫病毒引起的偶蹄类动物共患的急性、热性、接触性跨境传染病，民间俗称"口疮""蹄癀"等。临床特征是患病牛口腔、鼻镜、蹄部及母畜乳房等处皮肤发生水疱，继而水疱破损后形成溃疡或斑痂，患病牛表现为大量流涎水（呈垂丝状）、跛行和卧地，导致生产性能大幅下降（消瘦、乳腺炎或停乳），犊牛可能因为心肌炎而死亡。该病发病率极高，有时可高达100%。我国将其列为一类动物疫病之首。

【病原】口蹄疫病毒属微核糖核酸病毒科口蹄疫病毒属成员。根据其免疫学特性的不同，口蹄疫病毒可以分为7个血清型，包括O型、A型、Asia 1型、C型、南非1型、南非2型和南非3型。基于遗传关系和地理区域的不同，每个血清型可以分为不同的拓扑型；在拓扑型中，将表型独特的遗传群称为谱系。各血清型之间没有交义保护；而在单个的血清型内（拓扑型之间）也只有部分的交叉保护。因此，同一个地区可同时流行几个不同的口蹄疫血清型，也可流行同一血清型的几个不同的拓扑型。目前，流行范围最广的是O型口蹄疫病毒，其次为A型，再次为Asia 1型。口蹄疫病毒对外界环境抵抗力很强，带毒组织或污染的垫草、饲料、皮毛及土壤可保持其病毒具有感染力长达数月之久。对阳光、高温、强酸（pH值＜6.5）、强碱（pH值＞11）等很敏感。有些消毒剂［如乙醇、酚类及季铵盐类表面活性消毒剂（新洁尔灭）］对口蹄疫病毒的杀灭效果不理想。用2%氢氧化钠、30%草木灰水、2%甲醛溶液、0.5%过氧乙酸、4%的碳酸钠溶液等在短时间内可灭活病毒。

【流行病学】家畜中牛最易感，幼畜易感性更高。存在潜伏期和恢复期排毒现象，症状出现后的头几天，病牛以舌面水疱皮排毒为最多，其次为粪、乳、尿；主要经呼吸道和消化道传播，也可经损伤的黏膜和皮肤感染；空气传播在口蹄疫流行上起着决定性的作用：病毒能随风散播到50～100千米以外的地方，可以进行远距离、跳跃式传播，是典型的跨境传播疫病。该病冬春多发，夏季减缓或平息，与气温高低、阳光强弱有一定关系。口蹄疫的暴发呈一定的周期性，每当有新的疫情出现，就有一次大流行，而牛隐性带毒现象比较普遍，所以盘踞在疫区的病毒每隔三五年就流行1次。近年来，随着动物、肉品的大量交易和流通，防疫、检疫工作相对滞后，更是对兽医防控体系的极大考验。

【临床症状】潜伏期为2～14天，潜伏期排毒。牛患病时，主要特征为大量流涎、跛行。病牛体温升高至40～41.5℃（稽留1～4天）、食欲减退、反刍减少或停止，精神沉郁，结膜潮红，流涎增多，垂在嘴边。1天后，口腔黏膜（包括舌面、齿龈、上腭和嘴唇）出现水疱（可见蚕豆到核桃大的水疱）；水疱出现1～2天后（有时只需几小时）破裂，露出裸露的舌面红色溃疡（图2-1）。蹄部的病变最多见于蹄踵和趾间隙，其次为蹄冠，皮肤红肿、疼痛，迅速出现水疱。在口腔出现水疱的同时或之前，蹄部出现水疱。病牛蹄部的病变主要出现在蹄叉、蹄冠及蹄踵和趾间的柔软皮肤，初期表现为局部发热、红肿和疼痛，之后形成小水疱，继而融合为较大的水疱，蹄部水疱破裂后，经常会继发感染，引起蹄部化脓、坏死甚至蹄甲脱落（图2-2），这种蹄部结构的永久性损伤和长期的跛行也极为常见。奶牛患病时，产奶量急剧下降，严重时出现乳头坏疽（图2-3）。怀孕母牛患病时通常会发生流产或早产。成年牛的死亡率在

5% ～ 20%；若出现恶性口蹄疫，死亡率会升高，达 20% ～ 50%。新生幼犊呈急性经过而不出现水疱性病损，但死亡率很高，可达 50% ～ 80%，为病毒侵害心肌，导致心肌炎。

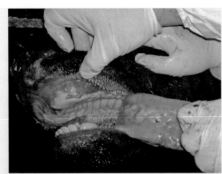

图2-1　齿龈、舌面、唇内可见到蚕豆大的白色水疱

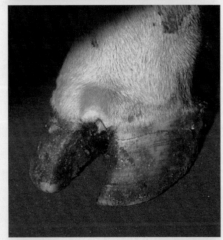

图2-2　趾间及蹄冠的柔软皮肤红肿、疼痛，出现水疱

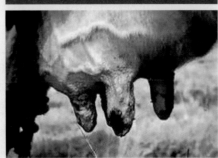

图2-3　乳头坏疽

【病理变化】口腔、舌面、蹄部、乳房可见水疱、烂斑和溃疡。鼻腔、咽喉黏膜充血，个别牛的气管、支气管有卡他性炎症，伴有肺气肿现象。牛瘤胃可见特征性水疱、烂斑和溃疡病灶，中央凹陷，四周隆起，边缘不齐，直径约1.5厘米，比口腔溃疡略深一点；肠黏膜有出血性炎症。心肌病变具有特征性，心包膜有弥散性点状出血，有时心肌切面上会有灰白色或淡黄色条纹与正常心肌相伴，好似老虎身上的斑纹，俗称"虎斑心"，心肌松软似煮肉样。急性死亡的幼犊往往不见水疱和溃疡，仅见急性坏死性心肌炎及出血性胃肠炎。

【诊断】一般急性水疱性疾病的临床症状容易辨认，根据该病传播速度快、典型症状（包括大量流涎，口腔、鼻镜、蹄部和母畜乳房出现水疱，跛行），可作初步怀疑诊断。但若因为溃疡、继发感染或痊愈，就很难判定。另外，口蹄疫与水疱性口炎、牛的流行性胃炎、牛疱疹性乳头炎、传染性鼻炎、恶性卡他热、牛瘟、蓝舌病等疾病的临床症状均有相似之处，必须进行实验室诊断予以甄别。

口蹄疫是必须向兽医及政府部门申报的烈性传染病，诊断需要在高安全实验室进行。尽量采集新鲜水疱皮、水疱液（或水疱液拭子）、鼻拭子、食道-咽部刮取物、抗凝血或血清、牛奶等，死亡动物可采集淋巴结、扁桃体、脊髓及心脏；样品应冰冻保存，或置pH值7.2～7.6的甘油缓冲液（PBS缓冲液或生理盐水）中。采集样品是否合格直接影响诊断所需的时间与准确性。国家口蹄疫参考实验室（中国农业科学院兰州兽医研究所）接到病原样品，一方面用细胞（初代小牛甲状腺细胞、初代小牛/羔羊/猪肾细胞，或用传代细胞系，如猪肾细胞系IBRS-2、PK-15、S6和仓鼠肾细胞系BHK-21）、乳鼠或牛（舌面皮内接种）进行病毒分离，一方面用反转录聚合酶链式反应（RT-PCR）、实时荧光定量RT-PCR、核酸序列测定及抗原捕获ELISA、病毒中和试验进行病毒及血清型鉴定；若接到抗凝血或血清、牛奶等样品，用液相阻断/固相竞争ELISA、病毒中和试验、非结构蛋白3ABC-ELISA（鉴别自然感染与疫苗免疫）等方法进行检测、甄别。还有免疫色谱试纸条，可用于疫点现场检测。

【预防与控制】对口蹄疫的预防、控制，我国坚持预防为主、免疫和扑杀相结合的综合防控措施。采取的措施主要包括强制免疫、监测预警、检疫监管、疫情处置、防范周边疫情、生物安全管理和无疫评估认证等。对牛群要制定科学的免疫程序，按期注射口蹄疫疫苗（每年2～3次）。常用的疫苗有口蹄疫灭活疫苗、口蹄疫多肽/合成肽疫苗或其他基因工程苗，牛在注射疫苗后7～14天产生特异性抗体，其保护效果可维持4～6个月；疫苗接种后20～30天应进行特异性抗体监测，对于群体免疫合格率低于85%的牛群要及时进行补救免疫或加强免疫。犊牛要在母源抗体降到阴性时进行首次疫苗接种（5～6月龄），可有效避免母源抗体的干扰；间隔1个月需加强免疫。当然，想要成功预防、控制疫病的发生，单靠注射疫苗是万万不行的，还要佐之以科学、规范的饲养管理制度及对它的执行力。严格执行检疫、普查和卫生防疫制度，保持牛床、牛舍的清洁、卫生；定期对牛场、用具、水源及牧场进行消毒；不从疫区引进牛只，新购的牛必须在单独的、有安全距离的牛圈饲养1个月以上，全面检查确保没有隐性疾患后再引入牛场；对食管-咽部刮取物经鉴定为阳性的隐性病毒携带者要坚决淘汰；为防止疫病传播，严禁与羊、猪、猫、犬等其他动物混养。

发生口蹄疫时，应启动应急处理。立即上报疫情，划定疫点、疫区、受威胁区，分别进行封锁、监管；确诊疫情，采集病料，迅速送检确诊定型；消灭传染源，捕杀患病动物及同群动物，尸体焚烧或无害化处理；切断传播途径，对污染的牛舍、用具、场地及周围环境进行彻底消毒；提高易感动物的群体保护水平，疫区内的假定健康动物及受威胁区的易感动物应进行紧急免疫接种；待最后1头病牛处理之后14天，不再出现新的病例，报上级机关批准，彻底消毒后可以解除封锁。

二、牛传染性鼻气管炎

牛传染性鼻气管炎是牛的一种急性、热性、接触性传染病，又称"坏死性鼻炎"或"红鼻病"。临床症状以高热、流鼻液、咳嗽、呼吸困难为主要特征，或伴发结膜炎、角膜炎、阴道炎、龟头炎、乳腺炎、流产等症状；犊牛还可诱发脑炎和肠炎。

【病原】牛传染性鼻气管炎病毒（也称牛疱疹病毒Ⅰ型）属于疱疹病毒科α疱疹病毒亚科的成员，为有囊膜的双股DNA病毒。牛传染性鼻气管炎病毒抵抗力强。在4℃可保存1个月，37℃存活10天，–70℃条件下可存活数年。病毒在pH值6.9～9.0时稳定，在pH值4.5～5.0下可被迅速灭活。高温使病毒很快灭活，56℃25分钟即可使之灭活。对乙醚、氯仿、丙酮等敏感。另外，0.5%氢氧化钠、0.01%氯化汞、1%漂白粉、1%酚类衍生物和1%季铵盐在数秒内即可使之灭活。在5%的甲醛溶液中也只需要1分钟即可灭活病毒。次氯酸钠溶液（相当于1.5%活性氯），200毫升/米^{3}1小时、3%冰醋酸200毫升/米^{3}1小时可灭活病毒。

【流行病学】本病主要感染牛，多发生于育肥牛和奶牛。任何年龄的牛都能感染，但以20～60日龄的幼犊最为易感。病牛和隐性带毒牛是主要传染源。病毒随牛的呼吸、鼻涕、眼泪、阴道分泌物和精液大量排出，易感牛接触被污染的空气、飞沫或与带毒牛直接接触、交配，即可传染。饲养密集、通风不良均可增加接触机会，所以本病多发于冬春季节的舍饲期间。与放牧牛群相比，舍饲牛群的发病率高、病情重、死亡率高。在应激因素诱发下（如饲养环境发生很大改变），潜伏于神经节中的病毒可以繁殖、活化，并出现于鼻液与阴道分泌物中，所以隐性带毒牛往往是最危险的传染源，它们不显症状，却散布病毒，使得该病在牛群中长期存在，很难杜绝，有的病牛康复后带毒时间长达1年半以上。另外，现有的精液冷冻保存技术有利于病毒的存活，所以污染精液可通过人工授精的方式传播本病。一般牛群临床发病率为20%～30%，死亡率很低（1%～12%）。但是对于患有脑膜炎型的犊牛而言，死亡率可达100%。

【临床症状】临床上分为呼吸道型、结膜角膜型、生殖道型、流产型、脑膜炎型和肠炎型六种。这些症状时常交织存在，损伤程度略有不同。

（1）呼吸道型　为最常见的一种类型。病牛高热达40℃以上，咳嗽，呼吸困难，流泪，流涎，流黏液性脓性鼻液。鼻黏膜高度充血，有散在的灰黄小脓疱或浅而小的溃疡。鼻镜发炎充血，呈火红色，故有"红鼻子病"之称（图2-4～图2-6）。病程7～10天，以犊牛症状急而重，常因窒息或继发感染而死亡。死后主要病变为鼻道、喉头和气管炎性水肿，黏膜表面黏附灰色假膜。

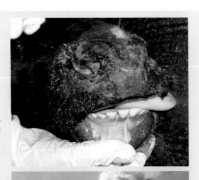

图2-4 鼻黏膜高度充血，有散在的灰黄小脓疱或浅而小的溃疡

图2-5 鼻镜发红（一）

图2-6 鼻镜发红（二）

（2）结膜角膜型　多与呼吸道炎症混合发生。轻者结膜充血，眼睑水肿，大量流泪；重者眼睑外翻，结膜表面出现灰色假膜，呈颗粒状外观，角膜混浊呈云雾状，流黏液性脓性分泌物。

（3）生殖道型　主要见于性成熟的牛，多由交配而传染。母牛表现为外阴阴道炎，又称传染性脓疱性外阴阴道炎。病牛尾巴竖起挥动，尿频，阴门流黏液性脓性分泌物，外阴和阴道黏膜充血肿胀，散在灰黄色、粟粒大的脓疱，重症者脓疱融合成片，形成假膜，甚至发生子宫内膜炎。公牛表现为龟头包皮炎，又称传染性脓疱性龟头包皮炎。病牛龟头、包皮内层和阴茎充血、溃疡，阴茎弯曲，多数病牛精囊腺变性、坏死，种公牛失去繁殖能力。

（4）流产型　怀孕母牛发病后常见到流产，怀孕6～8个月的母牛流产率最高。

（5）脑膜炎型　易发生于4～6月龄的犊牛，表现为流涕流泪，呼吸困难，共济失调，兴奋和沉郁交替发作，口吐白沫，角弓反张，磨牙，四肢肌肉僵直，不停划动。出现神经症状的牛一般预后不良，死亡率高达50%。

（6）肠炎型　在发生呼吸道症状的同时，出现腹泻，甚至排血便，病死率20%～80%，多见于2～3周龄的犊牛。

【病理变化】呼吸道病变表现为上呼吸道黏膜炎症（口腔、咽、鼻和气管充血、出血和溃疡），鼻腔和气管内有纤维素蛋白性渗出物，有的病例可能有支气管肺炎或化脓性肺炎。结膜角膜病变为结膜充血，眼睑水肿，或眼睑外翻，结膜表面出现灰色假膜，呈颗粒状外观，角膜轻度混浊呈云雾状。生殖系统病变表现为外阴、阴道、宫颈黏膜、包皮、阴茎黏膜有炎症、水疱及脓疱。脑膜病变为脑膜下血管扩张、水肿和充血。肝、脾和肾发生局部组织变性。感染初期（30～60小时），在呼吸道、生殖道上皮细胞内有核内包涵体。

【诊断】

（1）临床诊断　根据病史及临床症状，可初步诊断为牛传染性鼻气管炎。另外，本病与牛的流行热、恶性卡他热、牛瘟、口蹄疫、水疱性口炎、牛疱疹性乳头炎、蓝舌病等疾病的临床症状均有相似之处，必须进行实验室诊断予以甄别。

（2）实验室诊断　确诊本病要进一步做病毒分离实验，通常用灭菌棉棒采取病牛的鼻液（鼻拭子）、泪液或者精液等进行病毒分离、鉴定（牛肾细胞、睾丸细胞），血清中和试验、各类PCR技术、酶联免疫吸附试验（ELISA）和荧光抗体等方法直接检测病料中的病毒抗原。由于抗体阳性动物被认为是病毒携带者和潜在的间歇性排毒者（不包括从初乳获得母源抗体的犊牛和经灭活疫苗免疫的非感染牛），所以经血清学试验，包括中和试验、ELISA、琼脂沉淀试验检测为阳性的动物，也是病毒感染者。

【防治】由于本病病毒能导致持续性感染，预防本病的关键是防止传染源进入牛群。引进牛只时，一定要严格检疫、隔离，确认健康后方可混群。发生本病时，应该立即采取隔离、封锁、消毒等综合措施。对健康牛群用弱毒疫苗进行紧急接种。以下情况不予注射疫苗：妊娠牛、4月龄以下犊牛、体况不正常的牛、已经感染的牛。由于本病无特效药治疗，所以最好扑杀患病牛及抗体阳性牛、淘汰康复后的种牛。关于本病疫苗，目前有弱毒疫苗、灭活疫苗和亚单位疫苗三类。

（1）西兽药治疗　病毒唑滴鼻，6滴/每侧鼻孔，每天2次。金刚烷胺盐酸盐，口服，1.2克/天，分2次服用。

（2）中兽药治疗　马勃18克、牛蒡子30克、玄参30克、柴胡30克、板蓝根120克、升麻18克、黄芩30克、黄连20克、桔梗20克、连翘30克、薄荷20克、甘草30克。

本方临床应用时可根据具体病情加减：呼吸道型的，可加荆芥穗30克、麻黄18克、葛根20克以增强透表疏散之力；结膜角膜型的，可加桑白皮30克、蒲公英30克、薏苡仁90克，以增强清热利湿之功效；生殖道型的，去升麻、薄荷、桔梗，加红藤30克、败酱草60克、土茯苓30克、萹蓄20克，达到利湿化瘀之功效；流产型的，去升麻、薄荷、桔梗、黄连，加桃仁30克、红花30克、川芎20克、当归45克、赤芍30克、熟地黄60克，增强活血化瘀，益肾固本之功效；脑膜炎型的，加生牡蛎240克、赭石90克、生石膏90克；肠炎型的，去薄荷、升麻，加猪苓20克、草果20克、炒白术20克。用法：将药放入1500毫升水中，煎煮取500毫升的药液，待温度降至30～45℃时灌服。每天早、晚各1次，连用至症状消除即止。

三、牛病毒性腹泻-黏膜病

牛病毒性腹泻-黏膜病是由牛病毒性腹泻病毒引起的以黏膜发炎、糜烂、坏死和腹泻等特征为主的一种极为复杂、呈多种临床类型表现的疾病。其临床症状主要包括呼吸综合征、母畜流产、持续感染、产死胎和畸形胎等。

【病原】牛病毒性腹泻-黏膜病是由牛病毒性腹泻-黏膜病毒引起的，在分类学上属于黄病毒科、瘟病毒属，为单股、正链RNA病毒。本病毒与猪瘟病毒、羊边界病毒抗原关系密切。病毒对乙醚和氯仿等有机溶剂敏感，并能被灭活。病毒在低温下稳定，真空冻干后在-70～-60℃下可保存多年。病毒在56℃下或紫外线下都可被灭活。

【流行病学】各种年龄的牛都有易感性，但6～18月龄的幼牛易感性较高，感染后更易发病。在新疫区，急性病例通常数量不多，约为5%，但病死率很高，可达80%～90%；在老疫区，急性病例和病死率很低，但隐性感染率很高，达50%以上。病毒可随分泌物和排泄物排出体外。病牛、隐性感染牛和康复带毒牛是主要的传染源。本病主要是经口感染，易感动物食入被污染的饲料和饮水而经消化道感染，也可因吸入由呼吸道排出的带毒的飞沫而感染。病毒可通过胎盘发生垂直感染。该病常发生于冬春两季，无论舍饲还是放牧的环境下，牛都可发病，犊牛的病死率高。

【临床症状】本病自然感染的潜伏期为5～7天，感染后4～15天可能排出病毒，第2～4周血清转为阳性。常见于犊牛，死亡率极高，发病初期表现为上呼吸道症状，体温升高（40～42℃），双相热型。流鼻液、咳嗽、呼吸困难、流泪、流涎等，口腔黏膜发生糜烂或溃疡，多有腹泻症状，稀粪呈水样，初期淡黄色，后期常伴有肠黏膜和血液，粪恶臭（图2-7、图2-8）。病犊食欲减退，精神萎靡，有的不出现腹泻而突然死亡。乳牛乳量减少或泌乳停止，孕牛可发生流产，有的发生趾间皮肤溃烂和角膜水肿，重症病牛5～7天因急性脱水和衰竭而死亡。

图2-7　犊牛的淡黄色水样稀粪

图2-8　牛病毒性腹泻-黏膜病小肠大量出血、充血

【病理变化】病理剖检变化表现为口腔、食管、胃肠黏膜出血、水肿和糜烂，其中以食管中成纵行的小糜烂最有特征，肺部多有大片的出血病灶，肾脏包膜下、肾皮质多有出血斑变化。

【诊断】在本病严重暴发流行时，可根据其发病史、症状及病理变化初步诊断，最后确诊须依赖病毒的分离鉴定及血清学检查。病毒分离应于病牛急性发热期间采集血液、鼻液或眼分泌物，剖检时采集肠系膜淋巴结等病料，人工感染易感犊牛或乳兔来分离病毒；也可用牛胎肾细胞分离病毒。血清学试验中目前应用最广的是血清中和试验。此外，还可应用补体结合试验等方法来诊断本病。

【防治】为控制本病的流行并加以消灭，必须采取检疫、隔离、净化、预防等兽医防治措施。目前国内已研制出牛病毒性腹泻黏膜病灭活疫苗。

（1）西兽药治疗　治疗原则是止泻，防止细菌继发感染，防止脱水和电解质紊乱。可用下列处方治疗：含糖盐水1000～2000毫升，恩诺沙星注射液8～18毫升，维生素C 2～4克，5%碳酸氢钠200～400毫升，混合静脉注射，每天1次，连用3～4天，还可肌内注射病毒唑等抗病毒药。

（2）中兽药治疗　以泻火止痢、凉血解毒、清热燥湿为原则。

方剂1：白芍24克、车前子21克、地榆炭18克、金银花30克、滑石30克、大黄24克、白头翁30克、茯苓21克、甘草9克，共为细末，温水调匀，牛一次灌服。

方剂2：赤芍30克、黄芩30克、黄连24克、木香24克、大黄30克、金银花60克、连翘60克、茯苓30克、白术30克、甘草15克，煎水去渣，分2次早晚灌服。

四、牛副流行性感冒

牛副流行性感冒是由副流感病毒3型引起的牛的急性呼吸道感染的传染病，俗称"运输热"。临床表现为发热、咳嗽、全身衰弱无力，呈现不同特点的呼吸道炎症。

【病原】副流感病毒属于副黏病毒科呼吸道病毒属的成员，为不分节段的单股负链RNA病毒，有囊膜。副流感病毒根据基因型和抗原性的不同可分为4个不同型，即副流感病毒1型、2型、3型和4型；副流感病毒1型和3型属于呼吸道病毒属，2型和4型属于腮腺炎病毒属。副流感病毒3型引起牛的急性呼吸道感染。同属的还有人副流感病毒1型和仙台病毒。病毒对外界的抵抗力很弱，室温或37℃经24小时，90%以上的病毒粒子被灭活；50℃经15分钟以上即丧失感染力。病毒在4℃和−70℃时较为稳定，4℃1天至数天病毒感染力不变，在−70℃可保存数月甚至数年。血清对其具有保护作用，可在培养液中添加牛血清白蛋白、脱脂乳、二甲基亚砜或鸡血清，以延长病毒在−70℃时的稳定性以及复苏后的感染力。病毒对酸敏感，在pH值3.0～3.4的情况下，迅速失活。对紫外线、甲醛、乙醚等敏感；肥皂、合成去污剂和氧化剂都可使病毒灭活。所有副流感3型病毒都能凝集人"O"型、豚鼠和鸡的红细胞，也可溶解鸡或豚鼠的红细胞。本病毒经反复传代后能够适应鸡胚，羊膜腔接种时生长良好。能在鸡胚尿囊液中产生血凝素。但接种尿囊腔不能生长，这点与其他副流感病毒不同。

【流行病学】在自然条件下，本病仅感染牛，多见舍饲的育肥牛，放牧牛较少发生。病牛是主要的传染源，康复者和隐性感染者在一定时间内也能排毒。病毒主要存在于呼吸道黏膜细胞内，随呼吸道分泌物排向外界，以空气飞沫传播，也可以发生子宫内感染。该病发生突然，传播迅速，呈现流行性，发病率高，死亡率低，无年龄、性别和品种区别。一年四季均可发生，但普遍多见于天气突变的早春、晚秋和寒冷的季节。

【临床症状】潜伏期一般为2～6天。有些病牛呈现一过性感染，或呈温和表现；部分病牛精神沉郁，食欲减退，反刍减少，以急性呼吸道特征为主，咳嗽，呼吸困难，有时会出现腹式呼吸，流白沫性唾液和黏性鼻涕，伴脓性结膜炎（图2-9、图2-10）。继发感染会引起严重的支气管肺炎，肺部听诊可听到湿性啰音，肺实变时则肺泡音消失。本病混合感染比较多，病情较为复杂，有时听到胸

膜摩擦音，有的发生乳腺炎，有的发生黏液性腹泻。部分牛体温有所升高，一般无死亡，7天左右可恢复正常。偶尔可见怀孕母牛流产。

图2-9 牛患副流感后流涎

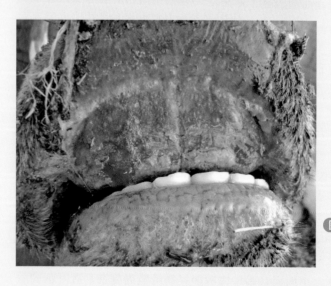

图2-10 牛患副流感后口腔出现溃疡

【病理变化】病变限于呼吸道，呈现支气管肺炎和纤维素性胸膜肺炎的变化，肺组织发生严重实质性病变，叶间结缔组织明显，病灶部位触压无弹性，呈深红色，如果继发细菌感染时病变部位可见化脓症状，切面呈现特异斑纹；气管内充满大量浆液性渗出物。肺门和纵隔淋巴结肿大、部分有坏死现象。组织学检查可见肺泡内充满蛋白样物质、细胞碎块和单核细胞。细胞反应以单核细胞为主，可见部分多形核细胞。毛细支气管上皮增生，有明显的坏死和脱落；在肺泡壁常见巨细胞化和上皮化。支气管上皮细胞增生、坏死；在部分细胞内可见到病毒粒子大量聚集所形成的包涵体，广泛分布于胞浆和胞核。

【诊断】

（1）临床诊断　本病根据病牛的临床表现，结合流行特点，可作出初步诊断。

（2）实验室诊断　采集病牛的血液、鼻分泌物或者呼吸道分泌物及病变组织等送兽医检验室作病毒分离和鉴定。采集病料时，活体采集鼻拭子或者呼吸道拭子（含0.5%牛血清及双抗的缓冲溶液，pH值7.5～8.0，低温保存），病死动物采集气管和肺组织。如果在当天不能进行病毒分离实验，病料需–70℃冷冻。分离病毒可用牛胚肾原代细胞或各种传代细胞系（包括猪肾细胞、犊牛肾细胞、猫肾细胞和猴肾细胞等）。如果有病原体存在，接种细胞后可产生细胞融合、形成合胞体等典型的细胞病变。另外，可用RT-PCR、实时荧光定量RT-PCR、病毒中和试验、血凝及血凝抑制试验、ELISA、免疫荧光试验进行病毒及血清型鉴定。

【防治】本病的常用疫苗有灭活疫苗和弱毒疫苗两种。灭活疫苗主要含有经过灭活处理的病毒培养物和加强免疫效果的佐剂；而弱毒疫苗主要针对混合感染，以联苗为主，包括副流感病毒3型、牛传染性鼻气管炎病毒、牛呼吸道合胞体病毒、牛病毒性腹泻病毒、牛腺病毒等，起到"打一针防多病"的效果，极大地节省了人力和物力、降低了疫苗成本。这两种疫苗各有优势：灭活疫苗的生物安全性更好，弱毒疫苗的免疫效果更为确实。另外，还有针对多种副流感病毒3型的新型基因工程疫苗在研发，如腺病毒载体疫苗、亚单位疫苗（用杆状病毒表达系统）、DNA疫苗和纳米颗粒疫苗，希望它们可以尽早用于本病的免疫预防。无特异疗法。发病早期即开始治疗，可能治愈。治疗方法是抗菌和消炎。

（1）西兽药治疗　常以青霉素和链霉素联合使用，可用卡那霉素，每天2次，连用3～4天，如加用维生素A，效果更好。磺胺-6-甲氧嘧啶，剂量为0.1毫克/千克体重，一次内服，维持用量减半。

（2）中兽药治疗

方剂1：黄柏、黄芩各30克，陈皮、大黄、龙胆各15克，荆芥、防风、滑石各9克，咳嗽加杏仁15克、桔梗9克。加水4升，煮至1升，一次灌服。

方剂2：三桠苦、一枝黄花、山大颜各200克，盐霜柏、酸味草、龙眼叶各120克，煎水灌服。

方剂3：枇杷叶、紫苏叶各100克，地胆头、山橘、茅根、土荆芥、黄皮叶各120克，加水4.5升，煎至2.5升，一次灌服。

五、牛流行热

牛流行热是由牛流行热病毒引起的一种虫媒传播的急性热性传染病。其临床特征为突然高热，流泪，流泡沫样涎水，鼻漏，呼吸迫促，后躯僵硬、跛行甚至瘫痪。感染该病的大部分病牛经3～5天即恢复正常，故又称三日热或暂时热。该病能引起大群牛发病，造成母牛流产、奶牛停奶或长期减产、公牛生殖性能降低，部分病牛常因瘫痪而淘汰。

【病原】牛流行热由是牛流行热病毒引起的，属于弹状病毒科暂时热病毒属，是一种单股负链RNA病毒。牛流行热病毒对热敏感，56℃经10分钟、37℃经18小时可以灭活；对酸碱敏感，pH值2.5以下或pH值9.0以上数十分钟之内可以灭活；对乙醚、氯仿敏感。病牛的抗凝血液于2～4℃储存8天后仍有感染性。感染鼠脑悬液

（含10%犊牛血清）于4℃保存1个月毒力无明显下降。反复冻融对病毒无明显影响。–20℃以下低温保存可长期保持毒力。

【流行病学】本病的流行具有明显的季节性。一般在夏末到秋初、高温炎热、多雨潮湿、蚊蠓多生的季节流行。流行初期，发病较慢，1周后，呈现发病高峰。发病呈现跳跃性。在自然条件下，是因吸血昆虫（伊蚊和库蚊）叮咬而传播，因为病毒主要存在于病牛的血液中，所以流行期内病牛是本病的传染源。本病主要侵害偶蹄兽中的黄牛、奶牛、水牛等。以3～5岁壮年乳牛、黄牛易感性最大，水牛和犊牛发病较少，肥胖的牛病情严重。母牛尤其怀孕牛发病率高于公牛。产奶量高的母牛发病率高。自2002年以后，本病流行情况与以往有所不同：流行时间长（8～10月中旬）；发病率低；以呼吸型为主；死亡快，病牛气喘，全身气肿，几小时内死亡。

【临床症状】绝大多数牛的潜伏期为3～5天，个别的为2～11天。病牛发病突然，体温升高至39.5～42.5℃（多为双相热型，隔12～24小时出现1次峰值），维持2～3天后降至正常。在体温升高的同时，病牛流泪、畏光，可见眼眶周围或下颌下组织水肿，呈斑块状。食欲减退，严重的精神沉郁并表现出肌肉僵硬。随后伴有跛行，同时可能出现关节肿胀。病牛常见浆液性和黏液性鼻液（图2-11）、口腔发炎、流涎、口角有泡沫。心率和呼吸频率加快，病畜可能表现颤抖或肌肉抽搐。肺部检测由干性啰音发展为湿性啰音。四肢关节水肿、僵硬、疼痛、跛行，最后因站立困难而倒卧，病畜头扭向一侧并伴有胸骨倾斜，此症状可持续数小时至数天，这也是本病的明显特征。尿量减少，尿混浊、呈暗褐色。妊娠母牛患病时可发生流产、死胎、乳量下降或泌乳停止，奶的质量下降。在严重的病例中，动物倒向一侧，严重的反射消失，最终发展至昏迷，甚至死亡。牛大多取温和至中等严重程度间的发病状况。大多数病牛在发热消失后几小时有恢复的早期迹象；但因产奶的牛、体况良好的公牛和育肥牛感染最为严重，所以它们的恢复需要1周或者更长时间。

图2-11 牛流行热鼻腔分泌物流出

【病理变化】尸体头部、颈部或全身皮下气肿。表现为浆液纤维素性滑膜炎、关节炎、腱鞘炎、蜂窝织炎和骨骼肌斑点状坏死。肺有斑块状水肿，肺小叶充血，肺膨胀不全，少数病例表现严重的肺泡性和间质性肺气肿，压迫肺呈捻发音。肺水肿病例，胸腔积有多量暗紫红色的液体。在动物的跛肢，甚至脊柱的滑液可能有纤维素斑点。全身淋巴结水肿、出血点较为少见。直胃、小肠和盲肠黏膜呈卡他性炎症表现和出血。其他实质脏器可见混浊肿胀。

【诊断】

（1）临床诊断　本病的特点是大群发生，传播快速，有明显的季节性，发病率高，病死率低，结合临床上的特点可作出诊断。在死亡病例中，腱鞘、筋膜以及关节出现浆液纤维素性炎症，同时具有肺部病变，诊断不难。

（2）实验室诊断　可采取急性期的病牛血液，脑内接种乳鼠、乳仓鼠，常能分离出病毒。或者用BHK细胞或VERO细胞进行病毒的分离、繁殖，然后，通过特异的病毒抗血清或单克隆抗体进行甄别。另外，常规RT-PCR、荧光定量RT-PCR和探针技术是常用的敏感、特异、快速的检测方法。血清中和试验和阻断ELISA可检测病毒特异性抗体。

【防治】本病常发区必须加强消毒，扑灭蚊、蠓、蝇等吸血昆虫，以切断本病的传播途径。发生本病时要对病牛及时隔离、及时治疗。对假定健康牛群及受威胁牛群叫采用高免血清进行紧急预防接种。疫苗免疫是行之有效的方法。我国有灭活疫苗，效果尚可。在本病流行地区，应在每年春天对牛只进行免疫，以保证家畜在传播媒介活跃的夏季和秋季产生较高的免疫保护水平。犊牛的首次免疫应在6月龄后，以减小母源抗体的影响。

本病尚无特效药。早发现、早隔离、早治疗，合理用药、护理得当是治疗本病的重要措施。强心补液、防止继发感染是治疗本病的用药原则。病初可根据具体情况酌用退热药和强心药，停食时间长可适当补充生理盐水和葡萄糖溶液。治疗时切忌灌药，因病牛咽肌麻痹，药物易流入气管或肺里，引起异物性肺炎。

（1）西兽药治疗

① 对于体温升高、食欲废绝的病牛，注射用青霉素钠480万国际单位，注射用链霉素500万国际单位，注射用水40毫升，分别一次肌内注射，每天2次，连用3～5天；也可用复方磺胺类药物，30%安乃近20～30毫升，一次肌内注射，每天2次，连用2～3天；或者复方氨基比林注射液30～40毫升，一次肌内注射，每天2次，连用2～3天。

② 对瘫痪卧地不起的病牛，注射用盐酸四环素400万国际单位，1%地塞米松注射液5毫升，10%安钠咖注射液20毫升，5%葡萄糖生理盐水3000毫升，一次静脉注射。用于产乳母牛时加5%氯化钙注射液300毫升。

（2）中兽药治疗 治疗本病的中药以清热、解毒、宣肺、解表为治疗原则。

方剂1：羌活45克、防风45克、苍术45克、细辛25克、川芎30克、白芷30克、生地黄30克、黄芩30克、甘草30克、生姜30克，大葱一根为引，水煎取汁，候温灌服。

方剂2：金银花45克、连翘45克、桔梗30克、薄荷30克、竹叶30克、荆芥30克、牛蒡子30克、淡豆豉30克、芦根45克、甘草30克，水煎，候温灌服。

六、水疱性口炎

水疱性口炎是由水疱性口炎病毒引起的动物病毒性传染病，可感染马、牛、猪、鹿等多种动物，其中马的易感性最强。水疱性口炎的临床特征为短期发热，口腔黏膜、乳头上皮、趾间及蹄冠部出现水疱和溃疡。该病也可感染人。其临床症状与口蹄疫、猪水疱病等极为相似。

【病原】水疱性口炎病毒属于弹状病毒科水疱病毒属，为单股负链RNA病毒。有囊膜，囊膜上密布纤突。水疱性口炎病毒有两个血清型：新泽西株和印第安纳株。本病毒对外界环境抵抗力较弱。58℃经30分钟，可见光、紫外线和脂溶剂（乙醚、氯仿）都能使其灭活。对常用消毒药的抵抗力较弱。2%氢氧化钠或1%甲醛能在数分钟内杀死病毒。在土壤中于4～6℃存活数天。0.05%结晶紫可使其失去感染性。不耐酸性溶液。

【流行病学】水疱性口炎病毒能感染多种动物和昆虫，本病的传染源主要为病畜及患病的野生动物。本病可通过损伤的皮肤和黏膜感染。水疱性口炎病毒可以通过污染的饲料和饮水经消化道感染；水疱性口炎属于虫媒病，昆虫和节肢动物均可作为媒介通过叮咬进行传播，可能是牛感染水疱性口炎的主要原因，该传播方式不仅持久而且传播范围非常广；水疱性口炎病毒可以通过呼吸道感染水疱性口炎，但此感染方式通常不引起典型的损伤症状；可通过奶牛场挤奶器等器具传播病毒，集约化养殖的其他畜群也同样可通过此方式传播。多种动物均可感染水疱性口炎，牛可以自然感染。本病主要发生在夏季，于初夏开始出现，到夏季中后期开始逐步增多，到秋末时基本趋于平息，第一次霜冻前后才消失。这与节肢动物的生活习性有一定关系。

【临床症状】病牛在感染2天左右体温升高至40～41℃，食欲减退，反刍减少，口腔黏膜及鼻镜干燥（图2-12），舌、唇黏膜上出现米粒大的小水疱，而后彼此融合成蚕豆大的大水疱，内含透明黄色液体。经1～2天后，水疱破溃后形成边缘不整齐的鲜红色烂

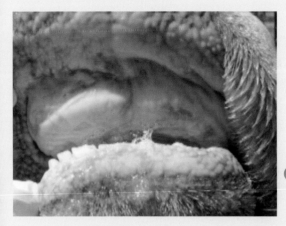

图2-12 水疱性口炎病牛口腔卡他性炎症

斑。同时大量流涎，呈丝缕状挂满嘴边，病牛采食困难。有的在蹄部和乳房皮肤上也发生水疱。病程1～2周，本病恢复迅速，即使严重病例也常可在几天内恢复进食和走路。

【病理变化】病理变化主要表现在上皮组织，内脏无特征性的宏观病变。

【诊断】

（1）临床诊断　根据流行特点及典型水疱病变、流涎等特征性症状，一般可作出怀疑诊断。由于水疱性口炎与口蹄疫、猪水疱病、水疱疹在临床症状上非常相似，无法根据临床症状区分。因此，必须通过实验室诊断进行甄别。

（2）实验室诊断　包括病毒的分离鉴定、免疫学诊断和病毒核酸的检测与分析。分离病毒最好采用咽拭子、水疱液或破溃水疱的上皮组织，可接种于培养细胞或实验动物，水疱性口炎病毒很容易在培养细胞或实验动物体内培养。鉴别诊断如下。

① 动物接种实验。将病料通过马、牛和猪舌皮内接种，水疱性口炎病毒可以使马、牛和猪都发病；口蹄疫病毒只使牛和猪发生感染；水疱疹病毒和猪水疱病病毒则只使猪发病。

② 细胞培养实验。样品接种非洲绿猴肾细胞（Vero）、幼仓鼠肾细胞（BHK-21）和猪肾细胞（IB-RS-2）。水疱性口炎病毒能在三种

细胞培养中都产生病变；口蹄疫病毒能在BHK-21和IB-RS-2中产生病变；猪水疱病病毒只能在IB-RS-2中产生病变。此外，中和试验、酶联免疫吸附试验（ELISA）、补体结合试验、免疫荧光试验是检测水疱性口炎病毒感染的常用方法。还可以利用各种反转录聚合酶链反应（RT-PCR）和病毒核酸指纹图谱来检测。

【防控】一旦发现疑似水疱性口炎的病例，必须马上对病畜进行隔离。尽快与口蹄疫、猪水疱病和水疱疹进行实验室鉴别诊断，并马上向上级防疫部门汇报。对于水疱性口炎疫区，为了防止其蔓延，必须建立隔离区和封锁带，限制病畜移动。对疫区进行彻底消毒，大部分消毒剂按生产厂家所推荐的最高浓度使用时，对病毒都是有效的。直到所有的病畜痊愈后1个月，才可以解除隔离。水疱性口炎是一种虫媒病，要消灭蚊虫等吸血昆虫；还需加强饲养管理，注意保持环境卫生，定期消毒牛舍、用具等，增强机体抵抗力。本病损伤轻，多取良性经过，如注意护理，可自行康复。病畜的治疗主要以减轻继发病变为主。

（1）西兽药治疗　口腔黏膜的烂斑用0.1%高锰酸钾水冲洗，然后涂抹碘甘油。

（2）中兽药治疗　黄连88克，甘草44克，加水1500毫升，煎汤，待温加入明矾8.8克，每天清洗口腔4次，清洗后再涂抹青冰散。

七、牛结核病

牛结核病是由牛型结核分枝杆菌和结核分枝杆菌引起的一种人兽共患的、慢性消耗性传染病，我国将其列为二类动物疫病，列为检疫扑杀的对象。发病后常常侵害肺脏、消化道、淋巴结等组织，以造成组织器官的结核结节性肉芽肿和干酪样、钙化的坏死病灶为特征。近些年，我国的牛结核病，尤其是奶牛结核病有上升与蔓延的态势，要引起警惕。

【病原】牛结核病由牛型结核分枝杆菌和结核分枝杆菌引起，属于分枝杆菌属。分枝杆菌属包括结核分枝杆菌、牛型分枝杆菌、禽型分枝杆菌等。结核分枝杆菌不产生芽孢和荚膜，也不能运动，为革兰染色阳性菌。结核分枝杆菌富含类脂和蜡脂，对外界环境的抵抗力较强。黏附在尘埃上保持传染性10天左右，在干燥痰内可存活6～10个月，4℃能存活4～5个月，在污水中可保持活力11～15个月，在粪便中存活几个月，动物尸体内的牛型结核分枝杆菌仍有感染性。对热敏感，60℃经30分钟死亡，阳光直射下数小时死亡；对70%的酒精、4%氢氧化钠、30%福尔马林和10%的漂白粉敏感。对链霉素等敏感。磺胺类药物、青霉素及其他广谱抗生素对结核菌无效。白及、百部、黄芩等中药对结核分枝杆菌有一定的抑制作用。

【流行病学】本病主要侵害50多种动物（禽类20多种），其中以牛最易感，猪、禽、人、鹿、大象、狮子等也可感染（可以跨种间传播），羊极少患病。本病一年四季均可发生，在农村主要以散发为主，规模化养牛场主要以区域性流行为主。结核病畜/禽尤其是开放型患畜是该病的主要传染源，其痰液、粪尿及其他分泌物均可带菌，病原菌污染空气、地面、土壤、饲料、饮水、畜舍及其他用具，由此传染给易感动物。呼吸道，通过飞沫、尘埃传播，以人、牛为主；消化道，通过开放病例的分泌物和排泄物污染的饲料、饮水、乳汁传播，以鸡、猪、犊牛为主。本病也能经生殖道进行传播。本病也能垂直传播。

【临床症状】潜伏期，长短不一，短者十几天，长者数月或数年，通常呈慢性经过，病初症状不明显，当病程逐渐延长，病症才逐渐显露。全身渐进性消瘦，无力，易疲劳，贫血，生产性能下降（产奶量日渐降低），午后或晚间发热，体表淋巴结肿大。临床症状与牛型结核分枝杆菌感染部位有关。肺结核出现先短而浅的干咳，后湿咳，呼吸困难，气喘，有脓性鼻涕；病情恶化时发生结核性肺炎、结核性胸膜炎或全身性结核，此时体温升高，呼吸更加困难，衰竭死亡。乳房结核（奶牛多见）出现乳腺炎，泌乳减少，乳汁变稀，里面有絮状物或脓汁；乳房局部肿大，高低不平，无热无痛；乳房上淋巴结肿大，严重时乳腺萎缩，泌乳停止。肠结核时便秘和腹泻交替出现。病势恶化可发生全身性结核，即粟粒性结核。

急性结核多由慢性结核急性发作恶化而致，或者一次感染大量的细菌所致。表现全身粟粒状结节，特别是内脏、浆膜等处。体温升高达40℃以上，2～3周死亡。

【病理变化】尸体病变特征主要表现为各种器官的结核。器官组织发生增生性炎症或渗出性炎症，或两者混合感染。当病畜抵抗力增强时，以增生性炎症为主，形成增生性结核结节（图2-13、图2-14）；当病畜抵抗力下降时，以渗出性炎症为主，形成干酪样坏死或钙化。

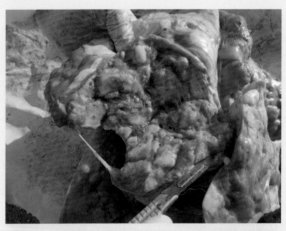

图2-13 肺部的增生性结核结节

图2-14 大片状的结核结节

【诊断】

（1）初步诊断　渐进性消瘦、贫血、咳嗽、气喘、顽固性下痢、体表淋巴结肿胀等，可怀疑为本病。剖检有特异性结核结节病变，一般抗生素治疗无效。

（2）实验室诊断　第一类是细菌学检测，包括涂片镜检、细菌培养、动物试验等。第二类是免疫学检测（3种），诊断和检疫最常用方法是结核菌素皮试检测（简称"皮试"，感染牛对结核菌素产生的一种迟发性变态反应，感染牛型结核分枝杆菌/结核分枝杆菌3～6周后会产生这种变态反应）、IFN-γ体外释放检测（结核病阳性牛的外周血淋巴细胞在结核菌素刺激下将分泌大量IFN-γ；用IFN-γ ELISA或ELIspot检测IFN-γ浓度，根据检测结果即可判断是否感染了结核）和抗体检测法（针对牛型结核分枝杆菌抗原的循环抗体，有ELISA、免疫斑点测定法、免疫印迹法等）。第三类是分子生物学诊断技术，如各种PCR技术和核酸探针技术。

【预防与控制】 牛结核病的控制主要靠检疫、扑杀病畜，净化畜群，建立健康畜群，并配合常规措施综合防治。检疫是指用检测方法发现结核阳性牛，检疫对象应该包括牛场的定期产地检疫、牛群移动前检疫和新引入牛的隔离检疫。扑杀则是指屠宰结核病阳性牛。如果群体中个体阳性率很高，应采取整群淘汰的方式。本病的防控具有重要的公共意义。牛奶巴氏消毒前，人感染牛结核的比例达10%～30%；实施牛奶巴氏消毒后，人感染牛结核的比例已小于1%。但发展中国家仍有一定比例的人结核病是由牛结核病引起的（5%～10%）。此外，牛型结核分枝杆菌对人结核病治疗药（如利福平、丙嗪酰胺等）具有天然抗性。因此，世界卫生组织的专家指出，在那些牛结核病流行的国家，除非扑灭牛结核病，否则人类结核病的控制不会取得成功。

八、布氏杆菌病

布氏杆菌病是由布氏杆菌引起的一种宿主广泛、传染性强的动物源性人兽共患传染病。家畜中牛、羊、猪最常发生。我国将其列为二类动物疫病之首。其特征是母畜流产、早产和死胎；公畜睾丸炎和附睾炎。同时，布氏杆菌病可以通过病畜传给人类，引起人发热、肌肉酸痛、关节炎、心内膜炎、脑膜炎等损伤，无法根治，严重者可导致残疾甚至丧失劳动力。2000年以后，我国人和动物布氏杆菌病的疫情均有回升的趋势，严重威胁人类健康和畜牧业的可持续发展。

【病原】布氏杆菌是兼性胞内生长的革兰阴性短小杆菌，多单在，无鞭毛、不运动，不形成芽孢和荚膜。布氏杆菌有9个种（根据其宿主和生物学特性的不同），包括羊种布氏杆菌、牛种布氏杆菌、猪种布氏杆菌、绵羊种布氏杆菌、沙林鼠种布氏杆菌、犬种布氏杆菌、海豚种布氏杆菌、鲸种布氏杆菌和田鼠种布氏杆菌。在我国流行的主要是羊种、牛种和猪种布氏杆菌，其中以羊种布氏杆菌更多见。自然状态下布氏杆菌有粗糙型（R）和光滑型（S）两种，除绵羊种布氏杆菌和犬种布氏杆菌属于天然粗糙型外，其他各种布氏杆菌均属光滑型。

布氏杆菌在自然环境中存活能力较强，在污染的土壤、水，病畜的分泌物、排泄物，死畜的脏器及皮毛中可存活 1～4个月；在子宫渗出物中存活7个月；在食品中可存活约2个月。但对热很敏感，60℃加热30分钟，70℃加热5～10分钟或在日光下暴晒4小时均可将其杀死。对消毒药的抵抗力不强，常用的消毒剂如1%来苏儿、5%生石灰、2%福尔马林作用15分钟均可将其杀死。

【流行病学】牛、羊最易感。一般情况下，初产动物最为易感，流产率也最高，随着产仔胎次的增加易感性也逐渐降低。病畜：不定期地从乳汁、精液、粪尿中排菌。感染的妊娠母畜（危险）：流产的胎儿、胎衣、羊水、子宫和阴道分泌物可大量排菌。带菌动物：布氏杆菌有强的侵袭力和扩散力，主要经皮肤黏膜侵入宿主，可经呼吸道、消化道、皮肤及生殖道感染宿主，也可通过气溶胶进入宿主。吸血昆虫也可传播此病。另外，由于健康牛与病牛配种，或在人工助产、输精过程中消毒不严而造成的感染也很常见；在挤奶、屠宰加工过程中，若对乳/乳制品、肉、皮、血水或废弃物等处理不当等，也会造成传染。流行特点：动物的易感性随着性成熟的年龄接近而升高；头胎牛在第一胎流产后多不再流产；公牛的易感性较母牛低些。人类在缺乏消毒及防护条件下接产、护理病畜，或饮用了未经消毒的牛奶，或屠宰病畜时经过皮肤、消化道、呼吸道等途径感染。

【临床症状】布氏杆菌病的潜伏期一般为14～21天。母牛最主要的症状是流产，多发生在妊娠后5～8个月；流产胎儿多为死胎、弱胎；乳腺及相关淋巴结也可被感染，并经乳汁排菌。多数胎衣滞留或发生子宫内膜炎，致使母牛长期不孕。患病公牛睾丸肿大发炎、附睾炎，影响生育。出现关节炎时，表现为跛行，后肢多见。新感染的牛群中，大多数母牛只流产1次，如牛群不更新，流产过1～2次的母牛可以正常生产，疫情似乎停止，一旦引进新牛群，可再次引起流产，因已感染的牛群为非健康牛群。人若患此病，出现反复发热，产生波浪状的热型，持续2～3周。患者全身软弱，乏力，食欲缺乏，有白色痰，可听到肺部干鸣，关节发生无红肿热的疼痛，肌肉酸痛；男性患者的睾丸肿大，影响生育。有的还会出现心内膜炎、脑膜炎等损伤，无法根治，重者可导致残疾及劳动力丧失。

【病理变化】（1）急性期　出现多脏器的炎性变化及弥漫性的增生现象。

（2）慢性期　出现局限性感染性肉芽肿组织的增生，称为布病结节。胸腹腔和心包腔积有红色液体；胃肠、膀胱浆膜下点状或线状出血；淋巴结、脾脏、肝脏不同程度肿胀、坏死。病变继续扩大侵及周围骨质、软骨板及椎间盘。感染性肉芽肿显微镜下可见上皮样细胞和类似郎格罕的细胞，周围有淋巴细胞及单核细胞，肉芽肿直径约1毫米，有少数发生干酪样病变，偶见死骨。母畜主要病变在子宫，绒毛膜有坏死灶，化脓后有污黄色胶冻样物质流出，并发出恶臭。流产胎儿多为死胎或木乃伊胎；胎衣水肿，覆有纤维蛋白絮片或脓液，有的有出血点；胎盘绒毛叶出血、坏死，表面有灰白色或黄绿色纤维素性渗出物及脓液。公畜的生殖器官精囊内有出血点或坏死灶；睾丸、附睾有炎性坏死灶或化脓灶。肺常见小叶性支气管炎。

【诊断】

（1）临床诊断　根据初产的妊娠母畜多见流产，公畜睾丸炎、附睾炎，以及胎儿、胎衣及子宫、公畜睾丸的病理变化初步判断。

（2）实验室诊断　采集牛奶、病牛分泌物或尸体剖检采集子宫、淋巴结、乳腺、睾丸等含有大量病菌的组织样品，用血清葡萄糖琼脂、胰蛋白酶琼脂和血琼脂进行病原分离、鉴定。分子诊断技术包括各种PCR技术和核酸探针技术。血清学诊断方法包括各种凝集、补体结合反应（CFT）、全乳环状反应（MRT）和酶联免疫吸附试验（间接/竞争ELISA）、荧光偏振试验（FPA）等，其中ELISA的特异性高、敏感性好、快速，适合于大规模样品的筛查，也是国际贸易指定的检测方法。

【预防与控制】

（1）检疫、淘汰　布氏杆菌为兼性细胞内寄生菌，药物治疗效果不好，常采用检疫淘汰的办法；引进动物时产地检疫，隔离观察2个月，并2次血清学检查为阴性者，方可引进。

（2）培养健康牛群　由犊牛培育。新生犊牛隔离饲养，用母牛初乳饲养5～10天，改用健康牛乳或灭菌乳饲养，5月龄、9月龄各检疫1次，均为阴性者可判为健康犊牛。

（3）严格消毒　流产胎儿、胎衣深埋或烧毁。污染圈舍、场地、用具可用2%氢氧化钠或10%石灰乳消毒，粪便堆积发酵，乳制品加热后使用，皮毛消毒后方可运出。

（4）免疫接种　目前我国布氏杆菌病频发，流行情况复杂，大规模扑杀和销毁病畜难以实现。因此，对易感动物进行菌苗免疫是最有效的防控措施。迄今为止，最为有效的菌苗形式是布氏杆菌的减毒活菌苗，其他形式的苗都不能提供很好的保护。主要有国外的牛种布氏杆菌19号菌苗（牛S19号苗）、冻干羊型ReV.I弱毒活菌苗（羊ReV.I苗）和我国研制的羊种布氏杆菌苗（羊M5号苗）及猪种布氏杆菌S2苗（猪2号苗）。猪2号苗是用中国分离株驯化的，其毒力比牛S19号苗、羊ReV.I苗和羊M5号苗弱，安全性高，对猪、牛、羊均能产生良好的免疫，可通过口服或肌内注射的方式进行免疫，并且不会导致妊娠母畜的流产，因此在我国被广泛使用。羊M5号弱毒菌苗可于成年母牛每年配种前1～2个月注射，免疫期1年，但会导致妊娠母畜的流产。牛19号弱毒菌苗为牛种分离布氏杆菌，保护期长（6～8年），曾经被大量用于牛的免疫，但后来因安全性差（可感染人），已被限制应用（对妊娠牛和种牛也不安全）。

九、副结核病

副结核病是由副结核分枝杆菌引起的反刍兽的慢性消化道疾病，又称副结核性肠炎。以顽固性腹泻、渐进性消瘦、慢性肉芽肿、回肠炎为临床及病理特征。病牛产奶量严重下降、繁殖能力下降甚至死亡。世界动物卫生组织（OIE）将其列为B类疫病。另外，从人类的克罗恩病患者组织中分离到副结核分枝杆菌，认为克罗恩病与此菌有关（公共卫生）。

【病原】副结核分枝杆菌属于禽分枝杆菌副结核亚种，是一种细长杆菌，呈短棒状或球杆状，常呈纵排列，无鞭毛，不运动，不形成芽孢和荚膜，革兰染色阳性，抗酸染色为阳性。本菌为需氧菌，最适生长温度为37.5℃，最适pH值为6.8～7.2。该菌生长缓慢、原代分离极为困难，需在培养基中添加草分枝杆菌素抽提物，一般需要6～8周才能发现小菌落。

副结核分枝杆菌对热和化学药品的抵抗力与结核菌相同，对外界环境的抵抗力较强，在污染的牧场、厩肥中可存活数月至1年，在牛乳和甘油盐水中可保存10个月。对湿热抵抗力不大，60℃经30分钟或80℃经1～5分钟可杀灭。另外，从消毒的奶中分离到了活的副结核杆菌，说明现行牛奶消毒并不能完全杀灭牛奶中的副结核杆菌。

【流行病学】本病广泛流行于世界各国，以奶牛业和肉牛业发达的国家受害最为严重。我国的东北、西北、华北大都有本病的发生。近年来，牛副结核发病也呈上升趋势。本病无明显季节性，但常发生于春秋两季。主要呈散发，有时可呈地方性流行。本病主要引起牛发病，尤其是在妊娠期和泌乳期的母牛最易感，幼年牛也非常易感。绵羊、山羊、鹿和骆驼等动物也可感染，马、驴、猪也有自然感染的病例。家兔、豚鼠、大鼠、小鼠、鸡等小型实验动物都可以用来进行副结核感染研究。但鼠类实验动物最为易感，特别是BALB/c、C57/B6、SCID等品系的鼠类。

患副结核病的病畜是主要传染源，有症状者和隐性感染的病畜均能通过粪便、乳汁和尿向体外排出病原菌，污染周围环境。动物采食了污染的饲料、饮水，经消化道感染。也可经乳汁感染幼畜或经胎盘垂直感染胎儿。

【临床症状】潜伏期长，达6～12个月，甚至数年。本病为典型的慢性传染病，以体温不升高、顽固性腹泻、高度消瘦为临床特征。起初为间歇性下痢（症状时轻时重，腹痛缓急不一），后发展为经常性顽固性下痢。下痢呈喷射状、稀薄恶臭，粪便中常带泡沫、混有黏液或血液凝块。食欲起初正常，精神也良好，以后食欲有所减退，随着病情的发展，病畜极度消瘦，眼窝下陷，经常躺卧，泌乳减少或停止，营养高度不良，皮肤粗糙，被毛松乱，有时可见下颌及腹下水肿。最后衰竭而死。

【病理变化】病菌侵入后在肠黏膜和黏膜下层繁殖，并引起肠道损害。主要病变在消化道（空肠、回肠、结肠前段）和肠系膜淋巴结，以肠黏膜有明显增生性肥厚皱褶、肠系膜淋巴结肿大为特征。肠黏膜增厚3～20倍，并发生硬而弯曲的皱褶。肠系膜淋巴结肿大（呈线绳状）变软，切面湿润，上有黄白色病灶。

【诊断】

（1）临床诊断　根据典型的临床症状和病理变化可作出初步诊断，确诊需进一步做实验诊断。

（2）实验室诊断　采集可疑病牛的直肠刮取物或粪便黏液，处理后制成涂片，抗酸染色后镜检（副结核杆菌呈红色球杆状、成团、背景为蓝色）。血清学检查包括酶联免疫吸附试验（ELISA）、IFN-γ ELISA检测方法、皮内变态反应诊断（PPD试验）、补体结合反应（CF）和琼脂凝胶扩散试验。其中前两者的敏感性更高，对亚临床感染的带菌动物的检出率高于后三者。分子诊断技术包括各种PCR技术和核酸探针技术。在国际贸易中，尚无指定诊断方法，替代诊断方法有CF、PPD试验和ELISA。

【防治】用副结核灭活疫苗对污染牛群的新生犊牛在7日内接种，同时配合下述综合防疫措施：犊牛出生后立即与母牛分开，不吃初乳，吃消毒乳（经过80℃20分钟加热灭菌）；犊牛由专人饲养、专牛舍居住，经常清洗、消毒牛舍。对成年牛加强饲养管理，定期检疫（每年3次皮内变态反应或CF），检出阳性牛立即隔离和淘汰，消毒被病畜污染的畜舍、用具等。

十、巴氏杆菌病

巴氏杆菌病主要是由多杀性巴氏杆菌引起的一类传染病的总称，发生于多种家畜、家禽、野生动物和人类。动物急性病例以败血症和炎性出血过程为主要特征，慢性病例表现为结缔组织、关节及各脏器的炎症及化脓性病灶。人的病例罕见，且多呈伤口感染。牛巴氏杆菌病属二类动物疫病，又称"牛出败"（牛出血性败血病）。该病潜伏期短、传播速度快、死亡率高，对畜牧业造成重大的经济损失。

【病原】多杀性巴氏杆菌属于革兰染色阴性短杆菌，两端钝圆、中央微凸，多单个存在，无芽孢，无鞭毛。用瑞氏染色或美兰染色可见典型的两极着色（即菌体两端染色深、中间浅）。本菌需氧或兼性厌氧，对营养要求严格。本菌有3个亚种：多杀亚种、败血亚种、杀禽亚种。多杀亚种对家畜致病，败血亚种对禽、犬、猫和人类致病，杀禽亚种对禽致病。本菌血清型众多。巴氏杆菌抵抗力弱，对热、日光、紫外线、温度、多种抗菌药物等均敏感，阳光直射10分钟、60℃经10分钟即可灭活，干燥空气中存活2～3天。在无菌蒸馏水和生理盐水中很快死亡。厩肥中可存活1个月。常用消毒剂短时间即可将其灭活，如3%碳酸、3%福尔马林、10%石灰乳、2%来苏儿、1%氢氧化钠等作用5分钟即可杀死巴氏杆菌。对青霉素、链霉素、四环素、土霉素、磺胺类药物及许多新的抗菌药物敏感。

【流行病学】巴氏杆菌病发生于多种动物（畜禽、野生动物）

和人，其中牛、猪、绵羊、禽类和家兔易感；牛巴氏杆菌病以黄牛、奶牛、水牛更易感，牦牛发病较少见。此外，该病还能侵害野生反刍动物。本病不易查出传染源，一般认为牛只发病前就已经带菌，当管理不当、环境不良或寄生虫病等因素使牛只抵抗力下降时，病原菌侵入牛体内，导致内源性感染。病原菌随病牛的分泌物、排泄物排出污染环境，可经消化道、呼吸道、吸血昆虫媒介、皮肤黏膜的伤口感染进行传播。本病一年四季均可发生，但以冷热交替、气候剧变、闷热、潮湿、多雨时期发生较多。诱发因素，如营养不良、长途运输、密度过大、频繁迁移、过度疲劳、饲料突变和寄生虫感染等可促进本病发生。流行形式多为散发，有时可呈地方流行性。

【临床症状】该病潜伏期为1～5天。根据临床症状主要有三类：败血型、水肿型和肺炎型，后两者是在前者的基础上发展起来的。败血型：急性的较为常见，体温升高至41～42℃，脉搏加快，随之出现全身症状，精神沉郁，食欲废绝，反刍停止。可视黏膜发绀，腹部、耳根、四肢内侧皮肤出现红斑。咳嗽、呼吸困难，腹泻开始时，病情迅速恶化，体温下降，病程1～2天，病死率可达100%。水肿型：在咽喉部和颈部出现炎性水肿，舌及周围组织高度肿胀，病牛呼吸困难加剧，犬坐式呼吸，可视黏膜发绀，最后窒息死亡，病程仅1～3天。有的先便秘后腹泻，粪便混有黏液和血液。腹泻开始后，卧地不起，体温下降，窒息死亡，病程5～8天。肺炎型：多为纤维素性胸膜肺炎症状，持续性咳嗽和呼吸困难，鼻流少许黏脓性分泌物。有时会出现慢性胃肠炎和关节炎，表现为食欲缺乏，下痢，进行性消瘦；或关节肿胀，跛行，如不及时治疗，多经过1～2周衰竭而死，病死率60%～70%。但还有一种最急性型，近些年来不太常见。最急性型（锁喉风）发病快速、高热，由于水肿性肿胀引起打鼾呼吸，在喉咙和胸部出现瘀斑出血，大量流涎，严重抑郁，24小时内死亡。

【病理变化】

（1）败血型　全身黏膜、浆膜及皮下有大量出血点；尤其以咽喉部及其周围结缔组织的出血性胶冻样浸润为特征。全身淋巴结充血、水肿，肺脏瘀血、水肿，心外膜和心内膜出血，脾出血但不肿大，胃肠黏膜出血性炎症，肌肉散在点状出血。

（2）水肿型 除有败血症变化外，其特点是咽喉部炎性水肿。水肿部位可以扩展到舌根、咽喉周围、下颌间隙、颈部、胸部乃至前肢皮下组织，切开颈部皮肤时，可见大量胶冻样淡黄色或灰黄色纤维素性浆液。体腔内积有多量浆液纤维素性渗出物。

（3）肺炎型 除了表现败血症变化外，其特点是纤维素性胸膜肺炎，肺脏有不同的变化，如出血、充血与肝变，间质水肿增宽，肺脏切面呈大理石样。后期常发生化脓、坏死，因此病变区暗而无光泽。胸膜常有纤维素性附着物，严重时与肺或心包粘连，心包与胸腔积液，胸腔淋巴结肿胀、出血，气管、支气管内含泡沫样黏液。镜检，初期肺脏充血、出血，肺泡腔有浆液、纤维素、红细胞和少量白细胞，间质水肿增宽，有大量红细胞和纤维素，淋巴管扩张，淋巴栓形成。以后肺泡与支气管腔中白细胞增多，并有化脓和坏死。

【诊断】

（1）临床诊断 由于发病初期突然死亡，又无明显的临床特征，从临床上快速作出诊断十分困难。对拖延时间稍长的病例可根据流行病学材料、病牛的临床症状及病理变化，结合对病牛的治疗效果，可初步作出诊断。本病的败血型、水肿型应注意与炭疽、恶性水肿区别，而肺炎型应注意与牛肺疫相区别。

（2）实验室诊断 确诊需进行细菌学检查、动物接种试验和分子生物学检查。细菌学检查包括生长特性、菌落形态（半透明黏液型菌落）、气味、两极浓染（瑞氏染色）、触酶阳性反应和氧化酶反应，以及不能在麦康凯琼脂上生长。最简便、有效的方法是将表型试验和基因型试验结合进行。从病变明显部位取材，涂片镜检为革兰阴性短杆菌，见两极着色，接种培养基分离到黄白色菌体，并经生化试验证明为本菌，可以得到正确诊断，必要时进行动物接种（复制出病例）或者分子生物学检查［各种RT-PCR技术（多重PCR

或荧光定量RT-PCR）和基因芯片技术］。

【防治】第一，加强饲养管理，增强牛群的抵抗力，防止发生内源性感染。改善牛舍内的通风，及时清除粪尿，畜舍定期消毒。长途运输时要细心管理牲畜，避免拥挤和受寒，避免其过度劳累。第二，尽可能避免病原的侵入。引进新的牛时要隔离饲养，并观察1个月以上。第三，定期免疫接种，每年春秋两季定期进行预防注射。目前，防治巴氏杆菌病主要用灭活菌苗或弱毒菌苗。但是，由于巴氏杆菌血清型多，传统疫苗通常只对同型菌株有较好的保护作用，而对不同血清型菌株的保护作用非常有限（我国现有的牛巴氏杆菌菌苗主要针对荚膜血清B型）。另外，由于灭活菌苗免疫期短、需多次接种，弱毒菌苗有安全隐患，现正研制新型疫苗。第四，在长途运输、气候变化、转群等发生应激时，饲料或饮水中添加药物进行预防。第五，发生本病时，应立即将病畜或可疑病畜隔离治疗，对健康牲畜仔细观察、检查体温，必要时用高免血清或菌苗紧急预防接种。病牛初期应用高免血清或抗生素治疗，效果良好，同时使用效果更佳。

（1）西兽药治疗　可用磺胺嘧啶钠静脉注射，每天2次，连续注射3天。重症病例用磺胺类药物的同时，肌内注射青霉素钾，用四环素配葡萄糖注射液静脉注射疗效也较好。

（2）中兽药治疗　治疗宗旨为清热解毒、凉血养阴。

方剂1：石膏120克，水牛角60克，栀子、牡丹皮、黄芩、生地黄、赤芍、玄参、知母、竹叶、连翘和桔梗各30克，黄连20克，甘草10克，水煎灌服。

方剂2：水牛角90克，生地黄150克，白芍60克，牡丹皮45克，水煎灌服。

十一、牛支原体病

牛支原体病主要是由牛支原体引起的养殖牛（奶牛和肉牛）、水牛和北美野牛多种疾病的总称，包括肺炎、关节炎、乳腺炎、生殖系统损伤、皮肤脓肿、结膜炎、中耳炎和脑膜炎等，并且在引起病理变化的过程中伴发其他病原的感染。本病的发病率高、死亡率低。

【病原】牛支原体病是由牛支原体感染引起的，为目前发现的最小的、最简单的原核生物。能通过细菌过滤器。对青霉素有抵抗力。支原体广泛分布于污水、土壤、植物、动物和人体中，营腐生、共生或寄生生活。牛支原体对热的抵抗力与细菌相似。在环境中的存活力较其他支原体强，如在避免阳光直射条件下可存活数周，在4℃牛乳和海绵中可存活2个月，在肥料中可存活230天左右，在水中可存活23天。在垫沙中可存活8个月。牛支原体对高温敏感，随着环境温度升高，其活力下降。牛支原体在65℃经2分钟、70℃经1分钟即可灭活。

【流行病学】本病遍及世界各地。宿主有养殖牛（奶牛和肉牛）、水牛和北美野牛。由牛支原体所引起的呼吸道疾病，即使在临床上没有明显的症状，感染动物可作为带菌者向外持续散布病原数月甚至数年。病原常潜藏在感染牛、污染的牛奶、牛舍、外周环境，以及其他动物（比如感染了猪肺炎支原体的猪中）。常见的感染途径为直接接触，与感染牛直接接触、飞沫、气溶胶或依靠自然风力而感染。本病还可间接传播，在犊牛之间横向传播，在犊牛、育成牛和成年乳牛之间交叉传播，或垂直传播。研究发现，将犊牛、青年牛和成年母牛在污染环境中混合饲养1个多月后，成年母牛发生乳腺炎，犊牛和青年牛则患上了关节炎。牛支原体为机会性致病微生物，在其他病原因素或应激等多因素的共同作用下发病；因此，不同养殖场支原体病的发生及其频率，因季节或饲养方式、卫生条件以及常在微生物的种类不同。欧洲的一些国家，牛肺炎的病例中有13%～25%是由牛支原体感染所致。在我国，2002～2008年牛支原体肺炎波及了湖北省、河南省、山东省、黑龙江省、辽宁省、吉林省、安徽省、山西省、江西省、福建省等，涵盖了我国最重要的畜牧养殖业产区。在暴发了疫情的牛场，其发病率可达50%～60%，死亡率达15%～20%。

【临床症状】

（1）呼吸道症状（肺炎）　开始仅是个别牛发病，2～3天发病动物增加，群体表现采食量下降、精神沉郁、高热（大于40℃，毛皮汗湿）、咳嗽，黏液性化脓性眼鼻分泌物，呼吸急促、困难。除特别严重的病例外，通常病畜表现为咳嗽增多，可能为剧烈干咳，也可能为湿咳，呼吸道有黏液（图2-15）。气管上部的收缩常可引起咳嗽，胸部听诊有哨笛、喘息、啸叫样的高调啰音。细菌感染病例表现明显的肺部实变（图2-16），很少能听诊到肺部啰音。

（2）乳腺炎　一个乳区或多个乳区发生炎症、乳房肿胀，产生乳腺损伤，没有明显的疼痛、水肿和萎缩；感染牛可能伴随发热症状，也可能体温不升高。

（3）中耳炎　由牛支原体导致的内耳感染，通常是在呼吸道感染后，可能是经过咽鼓管向上扩散到内耳所致。单侧或双侧耳朵下垂，面部麻痹无力、运动失调、头歪斜，甚至出现神经功能障碍。

图2-15 喉头与气管有黏液和泡沫性分泌物

图2-16 肺部实变

图2-17 肺部的红色肉样实变

（4）关节炎　以小牛多见，成年牛也有；在关节周围或关节腔内出现脓性渗出液，软骨溃烂，肉芽组织或滑膜组织溃疡，主要影响腕关节和跗关节。

（5）结膜炎　流泪，眼睑和眼球发炎，角膜炎，畏光。

【病理变化】表现呼吸道症状的病理变化主要集中在胸腔与肺部。肺和胸膜轻度粘连，胸膜有大量纤维素样渗出，胸腔积液；心包积液，液体黄色澄清。肺部病变的严重程度在不同病牛表现出差异，与病程有关。轻者可见肺尖叶、心叶及部分膈叶的局部红色肉样实变（图2-17），或同时有化脓灶散在分布；严重者可见肺部广泛分布有点状干酪样或化脓性坏死灶。如果肺部未发现干酪样病灶点，将更难确定其支气管肺炎是否由牛支原体引起。肺泡中存在大量的中性粒细胞，但是相邻的不同肺叶的感染及病变程度可能存在差异，间质组织会被中性粒细胞、巨噬细胞、淋巴细胞、红细胞、成纤维细胞和嗜酸粒细胞所浸润，产生永久性的病理改变，发生脓肿和纤维化。牛支原体损伤的组织部位有大量的中性粒细胞和巨噬细胞，在病理切片上可以看到组织坏死。关节滑液被中性粒细胞、巨噬细胞及淋巴细胞浸润，并伴有免疫球蛋白水平的升高。

【诊断】

（1）临床诊断　根据其临床特征为弛张热，短促咳嗽，呼吸困难，听诊局部肺泡音减弱或消失，而有的局部肺泡音有捻发音，叩诊局部有浊音区，可以作出怀疑诊断。牛支原体与其他多种致病菌

（如金黄色葡萄球菌、大肠杆菌和泰勒虫等）引起的肺炎、关节炎、乳腺炎、结膜炎、中耳炎等的临床症状相似，需要结合实验室诊断进行鉴别。

（2）实验室诊断　支原体培养、血清学诊断和PCR检测。牛支原体分离培养是最传统、最直观的方法，采集组织或者鼻拭子/喉拭子等（低温保存、运输），实验室分离培养和显微镜观察，但周期长。血清学诊断用检测特异性抗体来诊断本病，包括补体结合试验、琼脂糖扩散试验、花环试验、血凝试验及酶联免疫吸附试验（ELISA），ELISA最为常用。PCR检测方便快捷，根据牛支原体特异性基因uvrC设计引物，可以将本病与山羊传染性无乳症相区分。还可用等温环状扩增技术诊断本病（结果用裸眼即可观察）。

【防治】对牛支原体病应采取以下综合防治措施。

（1）加强检疫监管　加强对牛引进的管理，引进牛前认真做好疫情调查工作，不从疫区或发病区引进牛，同时做好牛支原体、牛结核、泰勒虫等病的检疫检测和相关疫病的预防接种，防止引进病牛或处于潜伏感染期的带菌牛。牛群引进后应隔离观察1个月以上，确保无病后方可混群。

（2）在运输前预防牛支原体肺炎　运输前30天，进行粗饲料和精饲料搭配饲喂，并添加适量的微量元素。必要时，肌内注射牛支原体肺炎疫苗，在保证足够的时间产生抗体后，方可运输。在运输前，保证没有牛群支原体病的系列症状。在运输中，牛只不能过于拥挤，每隔8小时，可以给牛只饲喂适量清水。

（3）严格封锁和隔离　养牛场要实行封闭管理，对发生疫情的养牛场实行严格封锁，对病牛进行隔离治疗，杜绝疫情扩散。牛支原体对环境因素的抵抗力不强，常用消毒剂均可达到消毒目的。对于发生疫情的牛场及周围环境，每天消毒1～2次；加强对病死牛以及污染物、病牛排泄物的无害化处理，同时做好杀灭蚊蝇、老鼠的工作。

（4）扑杀、处理重症病牛　对无治疗价值的重症病牛建议采取扑杀和无害化处理措施，由当地政府给予养殖户适当的扑杀补贴。

（5）加强饲养管理　牛舍保持干燥、暖和与通风；避免过度使役，以促使牛体健康；牛群密度适当，避免过度拥挤；不同年龄及不同来源的牛实行分开饲养；饲料品质良好，适当补充精料、维生素和微量元素，保证日粮的全价营养，提高机体抗病能力。

（6）"早诊断、早治疗"　这是有效控制该病的基本原则。对病畜加强护理，单独饲养。药物以抗菌、消炎为主。在治疗中，应根据病牛全身状况，采取相应的对症治疗，如强心、利尿、补液等措施。需要注意的是，支原体缺乏细胞壁，对很多针对细胞壁作用的抗生素不敏感。对牛支原体敏感的常见药物有四环素类、大环内酯类和喹诺酮类药物等，但在本病的晚期或者多种病原混合感染或有关节症状的牛，抗生素不具有明显疗效。

① 慢性症状　常用的抗生素：泰乐菌素4～10毫克/千克体重、土霉素10毫克/千克体重、螺旋霉素20毫克/千克体重、大观霉素20～30毫克/千克体重。大环内酯类抗生素肺部药物浓度高，对支原体感染有很好的疗效。

② 急性症状　抗菌剂，常用的药物为磺胺类药物、头孢噻呋、大观霉素、链霉素、泰乐菌素、替米考星。选择药物应基于以前或其他养殖场的使用经验。如果有动物死亡，取病料做分离培养及分离菌的药敏试验，选择敏感药物。根据使用的药物和治疗效果，治疗应持续3～5天，急性肺炎的治疗一般选择可以静脉注射的药物。

十二、附红细胞体病

附红细胞体病是由血液寄生生物——附红细胞体寄生于人和动物的红细胞表面或游离于红细胞内、血浆、组织液及脑脊液中，引起以发热、溶血性贫血和黄疸等为主要特征的一种人、畜、禽共患的传染性疾病。此病也被称为黄疸性贫血、红皮病、类鞭虫病和赤兽体病等。近几年来，我国对该病的报道日益增多。

【病原】附红细胞体属典型的原核生物，多数为球形、卵圆形、环行、杆状等形态生物体，直径为0.2～2.6微米，大小不等，该病原无细胞壁，由单层界膜包裹着，无明显细胞器和细胞核。附红细胞体的分类历来存在争议。2004年，Messick进一步根据附红细胞体在分子学上的相关性以及其表型特点，将血巴尔通体属以及附红细胞体属从立克次体目移到了支原体科，并且将这两个属合并为血营养型支原体。不同种的附红细胞体都有相对的特异性，都有相应的宿主。附红细胞体在人工培养基不能生长，也不能在血液外组织中人工培养。附红细胞体对干燥、热和化学消毒药物敏感。将附红细胞体悬液滴于玻片上，置室温自然干燥，1分钟内，复溶后部分保持很弱的活力，2分钟后，全部停止活动。60℃经30分钟或75～100℃水浴作用0.5～1分钟即可使其失去致病活性。在含氯的消毒剂中作用1分钟即全部灭活，加入0.1%的碘液，可以立即停止运动，不易被碘着色。一般消毒药几分钟即可将其杀死。在1%的盐酸或5%的醋酸溶液中可刺激其运动，这一点具有鉴别意义。附红细胞体对低温抵抗力较强，在4℃的血液中可存活1个月，不受红细胞溶解的影响；在–30℃条件下，保存120天保持80%的活力；在–70℃附红细胞体可存活数年之久。附红细胞体对青霉素类不敏感，而对强力霉素敏感。

【流行病学】附红细胞体病呈全球性分布，隐性感染率极高。我国已有22个省、市、自治区报道发现此病。附红细胞体病患者及附红细胞体的携带者均是此病的传染源，包括绵羊、山羊、牛、猪、马、驴、骡、骆驼、犬、猫、水貂、鼠、鸟类和人等；其中猪发病的报道占绝大多数。不同品种、年龄的畜禽和人均可感染。但附红细胞体进入机体后多呈潜伏状态，发病率较低，只有当机体处于应激状态（如分娩、疲劳和长途运输等）时才可能引起发病，所以多数学者认为附红细胞体很可能是一种条件致病微生物。本病的感染有明显的季节性，5～8月（夏季）的阳性率明显高于其他月份。本病的传播与吸血昆虫有关，研究人员在病牛的生活环境中采集了虱子、蚊虫和厩蝇，用荧光定量PCR方法发现它们体内存在牛温氏附红细胞体。本病也可以经胎盘进行垂直传播。舍饲期间最易发生，水牛少见。在常发地区多为慢性或隐性传染，呈散发，在新发地区可呈暴发性或地方流行性。1976年发现了牛温氏附红细胞体病并证实其在重度贫血的牛群中的感染率高达78%；在我国的不同地区，牛的感染率在6%～80%。

【临床症状】牛温氏附红细胞体的感染会导致宿主菌血症以及贫血症状的产生，在极少数情况下会引起急性临床症状，且几乎不造成宿主的死亡。一般被感染的动物在出现症状之前能保持数月的正常情况，但也有一些动物可能永远不会表现出任何症状。发病初期，体温正常，采食正常，产奶量突然下降，有时出现异食症状；发病中期，被毛粗糙，显著的产乳下降；短期发热（体温39.5～41℃），心跳过速，采食量较少，反刍次数减少，咀嚼无力，排水样稀粪，粪便恶臭；发病晚期，体温正常，有食欲废绝、瘤胃蠕动音微弱、排少量软粪、含水较多、并混杂有黏液和黏膜组织、乳房表皮及外生殖器皮肤呈黄疸色、母牛乳头肿胀、公牛阴囊水肿、后肢水肿、股前淋巴结病、体重减轻和不育等症状。孕牛会出现流产、流涎、全身肌肉震颤，黄疸严重，热骤退后出现死亡。静脉采血，血液稀薄如水。

【病理变化】尸体消瘦，可视黏膜、浆膜黄染。血液稀薄，色淡、凝固不良；在皮下和全身脏器都分布点状出血。胸腔积液，腹水过多；脾脏肿大，质软易碎；肾肿大，皮质出血，呈淡黄色；心内外膜有出血点；肺水肿。肝肿大，脂肪样变性，肝小叶呈中心或局部坏死等。胆囊肿大，胆汁浓稠。

【诊断】

（1）临床诊断　根据其临床高热、贫血、黄疸、消瘦和腹泻以及实质器官的肿大，可以作出初步诊断。但确诊需要进行实验室检查。

（2）实验室诊断　直接镜检法、血清学诊断方法和分子生物学诊断方法。直接镜检法是最直观的方法，血涂片经姬姆萨染色法、瑞氏染色法、姬氏瑞氏混染法、亚伯特染色法或吖啶橙染色法进行观察，前4种方法只需普通光学显微镜，适合在菌血症时期用，吖啶橙染色法需要荧光显微镜，相对比较特异，能够在染虫率较低的情况下观察到橙色的虫体。血清学诊断方法包括荧光抗体试验、补体结合试验、血凝抑制试验和酶联免疫吸附试验。大部分的诊断方法是用附红细胞体的全虫虫体作为抗原，它们的敏感性、特异性较差。但用单克隆抗体建立的阻断ELISA检测方法，其敏感性、特异性都很高。分子生物学诊断方法包括DNA探针杂交技术、聚合酶链式反应（PCR）、荧光定量PCR以及PCR-ELISA。PCR多是基于附红细胞体的16S rRNA基因序列建立的，可快速、准确地将牛温氏附红细胞体与其他种区分出来。

【防治】对附红细胞体病的预防目前还没有专用疫苗，只有将支持疗法和预防性措施结合起来。加强饲养管理，给牛提供全价口粮，增强牛群的抵抗力，消除应激因素的影响。在夏秋季要加强灭蚊灭蝇工作，减少吸血昆虫传播本病的机会。防疫操作要安全卫生，对针头、针管刀、剪刀、耳号器等手术器械进行严格的灭菌消毒，减少人为因素造成的传播。

（1）西兽药治疗

方剂1：血虫净（或三氮脒、贝尼尔）每千克体重用5～10毫克，用生理盐水稀释成5%溶液，分点肌内注射，每天1次，连用3天。

方剂2：咪唑苯脲每千克体重用1～3毫克，每天1次，连用2～3天。

方剂3：四环素、土霉素（每千克体重10毫克）每千克体重15毫克口服或肌内注射或静脉注射，连用1～2周。

（2）中西兽药结合治疗　氯化钠500毫升，安钠咖30毫升，三磷酸腺苷20毫升，维生素C 30毫升，静脉注射，连用3天，深部肌内注射血虫净（兰州正丰制药公司生产），隔日1次。同时灌服中药，党参50克、白术50克、当归60克、芍药50克、熟地黄40克、陈皮50克、生姜40克、大枣250克、茯苓50克、五味子40克、川厚朴50克、甘草50克、柴胡50克、升麻40克，水煎温服，1剂/天，连用1周。

十三、炭疽

炭疽也称脾瘟，是由炭疽杆菌引起的人畜共患的一种急性、热性、败血性传染病。临床以发病快、高热、脾脏显著肿大、结缔组织出血性浸润、血液凝固不良呈煤焦油状为主要特征。绵羊、牛、骆驼、骡等草食动物最易感，人也可感染。人感染后主要表现为皮肤炭疽、肺炭疽和肠炭疽，偶有伴发败血症的。炭疽已存在千年，危害严重。在《黄帝内经》和《元亨疗马集》中，对炭疽有详细的记载，将人的炭疽叫作"痈"，而动物的炭疽叫作"癀"。炭疽杆菌具有繁殖速度快、芽孢存活时间长、传染性强的特点。时至今日，炭疽杆菌依然是国际上公认的、危险异常的生物武器之一。

【病因】炭疽芽孢杆菌，俗称炭疽杆菌，为革兰阳性粗大杆菌，两端平切，排列似竹节状，无鞭毛，不运动；本菌在氧气充足、温度适宜的条件下易形成芽孢。营养要求不高，在普通培养基中生长旺盛。

炭疽杆菌的繁殖体对外界理化因素的抵抗力不强，但芽孢对热、化学药品、低温和干燥等不良环境的抵抗力极强。在干燥状态下可存活10年以上，在土壤中可存活60年，在草原中可存活40年，在皮张、毛发及毛制品中能存活34年，在水体中可生存1～3年，于冰冻状态可存活4年，含有炭疽芽孢的肉腌渍1个半月后芽孢仍存活。煮沸40分钟，干热140℃经3小时，高压蒸汽10分钟可灭活。20%漂白粉和石灰乳浸泡2天、0.5%过氧乙酸24小时才能将炭疽芽孢杀灭。强氧化剂（如高锰酸钾、漂白粉等）对炭疽芽孢杀灭力较强，而石炭酸、来苏儿和酒精对炭疽芽孢的杀灭作用很差。对青霉素、磺胺类药物敏感。

【流行病学】病畜和死畜是主要的传染源。病畜通过粪便、尿液、唾液、天然孔出血等排菌，死后尸体的各脏器、组织、血液、皮毛、骨骼等均含有病原体，一旦处理不当形成芽孢污染环境，可在土壤、牧地、水源中长期存活而成为长久的疫源地。此病主要经消化道感染，也可经损伤的皮肤、黏膜、昆虫叮咬及呼吸道感染。该病常呈散发，但有时可呈地方性流行，全年均有发病，雨季、洪水泛滥后和吸血昆虫活跃季节多发。草食动物易感（绵羊、牛最易感，山羊、驴、马、水牛、骆驼和鹿等次之），猪的易感性低，肉食类动物发病率较低，家禽不感染。人主要通过接触污染炭疽杆菌的动物及动物产品而感染。近10年，我国主要是西北、西南地区的几个省份有炭疽零星散发。

【临床症状】潜伏期一般为1～5天，最短的仅12小时，最长的14天。由于各种动物易感性不同，其临床表现也各异。

（1）最急性型（羊多见，"脑卒中"经过）　发病急，突然倒地，全身战栗、昏迷、磨牙、呼吸困难；可视黏膜发绀；濒死时天然孔出血、血凝不全；数分钟至数小时死亡，尸僵不全。

（2）急性型（牛、马多见）　突然发病，体温急剧升高至42℃；狂躁不安，吼叫，顶撞人类、物体；兴奋后又高度沉郁，食欲、反刍、泌乳减少或停止；先便秘后腹泻并带有血液，尿暗红，有时混有血液；瘤胃臌气、腹痛，后肢踢腹部；可视黏膜发绀或有出血点；孕畜流产；濒死期体温下降，呼吸极度困难、天然孔出血，战栗倒地而亡，病程1～2天。

（3）亚急性型　症状与急性型相似，但病情较轻，病程稍长，脾脏肿大，多在颈部、咽部、胸前、腹下或乳房等皮肤处，以及直肠或外阴部发生炭疽，局部温度升高，有时龟裂，渗出淡红黄色液体；颈部水肿可波及咽喉，加重呼吸困难；3～7天死亡。多见于牛、马、人。猪炭疽以典型的慢性咽型炭疽为主，呼吸及吞咽困难，窒息而死亡。犬和食肉动物炭疽多表现为咽炎及胃肠炎。

【病理变化】怀疑为炭疽的病畜尸体在一般情况下，禁止剖检。必须进行剖检时，应在专门的剖检室进行，或离开生产场地，准备足够的消毒药剂，人员应有安全的防护装备。

急性型：尸体迅速腐败，尸僵不全；天然孔流出带泡沫的血液，血液黏稠，黑紫色呈煤焦油样，凝固不良；皮下及浆膜有出血性胶冻样浸润；脾脏变性、出血、高度水肿，比正常大2～5倍，包膜紧张或破碎，切面脾髓软如泥状，暗红色，有时呈糊状，可刮下；胃肠道黏膜、黏膜下层肿胀，淋巴结肿大、坏死，形成溃疡；肝、肾、心变性、松软易碎；脑和脑膜充血；胸腔、腹腔、心包积液。

慢性局部炭疽：咽部、肠系膜淋巴结肿胀、出血、坏死，周围组织胶冻样浸润；扁桃体肿胀、出血、坏死。

【诊断】

（1）临床诊断　本病草食兽易感，发病急、死亡快，死亡前天然孔出血，血液凝固不良，皮肤有炭疽，尸体极易腐烂、尸僵不全。疑似炭疽时，严禁剖检，只能用微生物学和血清学方法进行诊断。

（2）实验室诊断　实验室常规检测方法有微生物学诊断（涂片镜检和细菌的分离培养）、血清学诊断和新型检测仪器诊断等。直接涂片镜检，发现有单个或短链排列的革兰阳性大杆菌，姬姆萨染色时菌体呈红色，荚膜为紫色。细菌的分离培养，将疑似样品接种于血液琼脂平板、碳酸盐或普通琼脂平板上，根据形态特征、青霉素串珠试验、动物试验等鉴定。血清学诊断，环状沉淀反应（或Ascoli沉淀试验），用肝、脾、血液等组织制成的沉淀原与已知的炭疽沉淀素血清重叠于小玻璃试管内，若前者经1～2分钟在沉淀原与沉淀素血清两液接触面出现白色沉淀环即可确诊。炭疽杆菌还可通过其他方法辅助诊断，包括串珠试验、荧光抗体染色法、间接血凝试验、补体结合试验和酶联免疫吸附试验。另外，为应对生物恐怖袭击，已研发出各种敏感、快速的仪器，包括"金丝雀"炭疽检测仪、Gene Xpert检测系统、Cyranose炭疽检测系统，它们能在30分钟至数小时内发现极微量的炭疽杆菌。

【预防与控制】法国科学家巴斯德于1881年研制了减毒炭疽疫苗，使炭疽成为第一个用菌苗预防的传染病。我国兽用炭疽疫苗包括高温致弱毒株（Pasteur Ⅰ号苗和Ⅱ号苗）和Sterne减毒菌株，后者已失去荚膜合成能力，可生产无毒炭疽芽孢苗。人用炭疽疫苗包括减毒活芽孢苗（A16R）和吸附疫苗。减毒活芽孢苗经皮肤划痕，对人皮肤炭疽保护率约为82%，但对肺炭疽保护效果不佳；吸附疫苗含有毒素质粒而无荚膜质粒疫苗（美国为AVA，英国为AVP），其主要免疫成分为AP，主要用于接触炭疽芽孢的危险职业人群及士兵，保护率约为92%。

（1）免疫接种　对炭疽常发地区或威胁地区的家畜，每年定期进行预防注射。常用以下两种疫苗。一是无毒炭疽芽孢苗，1岁以上马、牛皮下注射1毫升；1岁以下马、牛皮下注射0.5毫升；绵羊、猪皮下注射0.5毫升（对山羊不要应用）。注射后14天产生免疫力，免疫期为1年。二是Ⅱ号炭疽芽孢苗，各种家畜均皮下注射1毫升，注射后14天产生免疫力，免疫期为1年。

（2）发病时控制措施　因本病不允许治疗，所以发现疫情立即按相关法规处置。上报疫情，划定疫点、疫区，采取隔离封锁措施；病畜不放血扑杀，其鼻、口、肛门、阴道等腔道开口用消毒液浸泡的棉花或纱布堵塞，尸体用消毒液浸泡的床单包裹，安全运输至指定地点无害化处理。对病死动物四不准：不准宰杀、不准食用、不准出售、不准转运。可疑感染家畜：隔离观察，使用青霉素、链霉素、抗炭疽血清预防；假定健康家畜进行紧急免疫接种。消毒：圈舍、环境、垫草、粪便、尸体、土壤等对象的消毒。解除封锁。

第三章

牛消化系统疾病防治

一、前胃弛缓

前胃弛缓，是指反刍动物前胃（瘤胃、网胃和瓣胃）神经兴奋性降低，收缩力量减弱，前胃内容物不能正常消化、运转而发生腐败，产生有毒物质，引起消化功能障碍的一种疾病。长期舍饲的牛多发。

【病因】本病多因饲养管理不当，如谷类或其他精饲料喂量过多、饲料单一、长期饲喂难以消化的或过细的饲料、饲喂霉变的饲料、饲料调制不当、突然变更饲料等所致。饲养管理条件不良、劳役过重、长途运输、气候骤变也可促发该病。此外，瘤胃积食、臌气，瘤胃、瓣胃和皱胃发炎、坏死，创伤性网胃腹膜炎，结核病和放线菌病等传染病以及一些寄生虫病等都可引起前胃弛缓的发生。

【临床症状】初期食欲减退或废绝，反刍无力、反刍次数减少甚至完全停止，嗳气酸臭，口色淡白，舌苔黄白，常常磨牙，瘤胃蠕动减弱、次数减少甚至停止，瘤胃内容物柔软或黏硬，有时出现轻度瘤胃臌胀，瓣胃蠕动音低沉、稀弱，病牛精神沉郁、反应迟钝，产奶量下降，全身一般无异常反应；但若同时发生瘤胃酸中毒，则脉搏、呼吸加快，精神沉郁，卧地不起，鼻镜干燥，流涎，排稀便。慢性前胃弛缓患牛，食欲时好时坏，异嗜，瘤胃蠕动时有时无，便秘、腹泻交替发生，精神委顿，被毛逆立，最终鼻镜干燥，眼球凹陷，起立困难，甚至卧地不起。

【诊断】临床诊断：查看发病史，饲养管理不当或其他疾病都可引发本病；根据食欲异常、反刍减少、前胃蠕动减弱等临床症状作出初步判断。

触诊：按压瘤胃时柔软或黏硬，有时出现轻度瘤胃臌胀；如果因摄入粗硬或刺激性食物引起的弛缓，触摸瘤胃敏感。

【预防与控制】加强饲养管理，全面安排日粮，防止饲料霉变，防止突然变更饲料；日粮供应中要注意营养配比，防止营养代谢病的发生；牛舍应保持干燥清洁、安静舒适，防止各种应激因素的影响。饲养管理不当引起的疾病通过纠正饲养管理方法，进行合理治疗来控制。其他疾病引起的疾病通过治疗原发病为主来控制。

【西兽药治疗】

方剂1：对一般前胃弛缓应促进瘤胃蠕动和排空，可以皮下注射新斯的明（剂量为5.55毫克/100千克体重），或者灌服10%硫酸镁溶液（剂量为500～1000克/头），以达到促进瘤胃蠕动的目的。

方剂2：对瘤胃pH值降低的牛应促进瘤胃环境及时恢复，采用投喂碱性药物的方法，或者立即灌服通过屠宰或抽吸获得的健康牛瘤胃内容物，以促进瘤胃微生物正常区系的恢复。投喂碱性药物的种类和剂量为：氢氧化镁（89克/100千克体重）、氧化镁（89克/100千克体重）或碳酸镁（50～89克/100千克体重）等。

方剂3：对初发性前胃弛缓伴有瘤胃臌胀者，皮下注射20%安钠咖10毫升，同时可以静脉注射10%的氯化钙100毫升、10%氯化钠100毫升，每天1次，连用2～3天。

【中兽药治疗】

方剂1：党参50克、白术40克、茯苓40克、干姜50克、甘草20克、陈皮30克、山药50克、肉豆蔻40克、神曲50克、山楂50克、麦芽50克，共研末，开水冲调，候温灌服。

方剂2：神曲80克、麦芽60克、山楂60克、厚朴40克、枳壳40克、陈皮60克、青皮40克、苍术50克、甘草10克，共研末，开水冲调，候温加生油、生萝卜汁和童便灌服。

方剂3：山楂60克、建曲80克、槟榔40克、枳壳50克、青皮50克、厚朴40克、木香30克、刘寄奴30克、木通40克、茯苓40克、甘草10克，水煎，牛1～2次灌服。

二、瘤胃臌气

瘤胃臌气，又叫瘤胃膨胀，是指反刍动物瘤胃内容物迅速发酵后产生大量气体，蓄积于瘤胃内，引起瘤胃急剧膨胀的一种疾病。根据病因可分为原发性瘤胃臌气和继发性瘤胃臌气。原发性瘤胃臌气，多因动物采食大量容易发酵的食物造成，发酵气体在瘤胃内以泡沫状存在，又称泡沫性臌气。继发性瘤胃臌气，多因反刍动物嗳气过程遇到障碍、气体排出受阻所造成，瘤胃内气体呈游离状，不形成泡沫，又称非泡沫性臌气。继发性瘤胃臌气多发于6月龄前后的犊牛和圈养的育成牛。

【病因】采食过多易发酵的食物（如豆科植物、幼嫩青草、谷物类饲料、发霉变质饲料），饲料中钙、镁、尿素含量过高，或大量摄食葡萄糖等，均可引起原发性瘤胃臌气的发生。此外，牛的个体敏感性不同，尤其是对豆科植物敏感性高，也是引起原发性瘤胃臌气的原因之一。继发性瘤胃臌气，多见于前胃弛缓、瘤胃炎、创伤性网胃腹膜炎、网胃或食道沟因异物导致炎症、食道梗死以及食道狭窄等，造成嗳气反射不能正常进行，引起气体蓄积。破伤风和引起食道肌痉挛的真菌（豆类丝核菌）中毒，也可引起瘤胃臌气。

【临床症状】原发性瘤胃臌气，病牛腹部急剧膨胀，左侧肷窝部臌起，按压腹部紧张而有弹性，敲打瘤胃有鼓音。发病初期瘤胃蠕动增强，呈劈啪声，随后蠕动完全停止，仅可听到泡沫发生音。病牛食欲、反刍停止，心动亢进，全身出汗，惊恐不安，可视黏膜充血，眼球突出，呼吸困难，严重者张口呼吸，口内流出泡沫样唾液。如果不及时治疗，病牛可能因呼吸困难窒息或心脏停搏而死。继发性瘤胃臌气，也具有左侧肷窝部臌胀、叩诊呈鼓音的特征；但瘤胃蠕动初期增强，后呈弛缓状态。继发于其他疾病的瘤胃臌气，

臌气常呈间隔性，食欲时有时无。严重者，臌气持续不消，病牛被毛粗糙，呈逐渐消瘦状。

【诊断】左侧肷窝部臌起，敲打瘤胃有鼓音可确诊。

【预防与控制】饲养过程中，做好饲料保管和加工调制工作，防止霉变饲料和尖锐异物等混入，保证饲料质量；另外，给牛只要饲喂充足的粗饲料，一定要控制豆科植物、谷物类饲料的摄入量；避免给牛饲喂生长迅速而未成熟的豆科植物，粉碎过细的谷实类饲料，未经浸泡处理的大豆、豆饼等。当出现急性病例时，停食；随时注意瘤胃臌气程度，当臌气严重时，及时用套管针穿刺或胃管放气。

【西兽药治疗】

方剂1：对急性病例，用套管针直接穿刺瘤胃放出气体，必要时可通过套管向瘤胃内灌服松节油、鱼石脂等制酵剂，抑制瘤胃内容物继续发酵；或者将胃管经口腔插入瘤胃，促使气体排出。

方剂2：对臌气不严重的病例，可用消气灵30毫升，液体石蜡油500毫升，水1000毫升，混匀后灌服。

方剂3：对因摄食饲料不当引起臌气的病例，可将花生油、亚麻仁油、大豆油各60～120毫升做成2%乳剂，经口灌服，每天2次；或者将鱼石脂20～25克、松节油50～60毫升、酒精100～150毫升混合后，经口灌服；或者聚羟亚烃20～25克，用适量水混合，经口灌服，每天2次。

方剂4：对因嗳气受阻引起臌气的病例，可向舌部涂抹食盐、黄酱，或将树根衔于口内，促使其呕吐或嗳气；或用硫酸镁500～1000克、碳酸氢钠粉100～150克、1000毫升水溶解后，经口灌服。

方剂5：对伴有低血钙或低血糖的病牛，可用25%葡萄糖液500毫升、10%葡萄糖酸钙液500毫升、5%的碳酸氢钠液500毫升，一次性静脉注射，每天1～2次。

【中兽药治疗】

方剂1：白萝卜2500克，大蒜50克，榨汁，加糖150克、醋500毫升，经口灌服。

方剂2：莱菔子90克，芒硝120克，大黄45克，滑石60克，研末，加食醋500毫升、食用油500毫升共调，一次灌服。

方剂3：木香40克，槟榔30克，青皮40克，陈皮40克，厚朴45克，芒硝5克，枳壳30克，牵牛子（二丑）30克，香附30克，大黄30克，黄柏30克，三棱30克，莪术30克，水煎，经口灌服。

方剂4：大蒜（捣碎）120克，香油180毫升，食醋240毫升，混合，一次灌服。

三、瘤胃积食

瘤胃积食是指反刍动物采食大量难消化、易膨胀的饲料，造成瘤胃内容物过量，瘤胃增大，瘤胃蠕动功能和消化功能紊乱的一种疾病。

【病因】过食是引发该病的主要原因。突然由适口性差的饲料换为适口性好的饲料时，会导致牛食欲大增而发生过食现象；饲养管理不严，牛偷吃过量的精饲料，或豆饼、花生饼、豆渣等吃得过多，或长期饲喂大量难以消化的干草等。此外，异食大量的垫草和塑料等异物后也可引发该病（图3-1）。瘤胃积食也常继发于前胃弛缓、创伤性网胃炎和真胃阻塞等。

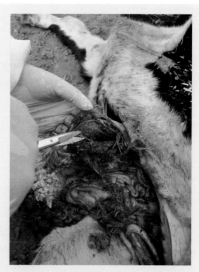

图3-1　犊牛异食大量垫草

【临床症状】一般可见患牛腹部臌胀，左肷窝部平满或突出，食欲废绝，反刍停止，空嚼、流涎、嗳气，偶有作呕或呕吐症状；鼻镜干燥但无舐痕，腹痛；病牛不安，目光呆滞，拱背站立，踢腹，喜卧；随着病情加重，呼吸变得困难，发出呻吟声，粪便干硬或呈恶臭软粪，有时下痢，晚期会脱水，有可能发生中毒。

【诊断】临床诊断：如有过食病史，触诊有腹痛和腹部臌胀等临床症状即可确诊。

触诊：按压瘤胃时有捏粉样感觉或坚硬感，压迫难成下陷窝，一旦形成又很难消失；敲击呈浊音或鼓音；听诊时瘤胃内有发酵的滋滋音或劈啪声。

【预防与控制】要加强牛群的日常饲养管理，日粮要按照牛不同生长阶段的营养需求提供，不能随意加大精料饲喂量。饲喂豆秸、花生秧、麦秸等干草时，铡短后要配合其他饲料饲喂。当发现病例时，应尽快除去瘤胃内容物。

【西兽药治疗】

① 急性和早期病牛，采用瘤胃切开术掏出瘤胃内容物。

② 对采食过量精料而积食者，采用洗胃法，可通过胃导管向瘤胃内反复灌入和导出大量生理盐水，以达到洗胃的效果。

③ 对一般瘤胃积食的病例，可使用药物疗法，使用10%氯化钠溶液500毫升、20%安钠咖10毫升，静脉注射；或用硫酸镁500～1000克、苏打粉100～120克，加水溶解，灌服。

④ 对脱水、食欲废绝的病牛，可用25%葡萄糖500～1000毫升、复方氯化钠液或5%糖盐水3000～4000毫升，5%碳酸氢钠液500～1000毫升，静脉注射。

四、皱胃移位

皱胃移位是指皱胃由瘤胃和网胃的右侧腹底移到瘤胃和网胃的左侧。

【病因】精饲料摄入过多与本病呈正相关性。此外，本病以分娩后、泌乳期的前6个月较为常见。皱胃移位在断奶前犊牛的发病常为右方变位，断奶后犊牛则两侧移位都有可能发生。诱发本病的原因较多，奶牛日粮中含有高水平的酸性物质（如青贮玉米、半干青贮料和易发酵的谷物等）易导致产生过多的挥发性脂肪酸；低血钙、酮病、胎衣不下、子宫炎、乳腺炎和消化不良等，在产后早期是诱发本病的重要因素。无论是否伴有内毒素血症，当消化道停滞时，会引起真胃停滞和产气，皱胃从而发生或左侧或右侧移位。

【临床症状】一般出现在分娩后，病牛食欲下降，瘤胃蠕动减弱，左腹壁呈扁平状隆起，在疑为皱胃移位处可听到金属音，牛排粪量少。

【诊断】临床诊断：根据分娩后不久发病、瘤胃蠕动减弱、左腹壁呈扁平状隆起、左侧腹下有金属音等症状可作出诊断。

触诊：直肠检查，右上腹部空虚，皱胃穿刺液呈褐色、pH值降为2.0。

【预防与控制】加强牛的饲养管理，严格控制妊娠后期母牛精饲料的进食量，加强运动，防止低血钙、酮病等的发生。当出现病例时，要尽快使变位的皱胃复位。

【西兽药治疗】

（1）翻滚法　病牛禁食并限制饮水2天后，将其四蹄绑住，猛向右滚。

（2）手术法　将病牛保定好，切开腹壁，将皱胃或网胃固定在右腹壁上，最后缝合腹壁。

【中兽药治疗】

方剂1：风油精2瓶，适量水稀释后一次灌服。也可用薄荷油代替风油精。

方剂2：黄芪250克、沙参30克、当归60克、白术100克、甘草20克、柴胡30克、升麻20克、陈皮60克、枳实100克、赭石100克、川楝子30克、沉香（另包）15克。赭石先煎30分钟，后加入其他药煎汤取汁，候温，一次灌服，连用2～3剂。

五、创伤性网胃腹膜炎

创伤性网胃腹膜炎，是指牛误食的尖锐异物随食物进入瘤胃、网胃并刺伤网胃壁，引起网胃功能障碍和实质性器质变化的一种疾病。此病常伴随腹膜炎，因此又称"创伤性网胃腹膜炎"。

【病因】主要原因是饲料加工处理不当，铁丝、铁钉、缝针、注射针头、玻璃、硬质木条或竹签等混入饲料，牛误食后引发该病。

【临床症状】发病初期，牛突然拒食，前胃出现弛缓症状，瘤胃蠕动减弱，连续嗳气，反刍停止，瘤胃有反复臌气现象。粪便干而少，呈褐色，排粪时，不敢努责。随着病情加剧，病牛常呈现前高后低的站立姿势，肘关节向外展，呈拱背状，不愿走动，上下坡时行走困难，起卧时有痛苦状，肘部肌肉颤动。病情时好时坏，牛呈慢性消耗性消瘦。

【诊断】临床诊断：食欲废绝，前胃弛缓、瘤胃臌气反复发作，肘关节外展，呈拱背状。

触诊：敲击网胃区时，病牛有疼痛感，有不安、呻吟、躲避或退让行为。

【预防与控制】加强饲料管理，注意饲料选择、加工、保存等，防止异物混入饲料；建立和完善饲料中异物清除设备，将饲料经电磁筛或磁性板处理后再饲喂。当出现网胃炎病例时，要设法尽快除去异物。如果牛胃中有铁钉等，可在牛胃中放置取铁器或磁管，以吸附牛胃中残存的小铁钉等。

【西兽药治疗】

① 对无其他并发症的病牛，患病早期可采用手术法，切开瘤胃，从网胃中取出异物。

② 对病情轻微的牛，可采用保守疗法，使病牛站在前高后低的斜坡上，持续数日，可使异物退出网胃壁；也可向胃内投入磁棒，放置一段时间，使异物吸附在磁棒上，再将磁棒取出。同时，为防止继发感染，可肌内注射400万单位青霉素和4～5克链霉素，每天3次，连续3～5天。

③ 对并发创伤性心包炎的病牛，直接淘汰。

六、食道阻塞

食道阻塞，又叫食道梗死，是指吃入的饲料或异物突然梗死于食道腔内。其临床特征是突然发病、流涎、饲料和饮水反流、瘤胃臌气。若不及时诊治，会引起患牛食道麻痹、发炎甚至穿孔，或者窒息死亡。

【病因】引起该病的直接原因是采食过程中，饲料直径过大、牛吞食急咽或吞入异物，使其不能自由通过食道所致。例如，块根饲料（甜菜、萝卜、红薯、土豆）等粉碎不够充分，豆饼未经浸软，饲料中混有异物（砖块、石块、玻璃、木片、塑料绳、塑料薄膜或其他物体）。先天性食道异常或后天性食道有病也可诱发本病，如食道狭窄、食道痉挛、食道炎。

【临床症状】一般在牛采食时突然发生，病牛立刻停止采食，出现惊恐、流涎、伸颈、空口咀嚼和不断吞咽等动作。颈部食道阻塞时，在食道外部用手触摸可感觉到阻塞物的存在。

胸部食道阻塞时，患牛不安、呼吸困难，口腔张开，在阻塞物的前一段食管因积存了大量唾液，触压时除有波动感外，唾液便从口鼻流出。食道不完全阻塞时，瘤胃臌胀和其他症状较轻，完全阻塞时，牛呼吸困难严重，瘤胃臌胀严重。

【诊断】临床诊断：根据发病突然、伸颈抬头、吞咽障碍、呼吸困难、瘤胃臌胀等症状易于诊断。

触诊：颈部食道阻塞时可摸到阻塞物。也可采用胃管探测，胃管插入困难或推进受阻。

【预防与控制】在牛的日常饲养管理过程中，合理搭配饲料，做好饲料保管和加工调制工作；避免给牛饲喂体积过大的块茎类饲料，需要饲喂该类饲料时，应切碎后再饲喂；饼类饲料应粉碎、泡软后饲喂；应加强草场和草地管理，及时清除牧场中的茎刺类植物及塑料等异物。此外，还应严防牛采食时受到惊吓。当出现病例时，尽快除去阻塞物。随时注意瘤胃臌胀程度，当臌胀严重时，及时用套管针穿刺瘤胃放气，直到阻塞物除去，才能拔出套管针。

【西兽药治疗】

① 对一般性食道阻塞可先向食道灌入少量食用油或石蜡油，然后推送胃管，将阻塞物缓慢推入胃内；或者灌油后，在牛的颈部两侧用木棍在咽后食道阻塞部位由上至下刮动，刮动数次后即可见效。

② 对颈部食道阻塞处进行封闭，注射2%盐酸普鲁卡因50毫升麻醉后，再向食道灌入液体石蜡油500毫升，然后皮下注射2%毛果芸香碱溶液3毫升，3小时后即可见效。

③ 食道深部阻塞时，可将300毫升饱和小苏打溶液用胃管送入阻塞物处，再向胃管内灌醋300毫升。之后驱赶病牛上、下坡，使其急行数回。病牛因颈部肌肉收缩且酸碱中和释放CO_2，而使食道扩张，进而缓解食道阻塞引起的继发症状。

④ 在治疗由采食豆类或干料引起的食道阻塞时，可肌内注射2%静松灵5毫升，或静脉注射40%酒精500毫升。病畜麻醉后，送入胃管，先灌入少量温水，然后缓慢将病畜头放低，反复数次，便可洗出阻塞的食团，然后用胃管将剩余的阻塞物推送入胃。

⑤ 牛食道阻塞用药物治疗无效时也可采用手术。方法是将病畜侧卧保定，在食道阻塞部位剃毛消毒，局部麻醉后，作长度略大于阻塞物的切口，纵切食道壁，取出阻塞物。用生理盐水冲洗后，缝合食道黏膜及外膜切口，撒布磺胺结晶粉和碘酒，最后用缝合丝线将皮肤、肌肉一次性结节缝合。手术后3天内禁止饮水和采食，根据病牛体重每天抗菌消炎，防止感染，直至康复。

第四章

牛营养代谢病防治

一、酮病

酮病，又叫酮尿病、酮血病，是由于糖类和脂肪代谢障碍，酮体蓄积于血液和组织中而引起的一种全身性功能失调的代谢性疾病。该病以奶牛较为常见。

【病因】引起该病的主要原因是采食高能量、高蛋白质的饲料，而糖类饲料供应不足，或者采食低能量、低蛋白质的饲料，而糖类饲料亦不足。此外，该病是前胃弛缓、真胃溃疡、瘤胃臌气、创伤性网胃炎、皱胃移位、子宫内膜炎、产后瘫痪等可导致消化功能减退疾病的继发性疾病。

【临床症状】本病临床上以精神异常、食欲减退和酮血、酮尿、酮乳提高为主要特征。根据临床症状和病因不同又可分为消化型、神经型、乳热型和继发型。消化型病牛，主要表现为食欲减退或废绝，多发生于分娩后2周内，病牛拒食精料、采食少量干草或食欲废绝。病牛异食，喜喝污水、尿汤，舐舐污物或泥土。反刍无力，有的病牛反刍次数少于30次，有的却多于70次。瘤胃运动减弱，粪便干硬、量少，腹围收缩、明显消瘦。病重患牛，全身汗如雨下，尿量减少，呈淡黄色，有特异的丙酮气味；泌乳牛可见泌乳量骤减或停乳，乳汁也有特异的丙酮气味。神经型病牛，可见牛突然出现咬牙、狂躁、兴奋等神经症状，特征症状为病牛目光怒视，不认其槽，在棚内乱转，横冲直撞，四肢叉开或相互交叉，站立不稳，全身紧张，颈部肌肉强直，兴奋不安，也有的举尾于运动场内乱跑、做转圈运动等。有的病牛则不愿走动，呆立槽前，低头耷耳，似昏睡样。乳热型病牛，多发生于分娩后10天内，临床症状与乳热症相似，泌乳量降低、体重减轻。食欲大减，肌肉乏力，不能站立，横卧地上，呈昏睡状，使用钙制剂治疗无效。继发型病牛，临床症状多为前胃弛缓、瘤胃臌气、创伤性网胃炎、子宫内膜炎等原发性疾病症状，病重牛常伴发黄疸和神经症状。

【诊断】临床诊断：根据饲养情况和发病时间（多发生在产后4～6周），如出现食欲大减、泌乳量降低、出现神经症状和呼吸气体有特殊的丙酮气味，可作出初步诊断。通过牛血液中血糖和酮体含量测定，尿酮、乳酮等生化测定，可完全确诊。

【预防与控制】加强饲养管理，不同生理阶段牛的营养需求不同，应按照牛的不同生理阶段进行分群管理，以便根据不同营养需求合理调配日粮。尤其要加强牛干奶期的饲养管理，保证母牛在产犊时的健康。此外，让牛加强运动，增加全身张力，减少产后子宫弛缓、胎衣不下的发生，增进食欲。当出现病例时，应精心护理病牛，改变饲料状况，尽快采取适当的针对性治疗措施。

【西兽药治疗】

① 对大多数病牛，采用50%葡萄糖500～1000毫升，静脉注射。

② 使用激素，如可的松1000毫克，肌内注射，也可起到很好的疗效。

③ 使用丙酸钠110～225克，口服，2次/天，连用5～6天。或用乳酸铵200克，口服，1次/天，连用5～6天。

④ 对酸中毒的病牛，可用5%碳酸氢钠溶液500～1000毫升，一次静脉注射。

二、妊娠毒血症

妊娠毒血症，又叫母牛肥胖综合征、牛的脂肪肝和肥胖牛的酮病，是指由于干奶期或妊娠前母牛日粮能量水平过高，牛体过肥引起消化、代谢、生殖等功能失调的一种疾病。

【病因】引起该病的直接原因是母牛摄食量超过了实际营养需求；主要原因有日粮不平衡，精料饲喂量过大、能量和蛋白质水平过高。此外，饲养管理不当，泌乳牛和干奶期母牛混群饲养，造成干奶牛营养过剩，也是造成母牛患该病的原因之一。

【临床症状】临床症状可分为急性型和亚急性型。急性型病牛，一般牛分娩而表现出症状。病牛精神沉郁，食欲减退或者废绝，瘤胃运动减弱，泌乳量减少或无乳。可视黏膜发绀、黄疸。体温高达39.5～40℃。步态不稳，目光呆滞，对外反应不敏感。伴发腹泻的病牛，粪便恶臭。药物治疗无效的病牛，多于发病后2～3天死亡。亚急性型病牛，多在分娩3天后发病。病牛多伴发产后疾病，主要为产后酮病。表现为食欲减退或废绝，泌乳量减少，粪便干硬、量少，有的排出稀软粪便；尿液偏酸，有特殊的酮体气味，酮体检验呈阳性。伴发乳腺炎、胎衣不下、瘫痪的病牛，生殖道蓄积大量褐色、腐臭味恶露。药物治疗无效的病牛，卧地不起，最终衰竭死亡。

【诊断】临床诊断：根据流行病学、临床症状、酮体检验易于诊断。

【预防与控制】在牛的饲养管理过程中，控制精饲料投喂量，增加干草饲喂量，避免饲喂劣质饲料，防止干奶期母牛过肥，保证干奶期母牛健康。对肥胖牛、高产牛、胎次多胎儿偏大的牛，在分娩前可适当补允葡萄糖，防止妊娠毒血症的发生。同时，应加强母牛发情鉴定，适时配种，防止干奶期母牛饲养过久而肥胖，避免突然更换饲料和其他应激因素。本病可导致机体发生器质性变化，因此治愈较困难。控制本病应以预防为主。

【西兽药治疗】

① 对食欲废绝和低血糖的病牛，可使用50%葡萄糖溶液500～

1000毫升，静脉注射，每天1次。

② 对血脂高的病牛，可使用50%氯化胆碱50～60克，口腔灌服；或者使用10%氯化胆碱溶液250毫升，皮下注射，每天1次。

③ 对食欲减退的病牛，可使用复合维生素B溶液200～250毫升，口腔灌服，每天2次。

④ 对酸中毒的病牛，可使用5%碳酸氢钠溶液500～1000毫升，静脉注射，隔天1次或每天1次。

⑤ 对黄疸的病牛，可使用硫酸镁300～500克，加水溶解，口腔灌服，每天1次，连用3天。

三、瘤胃酸中毒

瘤胃酸中毒，又叫酸性消化不良、乳酸酸中毒、急性食滞、瘤胃过食，是指由于采食大量糖类饲料，导致瘤胃内乳酸蓄积而引起全身代谢紊乱的一种疾病。此病以奶牛多发。

【病因】引起该病的直接原因是采食过多富含糖类的饲料，如玉米、高粱、大麦、马铃薯、萝卜、豆腐渣等。为了催奶、增膘，突然改变日粮，加大精饲料投喂量，可导致该病的发生。此外，谷实类饲料越细越容易引发该病。

【临床症状】本病发病急、病程短，常无明显前躯症状。急性病例常于采食后1～2小时死亡。病牛步态不稳、呼吸急促、心跳加快。慢性病牛食欲、反刍减少或废绝，瘤胃胀满、运动减弱或停止，脱水，眼窝下陷，走路不稳。伴有腹泻者，粪酸臭。有的病牛分娩后3～5小时瘫痪，卧地不起，头、颈、躯干平卧于地，四肢僵硬，呻吟，磨牙，兴奋，甩头，尔后精神沉郁，全身不动，眼睑闭合，似昏迷状。

【诊断】临床诊断：根据发病急、采食后不久突然发病；腹部胀满；脱水明显，但腹泻轻微；全身症状严重，但体温并未升高等症状可作出初步诊断。根据血液中乳酸增多、碱储下降的含量测定结果和尿液、胃液中pH值下降的测定结果，有助于确诊。

触诊：按压瘤胃，里面似生面团样（或稀软、或水样）内容物。

【预防与控制】在牛的日常饲养管理过程中，合理供应精料，增加精料应适量并逐步增加，严禁突然大幅度增加精料。精料使用量大时，可加入缓冲剂（如碳酸氢钠、氧化镁等）。牛群应按不同生理阶段分群饲养，以便及时调整日粮水平，防止精料饲喂量过大。谷实类精料加工过程中，压片或破碎即可，防止粒度过细。此外，日粮中添加一定量的苹果酸，对预防该病也可起到一定效果。本病发病急、病程短，无特效疗法，控制该病应以预防为主。

【西兽药治疗】

① 冲洗瘤胃，通过胃导管排出瘤胃内液状内容物，然后向瘤胃内反复灌入和导出大量生理盐水，反复冲洗，促使瘤胃中pH值的恢复；也可切开瘤胃，取出瘤胃内容物，彻底冲洗干净。

② 使用5%碳酸氢钠溶液2～3升，葡萄糖盐水1～2升，静脉注射。

③ 当病牛出现兴奋不安、甩头时，输液时可加入甘露醇或山梨醇250～300毫升。

四、产后瘫痪

产后瘫痪，又叫生产瘫痪、乳热病、临床分娩低钙血症，是指成年母牛分娩后突然发生的以急性低血钙为主要特征的一种营养代谢障碍病。该病以高产奶牛多发。

【病因】引起该病的主要原因是低血钙；直接原因是钙丢失量超过了吸收量，或者肠对钙的吸收能力降低，或者骨骼中钙盐的析出能力下降。

【临床症状】发病初期，病牛呈现出短暂的兴奋和搐搦，四肢肌肉震颤，站立不稳，摇头、伸舌磨牙，食欲废绝。步态踉跄，易于摔倒，摔倒后挣扎站立，步行几步后又摔倒。站立不起者便安然卧地。鼻镜干燥，耳、鼻、皮肤和蹄部末梢发凉，脉搏无力，心率加快至90～100次/分。瞳孔散大，感觉反应减弱至消失，对刺激无反应。昏睡病牛四肢平伸躺下不能坐卧，精神高度沉郁，头抵向胸腹壁，昏迷、瞳孔散大，心音极度微弱，心率可增至120次/分。横卧常引起瘤胃臌气，如不及时诊治很快就会呼吸停止而死亡。

【诊断】临床诊断：产犊后1～3天发病，心跳增至100次/分，病牛瘫痪后失去知觉、昏睡、便秘。

【预防与控制】加强饲养管理，控制干奶期母牛的精饲料饲喂量，重视矿物质钙、磷的供应，增加阴离子饲料饲喂量，保持圈舍的清洁、干净，保证自由运动，减少应激因素。加强对临产母牛的监护，可在产前肌内注射维生素D_3，增强钙的吸收，对于年老、高产和有瘫痪病史的牛，可在产前通过静脉注射补充钙、磷。加强临床牛的监护，做到早发现、早治疗，待病牛食欲、泌乳等身体状况完全恢复后，方可停止治疗。

【西兽药治疗】

① 对一般病牛，可使用10%～20%葡萄糖酸钙溶液500～800毫升，或2%～3%氯化钙溶液500毫升，静脉注射，每天2～3次。钙剂治疗效果不明显的病牛，可使用15%磷酸二氢钠注射液200～500毫升、硫酸镁注射液150～200毫升，与钙交替使用。

② 可使用乳房充气法。充气前，先将病牛乳房洗净，用酒精棉球消毒乳头，将消过毒的导乳管插入乳头内，用乳房送风器向乳房内充气，当乳房皮肤紧张、乳区界线明显时停止打气。为防止注进的空气逸出，可用绷带将打满气乳区的乳头扎紧。

③ 对钙剂疗效不显著的病牛，可使用地塞米松20毫克或氢化可的松25毫克，1500毫升5%葡萄糖生理盐水溶解，静脉注射，每天2次，连用1～2天。同时配合钙制剂使用，疗效更好。

五、钙磷代谢障碍

钙磷代谢障碍，是指牛摄入钙、磷不足或比例不当等，引起钙磷代谢障碍，临床上主要表现为骨软化症和佝偻病。骨软化症是成年牛在饲养过程中，由于摄入钙、磷不足或钙磷比例不当等导致钙磷代谢障碍，引起软骨内骨化完全、骨质疏松、形成过量的未钙化的骨基质的一种慢性全身性疾病。佝偻病是犊牛在生长过程中，由于摄入钙、磷和维生素D不足所致的成骨细胞钙化不全、软骨肥大及骨骺增大的骨营养不良性疾病。

【病因】引起该病的直接原因是牛在饲喂过程中，钙、磷长期缺乏或其比例不当，造成钙磷代谢障碍。此外，维生素D摄入不足或牛机体健康状况不佳，也会影响钙磷吸收，造成钙磷代谢障碍。

【临床症状】

（1）骨软化症　病初常见牛异食、舔舐泥土、沙石、墙壁、牛栏等，吃污秽的垫草、喝粪汤尿水等。有时食欲降低，泌乳量下降，发情配种延迟等。病牛消瘦，被毛粗糙无光泽，行走不灵活，严重时后躯摇摆、跛行、关节疼痛，提肢时颤抖、拱背。病牛易患腐蹄病，蹄变形、呈翻卷状，严重者，两后肢跗关节以下向外倾斜，呈"X"状。脱钙时间过长，则骨骼变形，最后一个或两个尾椎消失，甚至多数尾椎排列不齐、变软或消失；肋骨肿胀、呈畸形，肋软骨呈串珠样；髋关节被吸收、消失。

（2）佝偻病　病牛消化不良，精神沉郁，异食，牙齿形状不规则，四肢变形，走路困难，生长发育缓慢。四肢各关节肿大，前腿腕关节外展呈"O"形，后腿跗关节内收呈"X"状，走路困难，站立时拱背。牙齿变形，咀嚼困难。鼻、上颌隆起，脸增宽，变"大头"。病重牛发生搐搦、痉挛等神经症状。

【诊断】临床诊断：骨软化症根据蹄变形、尾椎变形等症状可以确诊；佝偻病根据四肢关节肿大等临床症状可以确诊；生化检测碱性磷酸酶显著升高，骨质疏松症（佝偻病）同工酶也升高，血钙正常，血磷下降至3毫克/100毫升。

【预防与控制】根据牛不同生理期的需要，合理配制含量足够的钙、磷和维持维生素D的饲料，调整日粮平衡。对妊娠母牛，加强饲养管理，防止犊牛先天发育不良。加强犊牛的管理，保证饲料中营养物质和钙、磷、维生素D的供给，并适当增加运动和光照，促进钙、磷吸收，增强牛的体质。

【西兽药治疗】

① 调整日粮，饲喂富含蛋白质的饲料、豆科牧草等，使钙、磷

含量及其比例达到正常需求。

② 对缺钙性骨软症病牛，可在饲料中适量添加碳酸钙、磷酸钙或乳酸钙粉，每天30～50克；也可采用静脉注射10%氯化钙200～300毫升或20%葡萄糖酸钙500毫升或3%次磷酸钙溶液1000毫升，每天1次，连用5～7天；也可采用肌内注射维生素AD注射液15000～20000国际单位、维丁胶性钙20毫升，隔天1次，连用35天。

③ 对缺磷性骨软症病牛，可在饲料中添加磷酸钠（30～100克）、磷酸钙（25～75克）或骨粉（钙：磷为5：3，30～100克）。还可采用静脉注射8%磷酸钠注射液300毫升或20%磷酸二氢钠注射液500毫升，每天1次，直至痊愈。为防止出现低钙血症，可静脉注射10%氯化钙注射液或20%葡萄糖酸钙注射液适量。

④ 对佝偻病病牛，可采用肌内注射维生素D_2（骨化醇）200万～400万国际单位，隔天1次，或采用肌内注射维生素AD 50万～100万国际单位，或采用肌内注射维丁胶性钙5～10毫升，每天1次，连用3～5天。

六、微量元素缺乏症

微量元素缺乏症，是指由于牛摄取的饲料和水中的微量元素缺乏或不足而引起的营养缺乏症。

【病因】引起该病的直接原因是采食过程中，摄入的微量元素含量不足。主要原因有饲料中微量元素含量或比例不当；机体需求量增多；机体消化功能紊乱造成微量元素吸收障碍等。

【临床症状】主要表现为精神不振、食欲减退、生长迟缓、繁殖功能紊乱和贫血等。其中锌缺乏症主要表现为皮肤角化不全，骨形成缓慢，生长停滞，关节肿大，四肢皮肤皲裂，繁殖功能紊乱；硒缺乏症主要表现为犊牛横纹肌、心肌变性、坏死，肌外呈白色，成年牛繁殖功能紊乱，不孕或流产，产出死胎或弱犊；钴缺乏症主要表现为食欲减退，贫血，消瘦，脂肪肝，繁殖功能紊乱，不孕或流产，产出死胎；铜缺乏症主要表现为食欲减退，腹泻，被毛褪色，消瘦，贫血，关节肿大，繁殖功能减退，不发情，易发癫痫和猝死；锰缺乏症主要表现为生长迟缓、犊牛骨骼变形，成年牛繁殖功能紊乱，排卵停滞；碘缺乏症主要表现为胎儿早死，或牛犊体质弱、脱毛、不能站立、生长发育迟缓，成年牛繁殖功能紊乱、甲状腺肿大和增生；铁缺乏症主要表现为犊牛生长迟缓，异食，消瘦，贫血。

【诊断】临床诊断：对病牛口腔、牙齿、瘤胃等进行检查，确定引起食欲缺乏的原因。对病牛血液、被毛等进行微量元素含量检测方可确诊。

【预防与控制】采购牛饲料，尤其是植物性饲料时，应对当地的土壤、植被、水质等进行了解，防止微量元素缺乏。牛饲喂过程中，应根据牛的生理需求对饲料中的微量元素进行适时调整。当出现病牛时应尽早确定缺乏的微量元素，注意缺什么元素补什么元素，不可什么元素都补充。

【西兽药治疗】

① 对锌缺乏症病牛，可向病牛一次性投喂硫酸锌2克，每周1次；或肌内一次性注射硫酸锌1克，每周1次。

② 对硒缺乏症病牛，可向病牛肌内注射维生素E 6国际单位/千克体重和亚硒酸钠0.1～0.15毫克/千克体重；或向网胃投放硒丸或可溶性含硒玻璃珠补硒；或在饲料中补充维生素E和硒制剂；哺乳母牛和妊娠母牛应注射维生素E-硒合剂，以满足犊牛生长需要。

③ 对钴缺乏症病牛，可向病牛灌服氯化钴水溶液5～35毫克/天；或按0.0017%～0.0033%在饲料中添加维生素B_{12}；对于重症病牛，可肌内注射维生素B_{12}和右旋糖酐铁合剂4～6毫升，每3天1次；或肌内注射维生素B_{12} 1～2毫克，每天1次或隔天1次。

④ 对铜缺乏症病牛，可向成年病牛每天投喂2克硫酸铜或每周4克，犊牛病牛每天1克或每周2克；或静脉注射0.2%硫酸铜125～250毫升。

⑤ 对锰缺乏症病牛，每天饲喂锰含量2克的添加剂。

⑥ 对碘缺乏症病牛，可向病牛饲喂碘化钾含量高的盐（200毫克/

千克）；或肌内注射40%结合碘油剂2毫升。

⑦ 对铁缺乏症病牛，可向病牛投喂硫酸亚铁，每天2～4克，连用2周；或肌内注射右旋糖酐铁、葡聚糖铁钴0.5～1.0克，每周1次。

七、维生素缺乏症

维生素缺乏症是指牛从食物中吸收或自身合成的维生素不能满足其需要量而引起的病症。

【病因】引起该病的直接原因是维生素需求量不足。主要原因是日粮中维生素含量不足；牛体对维生素需求量增加；瘤胃合成维生素作用降低；机体吸收功能紊乱导致维生素缺乏等。

【临床症状】主要表现为生长发育受阻。其中维生素A缺乏症主要表现为夜盲、腹泻、水肿、惊厥、繁殖功能障碍（不孕、流产或产出死胎）；维生素D缺乏症主要表现为犊牛生长发育受阻，掌骨、跖骨、膝关节肿大，站立时拱背，成年牛跛行，抽搐，胸腔变形，早产等；维生素E缺乏症主要表现为犊牛横纹肌、心肌变性、坏死，肌外呈白色，成年牛繁殖功能紊乱，不孕或流产；维生素K缺乏症主要表现为血凝时间延长，出现低凝血酶原血症；维生素B_1缺乏症主要表现为胃弛缓，跛行，心律失常，脑皮质坏死、软化；维生素B_2缺乏症主要表现为犊牛口炎、掉毛、腹泻等；维生素B_3缺乏症主要表现为犊牛食欲减退，皮炎，脱毛，脊髓、神经脱鞘；维生素B_6缺乏症主要表现为牛生长受阻，出现神经症状；维生素PP缺乏症主要表现为犊牛生长受阻，出现口炎、皮炎，贫血，坏死性肠炎；维生素B_{12}缺乏症主要表现为食欲减弱，营养不良，生长发育迟缓，贫血，繁殖功能减弱甚至不发情；维生素B_7缺乏症主要表现为生长缓慢，皮炎，后肢麻痹；维生素B_9缺乏症主要表现为脑水肿，肠炎，巨幼细胞贫血症；胆碱缺乏症主要表现为脂肪肝，繁殖功能障碍，有妊娠毒血症症状；维生素C缺乏症主要表现为出血，内分泌功能紊乱，繁殖功能降低，抵抗力下降等。

【诊断】临床诊断：了解维生素缺乏症病史，对日粮配合和饲料供应进行分析，结合症状表现综合判断。取病料、血液、尿液进行生化检验方可确诊。

【预防与控制】在牛的日常饲养管理过程中，应保证饲料质量优、品种多、分量足。在牛的不同生理阶段应根据牛的生理需求和饲料品质调整日粮结构。当出现病例时，应根据所缺乏的维生素进行治疗，并改善牛群的饲料水平和环境条件。

【西兽药治疗】

① 牛维生素缺乏症很少发生，一旦发病，应确定所缺乏的具体维生素，采用相应的维生素进行治疗。

② 对维生素A缺乏症病牛，可采用肌内注射维生素A 440国际单位/千克体重，并且每天投喂维生素A 40国际单位/千克体重；或者肌内注射维生素AD，20万～25万国际单位，每天1次，连用7天；对出现维生素A缺乏症的牛群，应调整日粮，加大投喂胡萝卜、鲜青草等富含维生素A或胡萝卜素的饲料。

③ 对维生素B_{12}缺乏症犊牛，可每天在日粮中添加维生素B_{12} 20～40微克，同时肌内注射维生素B_{12} 400～500微克，每天1次或隔天1次；对维生素B_{12}缺乏症成年牛，可肌内注射维生素B_{12} 1000～2000微克，每天1次或隔天1次。

④ 对维生素C缺乏症病牛，可采用皮下注射维生素C 1000～2000毫克，与B族维生素合用，疗效更好。

第五章

牛乳房疾病防治

一、乳腺炎

乳腺炎是指乳腺组织发生炎症。乳腺炎是奶牛最常见，也是造成奶牛业经济损失最严重的一种病症。根据症状和乳汁的变化，可分为临床型乳腺炎和亚临床型乳腺炎。

奶牛乳腺炎是制约奶牛业发展和危害消费者健康的最主要因素。据世界奶牛协会统计，全世界约有50%的奶牛患有各种类型的乳腺炎。在美国，大约有26.5%的奶牛因患乳腺炎而被淘汰。在芬兰、挪威、瑞典，因乳房健康问题而被淘汰的母牛分别占35%、19%和22%。而我国奶牛乳腺炎的发病率则高于世界平均水平，据不完全统计，我国规模牧场临床乳腺炎发病率达1%～5%，隐性乳腺炎发病率达7%～15%，因乳腺炎淘汰的奶牛占淘汰牛总数的35%左右，个别牛群发病率甚至更高。其中处在泌乳早期和干奶期之前的奶牛最容易发生乳腺炎。

【病因】奶牛乳腺炎具有发病率高、发生范围广等特点。其发生通常是多种因素相互作用的结果，这些因素包括传染性微生物的存在、奶牛乳房的生理结构、环境污染以及挤奶设备调节不适当或者意外事故造成的乳房外伤等。

（1）病原微生物　病原微生物是引发奶牛乳腺炎的主要致病因

素，包括接触传染性病原微生物（如金黄色葡萄球菌、无乳链球菌、停乳链球菌、支原体等）、环境型病原微生物（如大肠杆菌、产气肠杆菌、变形杆菌等）及其他病原微生物，真菌（如念珠菌属、毛孢子菌、酵母样芽孢菌、胞浆菌属以及梭状芽孢杆菌等）也可引发奶牛乳腺炎。造成临床乳腺炎的病原菌可分为主要病原菌和次要病原菌，主要病原菌有无乳链球菌、金黄色葡萄球菌、停乳链球菌、乳房链球菌、大肠杆菌、克雷伯菌、化脓链球菌、支原体、绿藻、酵母菌；次要致病菌有牛棒状杆菌、表皮葡萄球菌、凝固酶阴性葡萄球菌、微球菌属。

（2）奶厅管理　奶厅管理与乳腺炎发生有密切关系，主要因素如下：挤奶杯衬垫老化、密封不严、挂杯时间过长等导致的过挤现象，使得乳头孔外翻，乳头括约肌受损，增加乳腺炎的发病率。挤奶操作不严格，人工挤奶时不洗手、不消毒或不进行乳头药浴，机器挤奶时乳杯不清洗、不消毒或处理不彻底，挤奶中途脱杯无人再上杯导致乳房积奶等，均可引起奶牛发病。

（3）营养因素　常见因素有以下两种：其一，瘤胃酸中毒或亚临床瘤胃酸中毒造成的瘤胃内革兰阴性菌大量死亡而释放出内毒素，内毒素通过瘤胃壁吸收入血后随血液循环进入乳腺，引起炎症；其二，奶牛日粮中氮能不平衡，一般是能量相对不足，蛋白质相对较多，导致瘤胃降解蛋白质不能充分被瘤胃微生物利用，致使以尿素氮形式吸收入血，随血液循环到达乳腺或子宫，引起炎症。

（4）环境因素　如牛舍消毒不彻底，卧床垫料过湿、过少、不松软，卧床粪尿不及时清理，运动场泥泞、粪尿较多，奶牛久卧湿地，湿热浊气蕴结，乳络不畅，气血凝滞，而发生乳腺炎。

【临床症状】临床型乳腺炎奶牛的典型临床症状是乳房肿胀、发红和疼痛（图5-1、图5-2）。根据临诊症状和乳汁的变化特点，可以把临床型乳腺炎分为轻度、中度、重度三个等级。轻度乳腺炎（一级）是指只有牛奶的性状发生变化（如颜色变化、凝块、变黏稠）（图5-3、图5-4）；中度乳腺炎（二级）指乳汁发生变化的同时伴随乳房病变，如红肿、出现硬块等；重度乳腺炎（三级）是指乳汁、乳房出现病变且发现牛体本身发生了变化，如精神沉郁、食欲缺乏、体温升高等。亚临床型乳腺炎症状不明显，牛奶、乳房以及奶牛本身都没有任何可观察到的病理变化，只能通过体细胞数这一指标进行排查。另外，牛奶抽样培养可能发现细菌生长。

图5-1 乳房肿胀、发红

图5-2 乳房肿胀

图5-3 乳汁性状改变，
变黏稠

图5-4 乳汁性状改变，
变絮状

【诊断】奶牛泌乳减少或停止、乳房红肿热痛、乳房上淋巴结肿大、乳汁形状异常等。其中乳汁检查在乳腺炎的早期诊断具有重大意义。

（1）临床型乳腺炎　首先，根据乳房的局部变化及乳汁的临床检查即可作出诊断。如乳房红、肿、热、痛，拒绝人工挤乳，乳汁出现絮状物，乳汁分泌不畅，产奶量下降或产奶停止，乳汁中出现血液、絮状凝块等即可作出诊断。其次，挤奶前，检查头几把奶有无结块，有助于诊断乳腺炎，并可有效避免将病牛所产的牛奶和健康奶牛所产牛奶相混合。实验室细菌分离培养和药敏试验，有助于选用敏感的抗生素治疗。

（2）亚临床型乳腺炎　无临床症状，乳汁也无肉眼可见的变化，只有通过实验室检验才能作出诊断。主要的检验方法有乳汁体细胞计数法、奶牛隐性乳腺炎快速诊断技术、苛性钠凝乳试验、溴麝香草酚法（BTB）、乳盘试验、pH试纸法、过氧化氢玻片法以及氯化物硝酸银试验等。其中体细胞计数法和奶牛隐性乳腺炎快速诊断技术（NY/T2692—2015）应用较多，且简单可靠（图5-5）。

【预防与控制】奶牛乳房健康管理是贯彻牧场的整体性防治工作。在实际生产中，应以"防、治、养"相结合的原则，最大程度上减少奶牛乳腺炎的发生，主要内容如下。

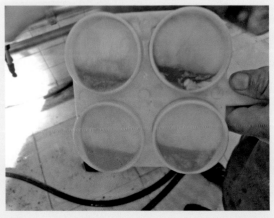

图5-5　采用奶牛隐性乳腺炎快速诊断技术（NY/T2692—2015）的隐性乳腺炎结果显示

① 建立乳房健康管理目标，定期监测奶牛体细胞数和乳房状况。

② 改善环境卫生管理，减少环境中的致病菌。

③ 规范挤奶操作流程，正确使用和维护挤奶设备。

④ 强化营养管理，提高奶牛自身防御力。

⑤ 有效的奶牛干奶程序，做好新产奶牛的健康管理。

⑥ 隔离并控制乳腺炎患牛，及时淘汰慢性感染和乳区严重破坏的奶牛。

【西兽药治疗】 治疗是乳腺炎控制方案中重要的组成部分。及早发现乳腺炎患牛，并进行有效隔离对乳腺炎防治具有重要意义。最有效的治疗措施，以乳区为单位，针对病原菌进行治疗。目前抗生素疗法主要包括乳池局部给药和全身系统抗生素给药。

（1）乳区内给药治疗　主要是通过乳区灌注抗生素进行治疗。乳区内给药的优点是可以直接作用于患病乳区，只需要较低浓度的抗生素即可在乳腺组织内达到较高的浓度。缺点是乳腺组织内分布不均匀，通过乳头管注入药物时可能导致感染，刺激乳腺组织，破坏巨噬细胞对致病菌的吞噬作用。乳区给药的抗生素剂型要求对乳腺组织的低刺激性、乳区分散性好以及与乳蛋白和乳腺组织蛋白的结合力较弱。乳区内给药的抗生素有两种：快速释放的抗菌药物（泌乳期）和长期缓慢释放的抗菌药物（泌乳末期和干奶期）。常用的抗生素有阿莫西林、氨苄西林、头孢氨苄、红霉素、新生霉素、喹诺酮、磺胺类药物、泰乐菌素、三甲氧苄胺嘧啶、阿莫西林-克拉维酸、林可霉素等。制剂剂型通常是水溶性盐类制剂。其次，乳区内给药时，必须做好卫生和消毒工作，挤净乳房内的乳汁和残余物。如遇脓液而不易挤出时，可先用2%～3%碳酸氢钠水溶液使其水化后再挤，消毒乳头孔后进行乳区给药，并对乳头进行药浴。

（2）全身给药治疗　全身给药方式包括肌内注射和静脉注射。全身给药很难在乳腺组织和牛奶中达到并长时间维持有效的药物浓度，需要大剂量才能有效，而通常推荐的剂量不足以达到疗效。

【中兽药治疗】 中药治疗主要针对"气血凝滞，乳络受阻，浊气蕴结化热"的病机特点，治疗本病常以清热解毒、活血化瘀为治则。

方剂1：蒲公英60克，金银花60克，连翘60克，丝瓜络30克，通草25克，芙蓉叶25克，浙贝母30克，共为细末，开水调兑，候温灌服。

方剂2：瓜蒌30克，牛蒡子24克，天花粉30克，黄芩24克，栀子24克，连翘30克，金银花30克，甘草24克，青皮15克，陈皮15克，柴胡18克，蒲公英60克，共为细末，开水调兑，候温灌服。

方剂3：黄芪30克，党参30克，白术24克，茯苓24克，川芎15克，当归24克，白芍18克，熟地黄24克，甘草15克，金银花30克，共为细末，开水调兑，候温灌服。

二、乳房水肿

奶牛乳房水肿又称乳房浮肿，是奶牛一种围产期代谢紊乱性疾病，其特征是乳腺细胞的间质组织出现液体的过量积累。本病主要发生于奶牛，在高产奶牛群和头胎奶牛群中的发病率为14%～50%。奶牛乳房水肿一般分为生理性水肿和病理性水肿。生理性水肿一般始于产犊前几周，初产母牛尤为突出，临床上应予以区分。

【病因】乳房水肿的确切病因尚不明了。然而，最新的生理学和病理学的研究已经证实，分娩时的乳房水肿是由于随着腹部表层静脉的血压增加，使乳房血流量减少所致。

（1）饲料因素　主要表现为干奶期精料喂量过多，日粮中食盐用量过大。奶牛体重增加过快，从而导致奶牛肥胖，加之运动量过小，或趴卧时间较长，引起乳房内血液循环不畅，使组织间液回流受阻。

（2）生理因素　妊娠末期，母牛乳房血流量增加，乳静脉压增加而淋巴液积聚，雌激素分泌增强以及妊娠期过长，胎儿过大等，皆可引起本病。心脏衰弱或慢性肾功能不全也可诱发乳房水肿。

（3）管理因素　运动场狭小，牛群饲养密度过大，产前母牛运动不足也是本病发生的原因。

【临床症状】该病一般无全身症状，整个乳房或部分乳房发生水肿（图5-6），皮肤紧张而发亮、无热痛感、指压留痕，较重的乳房水肿可扩散到乳房基底部前缘和下腹部（图5-7）。乳房水肿病程长时，水肿部由于结缔组织增生而变硬实，逐渐蔓延到乳腺体小叶间结缔组织间质中，使后者增厚，引起腺体萎缩，从而导致产奶量降低。根据水肿程度，可将其分为无水肿、轻度水肿、中度水肿、严重水肿和水肿很严重5个等级。中度和重度乳房水肿的母牛通常有不同程度的腹侧水肿。生理性水肿在母牛产犊时达到高峰，尔后逐步消退。

图5-6 乳房水肿

图5-7 乳房水肿可扩散到乳房基底部前缘

【诊断】根据病史和临诊症状不难作出诊断，但需与乳房血肿、乳腺炎等进行鉴别诊断。

【预防与控制】乳房水肿可以通过分娩时的良好饲养管理得到一定程度的预防，包括限制食盐和水的摄入量，降低日粮中的精料比例，供给维生素、微量元素丰富的平衡日粮，加强奶牛干奶期尤其是围产前期舒适度管理和适当运动量。对于产后生理性乳房水肿的病牛应控制精料、限制多汁饲料喂量和饮水。饮用一些麸皮汤，供应充足优质干草，有助于水肿消退。一般情况下，奶牛在分娩前1周左右会出现乳房水肿，由于发病原因多样性和不确定性，在生产中，应坚持预防为主、防治并重的原则，以减少乳房水肿的发生。一是加强干奶期奶牛的饲养管理，严格控制精饲料和钠盐、钾盐的喂量，加强运动，保证奶牛的干草采食量。其次，注重奶牛产后健康管理，减少奶牛产后2周内日粮中精料量，供给维生素、微量元素丰富的平衡日粮，优质充足的干草有利于水肿消除；奶牛产后饮红糖麸皮水，以促进胎衣排出和子宫恢复；奶牛分娩后用8%～10%的温硫酸镁溶液擦洗乳房并进行乳房按摩，手工挤奶，乳房消肿后再用机器挤奶。

【西兽药治疗】大部分病例产后可逐渐消肿，不需治疗。对产前或产后乳房水肿严重的牛，应采取相应的治疗措施。治疗乳房水肿的原则是利水消肿，一般常用的利尿药物是速尿或地塞米松-利尿合剂，伴有乳腺炎者需用抗生素治疗。

① 乳房只有轻度水肿时涂布刺激剂，促进血液循环。常用樟脑软膏、松节油、碘软膏、20%～50%酒精鱼石脂软膏，于乳房皮肤上涂抹。

② 对于乳房水肿严重的病牛，每日肌内注射速尿500毫克/次或静脉注射250毫克（2次）。单独使用利尿剂效果不明显，与皮质类固醇合用可提高疗效，但同时可使产奶量暂时性下降。同时，使用速尿时，需要注意泌尿损失的钙可能会增加产前母牛患低血钙的风险。

【中兽药治疗】

方剂1：党参20克、黄芪25克、云茯苓20克、泽泻20克、大

腹皮30克、木通20克、路路通30克、丝瓜络20克、当归30克、川芎15克、桃仁20克、红花20克、益母草50克、甘草20克，水煎2次，取药液2.5～3千克，1次灌服，1剂/天，连用2天。

方剂2：瓜蒌60克、牛蒡子30克、天花粉30克、连翘30克、金银花30克、黄芩15克、陈皮15克、栀子15克、皂角15克、柴胡15克、青皮15克、当归30克、川芎30克、益母草30克、木通15克、路路通15克，共为细末，开水调兑，候温灌服。

三、酒精阳性乳

酒精阳性乳是指刚从牛乳房内挤出来的乳汁，在20℃温度下，与等量的68%～70%中性酒精混合而发生凝结现象（微细颗粒或絮状凝块）的乳的总称。根据滴定酸度的不同可将其分为高酸度酒精阳性乳（酸度在0.181%以上）和低酸度酒精阳性乳（酸度在0.181%以下）2种类型。高酸度酒精阳性乳的发生原因是牛乳在收藏、运输等过程中，由于卫生消毒不严，未及时冷却，乳中微生物迅速繁殖，乳糖分解为乳酸，致使酸度增加，其实质是发酵变质牛奶。

【病因】奶牛发生酒精阳性乳的原因尚无确切的定论。目前主要认为，酒精阳性乳主要与日粮配比不均衡有关。饲料配合比例不当、精料过多；能量饲料不足、蛋白质饲料比例过大；钙磷不足或比例失调，微量元素和维生素缺乏；饲料发霉变质等，都可导致奶牛代谢紊乱，诱发酒精阳性乳。应激因素也与酒精阳性乳有重要关系，如炎热、寒冷、牛舍过于潮湿、通风不良、挤乳过度、运输不当、突然更换饲料、天气骤然变化等各种不良因素都可以使奶牛内分泌功能平衡遭到破坏，诱发酒精阳性乳。泌乳初期和泌乳末期以及发情期由于机体内分泌的变化可导致酒精阳性乳。其次，疾病因素，乳酮病、肝功能障碍、酸中毒、慢性乳腺炎、胃肠功能障碍、子宫疾病、心脏疾病和内分泌异常等，常易诱发低酸度酒精阳性乳。

【临床症状】酒精阳性乳发生后，乳房和乳汁无任何肉眼可见的异常，乳成分与正常乳无差异，只是在收购乳时，经酒精试验后才能被发现。

【诊断】酒精阳性乳患牛常无明显的临床症状。常用的实验室诊断方法是酒精试验法，具体步骤：于试管内用1～2毫升乙醇（中性）与等量的牛奶混合，混合均匀后，按表5-1标准进行判定。试验的标准温度为20℃，不同温度需进行校正。按照收奶标准不同，可采用68%、70%和72%的酒精进行检验。出现絮片的牛奶为酒精试验阳性乳，表示其酸度较高。

表5-1 牛奶酒精试验判断标准

酒精浓度/%	不出现片状的酸度
68	20°T以下
70	19°T以下
72	18°T以下

【预防与控制】酒精阳性乳的病因具有多样性和不确定性，不仅与饲养管理、营养水平有关，而且还受环境因素和机体健康水平的影响。因此，需要采用防、治、养相结合的综合防治措施：一是要加强奶牛的营养管理，根据不同阶段奶牛的营养需要，合理供给日粮；做好环境卫生管理，提高泌乳奶牛的舒适度，防止因季节、气候突然变化形成的应激刺激；此外，定期检查，对潜在患病牛及时治疗，并根据相关疾病采取对症治疗措施，尽量减少病理产物的异常刺激，减少应激综合征的发生。

【西兽药治疗】目前尚无特效的治疗方法，多是以调节机体代谢、解毒保肝以及改善乳腺功能为主要治疗原则。中兽医认为，其实质是由于脾胃虚弱导致气血两虚及新陈代谢失调所致，以补中益气为主要治则。

（1）调节奶牛内分泌功能　乳牛在发情期、妊娠后期、卵巢囊肿以及注射雌激素后引起内分泌失调而产生酒精阳性乳者，可采取肌内注射绒毛膜促性腺激素1000单位或黄体酮100毫克治疗。

（2）调整机体代谢，解毒保肝　10%氯化钠400毫升、5%碳酸氢钠400毫升、25%葡萄糖500毫升、20%葡萄糖酸钙250毫升，静脉注射，每天1次，连用3～5天。丙酸钠一次量150克，每天1次，连用 7 ～ 10 天。解毒保肝还可用 10% 的维生素 C 注射液 30 毫升，肌内注射或静脉注射。

（3）改善乳腺功能 内服碘化钾 10 ～ 15 克，加水灌服，每天 1 次，连用 5 天；2% 硫酸脲嘧啶 20 毫升，一次肌内注射。

【中兽药治疗】补中益气汤加减：黄芪 100 克、党参 100 克、白术 50 克、炙甘草 40 克、当归 50 克、陈皮 40 克、升麻 40 克、柴胡 20 克、木香 2.0 克，水煎 2 次，合并滤液，分 2 次灌服，连用 3 ～ 5 次。

四、乳头损伤

乳头损伤，又叫乳头末端损伤，是奶牛最常见的一种疾病。乳头末端是奶牛乳头最常发生损伤的部位。乳头末端的损伤可能会影响括约肌、乳头管或者两者都受影响。按照症状的不同，乳头损伤可分为急性型乳头损伤和亚急性型乳头损伤。

【病因】许多因素均可导致乳头损伤，但确切的造成损伤的原因是难以确定的。损伤可能是牛自己同侧后肢的趾或悬蹄踢伤造成的，或者是由于邻近牛踢到乳头造成的。另外，乳头管上皮和角质层可能会开裂、压碎、撕裂、部分翻入乳头池，或部分由乳头末端翻出，也是造成乳头损伤的原因。反复或慢性乳头损伤可能与挤奶器有关，如过高的挤奶压力、套杯前处理不当以及机械擦伤。除了创伤性损伤以外，乳头末端溃疡或乳头炎也是造成奶牛乳头损伤的主要原因。其次，化学损伤（如乳房清洗液或乳头消毒制品不恰当使用）也可能造成乳头的严重损伤。

【临床症状】末端乳头基层和括约肌炎症、出血和水肿是急性乳头损伤的主要症状，急性乳头损伤患牛出现拒绝挤奶以及下奶不完全的现象。亚急性乳头损伤在乳头末端触诊可检查到括约肌的纤维化或是在乳头管的背侧和乳头池的腹侧括约肌有肉芽组织。

【诊断】通过触诊乳头末端是否有肿胀、发硬以及对触摸有无反应，如发现末端有开放性创伤或者有结痂的乳头的奶牛，一般可据此确诊为乳头损伤。

【预防与控制】奶牛乳头损伤多属意外，预防重于治疗。规范挤奶程序，定期维护和检修挤奶系统，保持正常的挤奶压力；严格运动场管理，防止圈舍有外露的铁钉等坚硬物，并及时更换垫草、清扫牛床；选用低刺激或无刺激型乳头药浴溶液；建立奶牛乳头健康管理程序，定期评估乳头健康状况评分，发现乳头健康异样，及时查找原因，进行调整。

【西兽药治疗】

（1）加强管理　对病牛应单独饲养，减少对乳头的刺激和进一步损伤，必要时采用抗炎疗法。

（2）对症治疗　缓解水肿和炎症，可以使用10%～20%硫酸镁溶液浸泡受伤的乳头，2次/天，每次5分钟。也可以在受伤乳头端局部使用二甲基亚砜。

五、无乳症

无乳症是指母牛在泌乳期因非乳腺炎而引起的乳量逐渐减少或完全无乳的一种病症。患牛全身和局部无明显症状，以初产母牛和老年牛多见。

【病因】奶牛无乳症主要由饲养管理和病理性两种因素造成。饲料中营养不足或缺乏，如日粮蛋白质、维生素及矿物质不足，是引起缺乳或无乳的常见原因。管理不良（如圈舍内混乱嘈杂、粗暴、惊吓、饲养无规律）、天气过热、寒冷等，都可能影响泌乳反射，引发缺乳或无乳症发生。另外，奶牛泌乳期垂体功能紊乱，体内激素水平（如催乳素）不足等，可致使乳腺发育受阻，乳汁分泌能力降低。

【临床症状】无乳或乳汁正常，但泌乳量显著减少是无乳症的主要临床症状。全身无症状，食欲、精神正常，检查乳房可见乳头缩小，乳房小，不肿胀，乳房皮肤松弛，乳腺组织松软，挤不出奶，或仅能挤1～2把奶。

【诊断】根据泌乳量和乳房外观症状即可作出诊断。

【预防与控制】加强对青年牛的培育，强化妊娠后期营养管理；做好牛舍冬、春季保暖，夏季降温防暑工作；对暂时不明原因的缺乳或无乳，应首先调整母牛的日粮，增加蛋白质、维生素及矿物质营养的精饲料、青饲料及多汁饲料，并及时供给充分而清洁的饮水；定期评估乳房健康状况，做好产后奶牛的乳房健康护理工作。

【西兽药治疗】全面改善饲养管理是防止母牛缺乳或无乳的根本措施。临床常用的治疗方案有以下两种。

① 促进乳房血液循环，每次挤乳时，用温水充分擦洗乳房，每天2次或3次，持续多日。

② 治疗上可选用促使乳汁分泌的药物。雌二醇10～20毫克，一次肌内注射；或市售催乳素也可，催乳素60国际单位，一次静脉注射，每天1次，连续注射4天。

【中兽药治疗】

方剂1：白芍30克、当归30克、黄芪30克、党参30克、通草50克、王不留行80克、白术30克、穿山甲50克，研细，灌服。

方剂2：当归25克、川芎20克、王不留行30克、皂角刺10克、穿山甲20克、细辛10克、桔梗20克、赤芍20克、党参25克、炙龟甲15克、清油200毫升（为引），隔日1剂，3剂为1个疗程。

方剂3：当归24克、白术24克、生地黄45克、川芎15克、木通24克、穿山甲24克、王不留行36克、漏芦15克、天花粉24克、甘草15克、青皮15克、牛膝30克、柴胡12克，研为细末，开水调兑，候温灌服。

六、漏奶

漏奶是指在非挤奶时间，奶牛经常或持续地从乳头内流出乳汁，并影响泌乳潜能的现象。许多母牛在正常的挤奶时间之前由于乳房内部压力出现漏奶现象，这是正常或生理性现象。

【病因】奶牛乳头漏奶是由于乳头受伤，如挤奶时用力过人，机器挤奶时真空压力过大，抽时过长，致使乳头括约肌的正常紧张性遭受破坏，乳头末端纤维化，导致括约肌萎缩、松弛，致使奶汁不能滞留在乳房内而从乳头排出。

【临床症状】奶牛精神、食欲、反刍尚好，临床上从两个乳头

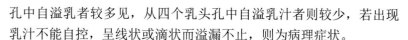

孔中自溢乳者较多见，从四个乳头孔中自溢乳汁者则较少，若出现乳汁不能自控，呈线状或滴状而溢漏不止，则为病理症状。

【诊断】了解奶牛乳头病史，根据临床症状即可作出诊断，注意区分奶牛生理性漏乳。

【预防与控制】预防本病，加强奶牛乳房的卫生保健，减少乳头损伤。严格执行挤奶操作规程，规范机器的压力和时间。做好运动场和牛棚管理工作，做到地面上无砖瓦、石块及尖锐异物。

【西兽药治疗】

① 用樟脑酒精和1%～2%的碘软膏涂擦奶牛乳头。

② 用结核菌素注射器在奶牛乳头括约肌的4个等距离点注射复方碘溶液，对漏奶的治愈率可达到50%。

【中兽药治疗】

党参60克、白术30克、陈皮30克、柴胡30克、升麻30克、当归30克、泽泻15克、炙甘草15克，水煎，候温灌服。

七、坏疽性乳腺炎

奶牛乳房坏疽是一种特殊的乳腺炎症。

【病因】病原菌主要是大肠杆菌属，但金黄色葡萄球菌、厌氧菌、化脓杆菌、芽孢杆菌属、梭状芽孢杆菌属、放线菌属、李氏杆菌属、牛布氏杆菌属等也可引发感染。细菌侵入乳房的途径有3条，即乳源径路、血源径路、淋巴源径路。一般认为，细菌经乳头管侵入乳房是最主要的途径；但患肠炎、腹膜炎、创伤性网胃炎和产褥热等疾病时，细菌随血行被运送到乳房内，经繁殖也可引发此病；当乳房或乳头皮肤发生创伤、擦伤及其他外伤时，细菌经损伤部位淋巴液进入淋巴管，沿淋巴管侵入皮下组织，最后侵害乳腺组织。促进感染的主要因素：被毛较少、血液供给量较多的高产牛乳房，严重下垂的乳房或产后水肿很厉害的乳房都极易患本病。

【临床症状】特急性病例突然出现食欲缺乏或废绝，体温上升到41℃以上，弓腰努背，起立困难，呼吸急促，脉搏数增加，全身被毛逆立，肌肉震颤，反刍停止，下痢和脱水，乳房全部肿胀，往往从腹下部肿胀至后肢。在乳房皮肤上形成紫红色或苍白色的圆形变色部分，病变部位有凉感，其他部位出现发红和热感。被厌氧菌感染时，乳房皮下有气肿，挤奶时可挤出气体，被感染的乳房疼痛强烈，有的乳房皮肤破溃排脓引起组织坏死脱落。乳量迅速减少，乳汁病初呈水样，以后呈血样或脓样，有的有强烈的腐败臭味。

【诊断】依据病因分析、乳房检查、乳汁实验室细菌学检查结果进行诊断。

【预防与控制】加强卫生管理，做好环境消毒工作，调整与消毒好挤奶器，做好乳头及乳房健康管理。精心护理病牛，向病牛床垫铺大量干草，并时常为其翻身，以预防褥疮的发生。本病预后常使泌乳能力丧失，对生产性能影响较大，因此要尽早淘汰患牛。

【西兽药治疗】目前尚无有效的治疗方法。一般治疗原则是抗菌、解毒、保护心脏，防止和缓解毒血症的病理过程。全身治疗可选用红霉素等肌内注射或静脉滴注，另需要补充葡萄糖和静脉注射碳酸氢钠液等。局部可选用呋喃妥英、氯苯酚、3%过氧化氢注入乳区。

八、血乳

血乳是指奶牛乳房血管充血、血管壁强力扩张、红细胞或血红蛋白渗进腺泡及乳管中，致使乳汁外观呈红色的一种疾病。多见于产后奶牛。

【病因】乳房机械性损伤是造成本病发生的主因。分娩后，母牛乳房肿胀严重或乳房下垂，牛在运动和卧地时乳房受到挤压或牛只互相爬跨，牛出入圈舍时相互拥挤，突然于硬地上滑倒，运动场不平，有碎砖、石子、瓦片及冬天冷冻的粪块等，均可造成机械性损伤，使乳房血管破裂。另外，妊娠后期因饲养管理不当导致机体衰弱，特别是妊娠后期胎儿逐渐增大，挤压胃肠，使脾胃功能减弱，导致心、脾两虚，气不统血、血自外溢，也是诱发本病的原因。

【临床症状】本病发病突然，病乳区充血、水肿，并呈现局部温度升高。挤奶时，患牛表现出疼痛，特别乳房受到挤压时疼痛更明显。可见乳汁中混有血液，轻者呈淡红色，重者呈深红色。一般全身反应轻微，病牛体温可能轻微升高，精神状态正常，食欲、反刍和泌乳基本正常，仅个别病例在挤奶时因血凝块阻塞乳头管，使挤奶困难。通常奶牛产后血乳在挤奶5～8次后便会消失，其经过为2～4天。

【诊断】奶牛产后血乳，乳汁呈红色，即可诊断为血乳。但确定病因需要进一步诊断。诊断过程中，应注意全身反应，并与感染性乳房出血鉴别。出血性乳腺炎常发生在产后最初几天，主要由浆液性或卡他性乳腺炎引起，患区乳房红、肿、热、痛，炎症反应明显。乳房皮肤出现红色或紫红色斑点，乳汁稀薄如水，呈淡红色或深红色，内含凝血块和乳块。全身症状明显，体温升高至40℃以上，食欲减少或废绝，精神沉郁。若于产后1～7天发生，可能与产前发生乳腺水肿有关。

【预防与控制】加强管理，减少不良因素对乳房的损伤。保持运动场干燥、平坦，及时清除粪便、石子、瓦片，冬季铺垫褥草，平时铺垫沙土。加强产后奶牛的乳房健康护理，对于产后血乳患牛，要做到及早发现，及时治疗。

【西兽药治疗】对病畜加强护理，减少精饲料和多汁饲料喂量，限制饮水。保持乳房干净，严禁按摩和热敷乳房。一般经3～10天乳汁可自行恢复正常。临床常用的操作方法有以下几种。

（1）使用止血药，促进乳腺恢复　止血敏10～20毫升，肌内注射；安络血20毫升，一次肌内注射，2～3次/天。

（2）防止继发感染　青霉素250万～300万单位，一次肌内注射，2次/天，连续注射3天。

【中兽药治疗】治则为补气摄血，佐以止血。

方剂：党参80克、黄芪80克、炒白术50克、龙眼肉50克、炒酸枣仁30克、茯苓80克、当归80克、远志30克、木香30克、山茱萸50克、茜草50克、甘草30克，水煎，候温灌服，每天1剂，连服3～5剂。

第六章

牛产科疾病防治

chapter six

一、胎衣不下

胎衣不下，又叫胞衣滞留，是指母畜娩出胎儿后，胎衣子叶绒毛未及时从子宫阜隐窝中自行脱落，致使胎衣在第三产程的生理时限内不能排出的产科病症。根据临床症状特点，可分为部分胎衣不下和全部胎衣不下。

【病因】引起该病的原因有饲养管理不当，牛过瘦或过肥导致全身张力降低；胎儿过大、胎水过多、双胎或流产，导致子宫弛缓；细菌、病毒等引起子宫炎导致胎儿胎盘和母体胎盘的粘连；子宫颈闭合过早，导致脱落的胎衣不能排出等。

【临床症状】胎衣不下为胎儿娩出后，大部分胎膜及子叶仍与子宫腺窝紧密粘连，一部分胎衣掉于阴门外，其余停留于子宫内（图6-1）。初期呈淡红色，时久变为暗红色或黑褐色，形如烂肠（图6-2、图6-3），此时子宫内滞留的胎衣腐化生热，从阴道内流出红色恶臭液体，内含胎衣碎片和血液及脓液，有腥臭气味；母牛弓腰塌背，常作排尿姿势，有明显的腹痛症状，食欲减退，反刍减少，重者精神沉郁，多卧少立，回头望腹，食欲、反刍停止，喜饮冷水，两眼下陷。

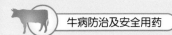

图6-1 奶牛胎衣不下

图6-2 胎衣不下，阴道外部分为暗红色

图6-3 胎衣不下，阴道外部分为土红色

【诊断】一般产后12小时或48小时胎衣未被完全排出，即被认为是患有胎衣不下。

【预防与控制】加强饲养管理，供应均衡日粮，加强运动，加强兽医消毒卫生；也可通过产前补糖、补钙，注射垂体后叶素预防胎衣不下的发生。

【西兽药治疗】

① 可使用促肾上腺皮质激素30～50国际单位，氢化可的松125～150毫克，强的松龙0.05～1毫克/千克体重，肌内注射；或肌内注射垂体后叶素100国际单位，或麦角新碱20毫升。

② 可使用土霉素3克或金霉素2克，溶解后子宫灌注；或使用10%高渗盐水子宫灌注。

③ 可使用手术剥离，但不建议采用此方法。

二、子宫内膜炎

子宫内膜炎是子宫内膜的炎症。根据黏膜损伤程度及分泌物性质的不同，可将其分为隐性、慢性卡他性、慢性卡他性脓性和慢性脓性子宫内膜炎4种。当奶牛无法完全清除子宫内的细菌时，引起子宫内中性粒细胞增加而形成炎症的一种慢性病。根据临床症状，将奶牛子宫内膜炎分为临床型子宫内膜炎和亚临床型子宫内膜炎。

【病因】引起该病的直接原因是病原微生物的感染。常见的致病性微生物有大肠杆菌、化脓隐秘杆菌、坏死梭杆菌、链球菌、葡萄球菌、布氏杆菌、嗜血杆菌、白色念珠菌、酵母菌、放线菌、毛霉菌、牛传染性鼻气管炎病毒、牛病毒性腹泻病毒、支原体等。奶牛子宫内膜炎的发生与异常生产（难产、双生、流产）、胎衣不下、产后子宫感染、激素水平失调、人为因素和营养不均衡等因素相关。

【临床症状】隐性子宫内膜炎：阴道分泌的黏液增多，混浊或含有絮状物；子宫冲洗液有絮状物沉淀。

图6-4 阴道内流出混浊黏液

图6-5 产后恶漏不尽（一）

图6-6 产后恶漏不尽（二）

慢性卡他性子宫内膜炎：阴道内有少量混浊黏液（图6-4），发情时流出的黏液混有絮状物；子宫角增粗，子宫壁肥厚质软；子宫颈口张开，子宫颈阴道部肿胀、充血；阴道内有混浊的或含有絮状物的透明黏液；牛屡配不孕或受孕后发生流产。

慢性卡他性脓性子宫内膜炎：牛食欲减退，精神不振，体温时有升高；阴道流出稀薄的污白色黏液或脓液，黏着于坐骨结节、尾根并结痂；子宫角增大、薄厚不均，卵巢上有持久黄体或有囊肿；子宫颈口张开，子宫颈阴道部充血、肿胀，有脓性分泌物；性周期紊乱，或长期不发情，或持续发情。

慢性脓性子宫内膜炎：阴道排出大量黏稠、灰白色或黄褐色脓性分泌物，恶臭（图6-5、图6-6）；子宫角肥大，子宫壁肥厚不均，子宫颈阴道部充血、肿胀，有脓性分泌物；发情不规律或不发情。

【诊断】根据阴道、直肠检查子宫炎症状况，阴道分泌物情况及发情、配种情况等综合分析可以确诊。一般认为牛在产后21天出现超过50%的可视阴道分泌物，或之后出现黏脓性或化脓性阴道分泌物，则认为是临床型子宫内膜炎。亚临床型子宫内膜炎可采用细胞学检测样本的计数细胞中PMN细胞所占比例或通过光密度检测样品中细菌数量判断牛是否患有亚临床型子宫内膜炎。

【预防与控制】加强围产期母牛的饲养管理，减少产后疾病的发生，尤其是胎衣不下；加强分娩管理，减少产道损伤和感染；加强对产后母牛的监控，减少产后病的发生；及时治疗母牛全身疾病（如乳腺炎、酮病等），预防子宫内膜炎的发生。当出现病例时，应尽早治疗。

【**西兽药治疗**】

① 对无全身症状的子宫内膜炎病牛，可使用抗生素子宫灌注或向子宫投入抗菌药物栓剂、缓释剂等（如土霉素、四环素、青霉素、链霉素、金霉素或磺胺类药物）。

② 对慢性及含有脓性分泌物的子宫内膜炎病牛，可使用碘溶液子宫灌注，取5%碘溶液20毫升，加蒸馏水500～600毫升混匀后，子宫灌入。

③ 对屡配不孕的子宫内膜炎病牛，可使用0.8%～1.0%的鱼石脂溶液子宫灌注，每次100毫升，1～3次即可。

④ 对脓性子宫内膜炎，可使用青霉素200万国际单位、甲基脲嘧啶3克、鱼肝油5克、5%氨苯磺胺鱼肝油乳剂100克，子宫灌入，隔2天灌注1次；或使用10%呋喃唑酮鱼肝油悬液10毫升，子宫灌注，每2天灌注1次；或使用前列腺素及其类似物，如肌内注射氯前列烯醇500微克。

三、卵巢病

卵巢病，是指卵巢受各种因素的影响，造成功能紊乱或病变（如卵巢功能减退、卵巢囊肿、持久黄体等）的一种疾病。卵巢功能减退，是指卵巢发育不全或卵巢的功能发生紊乱，造成性周期不正常或无性周期。卵巢囊肿，是指卵巢上长期存在大于成熟卵泡并内含液体的卵泡（图6-7）。持久黄体，又叫永久黄体或黄体滞留，是指母牛在分娩后或性周期排卵后，妊娠黄体或发情性周期黄体及其功能长期存在而不消失。

【病因】卵巢功能减退的常见病因是饲养管理不当，如饲料单一、品质差，日粮不均衡，母牛光照不足、运动不足等；促黄体素、催乳素、前列腺素等激素分泌异常，或胶原酶、淀粉酶等活性降低以及冷热应激因素等均可导致本病的发生。另外，由于年老、

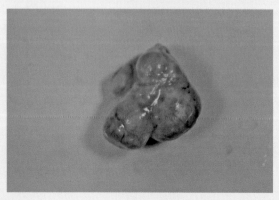

图6-7 卵巢囊肿

遗传病等机体本身的原因也会加剧该病的发生。卵巢囊肿的病因包括饲养管理失调、内分泌功能紊乱、生殖系统疾病以及遗传因素等。持久黄体的发生常与饲养管理不当、子宫及全身疾病以及过度加料催奶有关。

【临床症状】患病奶牛的卵巢功能减退，常发生卵巢功能不全、卵巢静止以及卵巢萎缩现象。病牛发情周期正常，发情明显或微弱，不排卵或排卵延迟。有的母牛外观不发情，卵巢上无卵泡和黄体。卵巢囊肿的主要症状是发情周期紊乱，均无正常的发情周期。表现发情明显而频繁。阴门水肿、弛缓、增大，排出大量灰白色、不透明的黏液。当卵泡上皮发生退行性病变、萎缩，促卵泡素生产受阻，母牛不发情。

患有持久黄体的母牛性周期停滞，长期不发情；一侧或两侧卵巢体积增大，卵巢内有持久黄体存在。

【诊断】卵巢囊肿根据临床症状即可确诊。直肠触诊卵泡增大。采用B超检测，根据卵泡壁的厚度可以判断囊肿属于卵泡囊肿还是黄体囊肿。

持久黄体需对发情期里不发情的母牛，间隔5～7天进行1次直肠检查，连续检查2～3次，如果黄体的大小、位置、形态及质度均无变化，子宫内不见妊娠，即可确诊。

【预防与控制】根据母牛的营养需求状况确定日粮的组成，保证日粮供应的平衡。提供优良的环境条件，减少各种应激。加强运动，增强体质，可预防卵巢功能减退。正确饲养，供应均衡日粮；加强产后繁殖监控，对发情正常的母牛，及时、准确配种；促进产后子宫恢复；加强选种选配工作，可预防卵巢囊肿的发生。加强产后母牛的饲养管理，尽量缩短能量负平衡过程；加强产后母牛健康检查，疾病及时治疗，防止病情加重，可预防持久黄体的发生。

【西兽药治疗】

① 对卵巢功能减退的病牛，可使用肌内注射促黄体素100～200国际单位，或肌内注射卵泡刺激素100～200国际单位，或肌内注射绒毛膜促性腺激素2500～5000国际单位，或肌内注射孕马血

清促性腺激素1500～2000国际单位，或肌内注射雌二醇20～25毫克。

② 对卵巢囊肿的病牛，可肌内注射促性腺释放激素1000国际单位，或肌内注射促黄体素释放激素50～500微克、黄体酮100毫克，或肌内注射孕酮50～100毫克，或肌内注射前列腺素 $F_{2\alpha}$ 5～10毫克；或静脉注射地塞米松100毫克。

③ 对持久黄体的病牛，可肌内注射前列腺素 $F_{2\alpha}$ 30毫克；或肌内注射甲基前列腺素 $F_{2\alpha}$ 5～6毫克；或肌内注射氯前列烯醇500微克；或肌内注射垂体促性腺激素200～400国际单位；或肌内注射孕马血清促性腺激素20～30毫克；或肌内注射雌二醇4～10毫克；或肌内注射催产素50国际单位。

四、流产

流产，又叫妊娠中断，是由于母体与胎儿之间的生理活动过程受到破坏，不能按期产出正常胎儿的临床病理症状。

【病因】流产的原因有很多，可分为传染性流产和非传染性流产。传染性流产是由特定的病原所引起，非传染性流产则是由饲养管理不当、精液品质不佳、胎儿异常、子宫异常、遗传因素、内分泌失调等引起。

【临床症状】根据临床流产胎儿的特征，可将流产分为隐性流产、小产、早产、干胎、胎儿腐败等6种类型。隐性流产是胚胎形成1～1.5个月后死亡，组织液化被母体吸收，临床未见排出胎儿或排出后未被发现。小产即排出死胎（图6-8），乳牛表现出乳房增大，站立不安，子宫颈口稍微张开，子宫内混有褐色不洁净黏液。早产时，母牛乳房肿大，阴门稍微肿胀，并向外排出清亮或淡红色黏液。发生干胎的母牛，随着妊娠期的延长，黄体作用消失而再发情，有的母牛虹娠现象逐渐消失，甚至不发情。胎儿腐败时，母牛精神沉郁，食欲减退，体温升高。

【诊断】根据孕检记录、临床观察可确诊。在普通流产中，自发性流产有胎膜异常等现象，霉菌中毒性流产可见胎盘水肿等。同

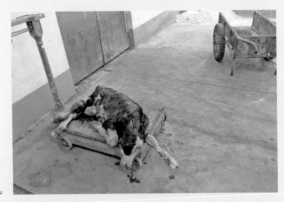

图6-8　流产胎儿

时，还应进行饲料分析化验，通过微生物学、病理组织学、血清学等诊断。

【预防与控制】合理供应日粮，提高管理技术水平，正确诊断疾病，增强奶牛体质；加强防疫，定期对奶牛进行疫病普查，防止疫病扩散而带来临床流产；加强对流产牛及胎儿的检查；完善生产记录，严把饲料质量，提高饲养员的业务素质，预防流产的发生。当出现流产现象时，应及时清理胎儿尸体，清理母牛子宫内的各种病变坏死组织，及时治疗。

【西兽药治疗】

① 对有流产先兆且胎儿尚活着的母牛，可使用抑制子宫收缩药物，予以保胎。例如，肌内注射孕酮，50～100毫克，每天1次或隔天1次，连续使用数次；或皮下注射1%硫酸阿托品2～5毫升等。

② 对发生流产和早产的母牛，可使用土霉素粉2～3克或金霉素粉1.5～2克，溶于灭菌水250～300毫升，注入子宫，防止子宫内膜炎的发生。

③ 对干胎的母牛，可使用雌二醇20～30毫克肌内注射或皮下注射，同时皮下注射催产素40～50国际单位。子宫灌注1000～2000毫升肥皂水可避免产道干燥。子宫内灌注土霉素粉2.5～3克，或金霉素粉1.5～2克，溶解后灌入子宫。

④ 对胎儿腐败的母牛，可将0.2%的高锰酸钾灌入产道，并灌入温肥皂水或液体石蜡；或使用绳将胎儿牵出后，加入0.2%的高锰酸钾反复冲洗子宫，肌内注射催产素15～20国际单位，并子宫灌入金霉素粉2克。

五、子宫脱出

子宫脱出，是指母牛产犊后子宫翻转脱出于阴门外。

【病因】病因主要为妊娠末期雌激素水平升高，骨盆内的支持组织和韧带松弛；饲养管理不当，使得全身张力降低；胎儿过大、双胎、胎水过多等，均能导致子宫弛缓。此外，助产过程中，牵引过度造成产道损伤，也极易导致子宫脱出。

【临床症状】母牛阴门外附有一个很大的椭圆形袋状物。母牛能站立和行走，大的脱出的子宫悬垂于跗关节附近。由于后肢的反复碰撞摩擦等，导致子宫被拉长、创伤或撕裂、水肿，进而变黑、有血水渗出（图6-9）。

【诊断】根据临床症状即可确诊。

【预防与控制】加强临产母牛的饲养管理，如限制精料的供应、保证精料的适口性、及时补充钙元素等，保证产房干净、干燥、清

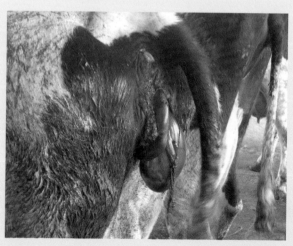

图6-9 奶牛子宫脱出

洁的环境。加强对分娩前兆的奶牛和产后母牛的监护，密切观察母牛的状况。一旦发生子宫脱出现象，立即进行整复治疗。

【西兽药治疗】使用整复法治疗子宫脱出。对患牛进行麻醉后，对其进行站立保定。使用消毒液冲洗暴露部分，彻底清理异物与坏死组织。对站立的母牛使用干净的毛巾将子宫托起，提升至坐骨水平；母牛俯卧时，应将子宫置于腹部和大腿之间，然后，术者手指并拢合成拳，以缓慢柔和的方式将子宫送回，且不能损伤脆弱的子宫黏膜和子宫壁，保证子宫送回到腹腔原位置。最后轻摇子宫体和子宫角，以确保其完全复位，防止再次脱落。可使用土霉素粉2～3克或金霉素胶囊4粒，溶解后注入子宫，清除子宫炎症；使用5%葡萄糖生理盐水1000～1500毫升、10%～25%葡萄糖溶液500～1000毫升、10%葡萄糖酸钙溶液500～1000毫升，静脉注射，解除脱水；使用催产素40～50国际单位或麦角新碱5～15毫克，肌内注射，促进子宫复旧。

六、子宫扭转

子宫扭转是指整个妊娠子宫、一侧子宫角或子宫角的一部分围绕其纵轴发生扭转的疾病。

【病因】孕牛起卧的过程中，由于惯性作用，容易导致游离的子宫发生扭转。营养缺失，运动不足致使妊娠牛全身张力降低、子宫支持组织弛缓，可促使本病的发生。

【临床症状】子宫发生扭转时，病牛不安，踏地、踢腹、食欲减退、摇尾、不愿卧地，或频繁起卧，心跳加快。直肠检查可感觉到直肠壁向一侧转向但不直通，可摸到子宫皱襞，捻转一侧的子宫韧带紧张，子宫内动脉无搏动或搏动紧张如敲击样，而另一侧子宫韧带松弛。阴道检查，阴道外形异常，阴唇不对称、一侧内陷、另一侧转向子宫捻转一侧，阴道壁紧张，越向前阴道腔越狭窄，前端呈螺旋状皱褶。

【诊断】根据阴道和直肠检查可以进行诊断；根据阴道上壁后方的螺旋状皱褶的旋转方向可判定捻转的方向。

【**预防与控制**】加强牛的饲养管理，保证充足的日粮和良好的环境条件，保证充足的运动，避免奔跑、爬跨等。当出现病例时，应尽早治疗。对分娩时发生的子宫扭转，可将消毒过的手伸入产道内，握住胎儿的露出部分，向扭转的相反方向转动，矫正子宫，再拉出胎儿。对妊娠中期发生的子宫扭转，可通过向子宫扭转相反的方向翻转扭体使胎儿恢复到原来的位置。对妊娠早期发生的子宫扭转，可采用剖腹手术矫正。

第七章

牛中毒性疾病防治

一、黄曲霉毒素中毒

牛因食用经黄曲霉或寄生曲霉污染的饲料所导致的中毒性疾病称为黄曲霉毒素中毒，临床特征是消化功能紊乱、神经症状和流产。

【病因】谷类饲料特别是玉米粉因保管和储存不当，极易遭到黄曲霉和寄生曲霉的污染。黄曲霉或寄生曲霉生长而产生黄曲霉毒素。动物食入受黄曲霉污染的饲料在动物体内代谢产生黄曲霉毒素。

【临床症状】临床表现为急性中毒和慢性中毒两种情况。

（1）急性中毒　突然发病，体温多正常，精神沉郁，食欲废绝，拱背；磨牙，口吐白沫，惊厥，转圈运动，站立不稳，易摔倒，肘部肌肉和臀部肌肉震颤，黏膜黄染，结膜炎甚至失明，出现光过敏反应；颌下水肿；腹痛，腹泻呈里急后重，甚至出现脱肛，48小时内死亡。

（2）慢性中毒　犊牛表现食欲减退，生长发育缓慢，惊恐、转圈，腹泻，消瘦。成年牛表现奶产量下降，精神沉郁，采食量减少甚至废绝，黄疸，鼻镜干燥皲裂；妊娠牛流产、早产甚至生出足月的死胎。因奶中含有黄曲霉毒素，故可引起哺乳犊牛中毒。免疫系统受损，造成免疫抑制，奶牛抵抗力降低，易引起继发感染。

【病理变化】主要表现为肝毒性病变，肝脏变性、坏死、纤维化，质地硬，似橡胶样；黄疸；心肌点状出血，皮下、食管、胃肠道出血。胃黏膜容易剥落。

【诊断】疑似黄曲霉毒素中毒后，首先应当进行饲料调查，询问饲料的种类和饲喂量，观察饲料的储存情况，结合临床症状及病理变化，可初步作出诊断。检测胃内容物、血、尿和饲料中黄曲霉毒素的含量可确诊。日粮中黄曲霉毒素含量应低于20微克/千克，乳中浓度应低于0.5微克/升。

【预防与控制】加强饲料的收获和储存工作，精饲料含水率在15%以下才能储存，仓库要通风良好，防止潮湿、发热、霉变；定期检查，及时清除霉变部分，防止霉菌扩散。防霉法有气体防霉法、固体防霉剂法、药物防霉法等。去毒法有氨熏蒸法、流水冲洗法（用1.5%苛性钠水溶液浸泡12小时，再用清水漂洗多次）、高温处理法（160～180℃）。霉菌毒素吸附剂有毒可脱、霉可吸、脱霉素等。在饲料中添加大蒜素，剂量为100～1000克/吨饲料，能有效减轻霉菌毒素对奶牛的毒害。

【西兽药治疗】当怀疑为黄曲霉毒素中毒时，应立即停喂有问题的饲料，改换其他饲料。对牛群应加强检查，及时发现病牛，及时治疗。治疗原则是排毒、解毒、止痛、防止并发症。治疗时禁用磺胺类药物。

（1）排出毒素　硫酸镁500～1000克或人工盐300克，加水溶解，一次灌服。也可用植物油（豆油）500毫升，熬开候温一次内服。

（2）对症治疗　缓解神经症状，肌内注射盐酸氯丙嗪1克；减轻腹痛，肌内注射阿托品10毫升；降低脑压，可静脉注射20%甘露醇，剂量按1～2克/千克体重。

（3）保护肝肾　如果病牛出现腹水、出血、排稀粪或心脏衰弱时，5%葡萄糖生理盐水1000毫升、20%安钠咖10毫升、40%乌洛托品50毫升、四环素250单位，静脉注射。内服泻药。

【中兽药治疗】绿豆300克，甘草100克，煮成绿豆甘草汤让病牛饮用。

二、棉籽饼中毒

棉籽饼中毒是长期或过量饲喂棉籽饼，其毒性物质棉酚在肝脏中蓄积而引起的一种中毒性疾病。临床特征是胃肠炎、肝炎、血红蛋白尿、四肢水肿、心脏衰弱。

【病因】不同的榨油方法，棉酚的含量不同，100℃加热1小时或者70℃加热2小时，棉酚可失活。犊牛因瘤胃发育不完全，对棉酚较为敏感，容易中毒；奶牛品种不同，对棉酚的敏感性也不同；奶牛日粮蛋白质水平低，对棉酚的敏感性则较高，易于中毒。

【临床症状】临床症状分为急性和慢性中毒两种。

（1）急性中毒　急性发作，食欲缺乏，产奶量急剧下降，体温正常，神经兴奋不安，肌肉发抖，黏膜发绀，前胃弛缓，便秘有时腹泻，脱水，酸中毒。有的病例出现出血性胃肠炎、瘤胃臌气反复发作，四肢水肿。由于钾水平的变化引起心脏衰弱。

（2）慢性中毒　主要表现为维生素A缺乏症，消瘦，夜盲症，慢性肝炎，黄疸，尿呈红色，有的继发呼吸道症状。妊娠牛流产。由于心肌病出现心脏衰弱。

犊牛中毒后，食欲下降，胃肠炎、腹泻，呈佝偻病症状，有些病例出现黄疸、夜盲症、尿石。

【病理变化】瘤胃内充满大量食物，瓣胃干涸，肝、肾、脾等实质脏器质脆、变性甚至坏死。

【诊断】根据饲喂棉籽或棉籽饼的病史，结合临床症状，可作出诊断。一般犊牛日粮中含量达100毫克/千克时中毒，成年牛日粮中游离棉酚1000～2000毫克/千克时中毒。

【预防与控制】注意日粮配合，保证日粮供应平衡，防止饲料单一。限制棉籽饼的饲喂量，一般饲料中棉籽饼含量不要超过12%，高产泌乳奶牛每天棉籽饼摄入量不超过1.5千克，6月龄以下犊牛不饲喂棉籽饼。根据实践证明，在使用棉籽饼饲喂奶牛的过程中，饲料中不能降低豆饼的使用量，豆饼使用量应占饲料的10%。或者采取间隔饲喂的方法，防止蓄积中毒。对棉酚敏感的牛，停止饲喂棉籽饼。对棉籽饼进行脱毒处理。脱毒的方法有以下几种。

（1）煮沸法　将棉籽饼加水煮沸 1～2 小时，如果加入 10% 的麸皮同煮效果更好。

（2）干炒　将棉籽饼摊放在大锅内，在 80～85℃ 加热干炒 2 小时或在 100℃ 干炒 0.5 小时。

（3）铁处理　用 0.1% 硫酸亚铁溶液浸泡棉籽饼 24 小时，然后用清水洗净。

（4）碱处理　可用 2% 石灰水将棉籽饼浸泡 24 小时，然后用清水洗净。

（5）合理搭配饲料　饲料要多样化，营养均衡，保证饲料中维生素 A、维生素 D、维生素 E 和钙、磷的供给，有利于预防棉籽饼中毒。

【西兽药治疗】无特效的治疗方法。一般是加速毒物排出，对症治疗。

（1）洗胃，加快毒素排出　采用 0.3%～0.5% 高锰酸钾溶液或 2% 的碳酸氢钠溶液 1000～2000 毫升进行洗胃，洗胃后，将 500 克硫酸钠配成水溶液灌服或者灌服石蜡油 1000 毫升。滑石粉 3 克、甘草流浸膏 250 毫升、酵母粉 300 克，加水灌服。

（2）对症治疗　对于出现胃肠炎、四肢水肿症状的牛进行对症治疗，静脉注射葡萄糖、氯化钙、碳酸氢钠，皮下注射比赛可灵。减轻中毒症状，可采用 10% 葡萄糖 500 毫升，生理盐水 500 毫升，维生素 E、维生素 A、维生素 D 各 4 克，静脉滴注，连用 3 天。

三、亚硝酸盐中毒

是指由于采食富含硝酸盐的高粱、苏丹草、藜的茎、谷粒等饲草饲料，或者饮用了肥料（含硝酸盐）污染的水，牛瘤胃可将硝酸盐转化为亚硝酸盐而引起的中毒性疾病，也称"变性血红蛋白症"或"高铁血红蛋白症"。临床特征是血呈褐色、急性贫血性缺氧综合征，可视黏膜发绀，呼吸困难，窒息死亡。

【病因】造成饲草饲料硝酸盐增高的原因：在饲草生长过程中大量施用家畜粪尿及氮肥；作物日照不足造成硝酸盐不能转化为氨基酸；饲草保管不当，堆积发热，亚硝酸盐增多；饲料搭配不当。

【临床症状】急性病例，无任何症状，突然死亡。病情较轻者，精神沉郁，中毒后首先引起消化功能紊乱，食欲减退甚至废绝，瘤胃臌胀、流涎、口吐白沫、腹痛，步态不稳，呻吟，磨牙。随着病情的发展，黏膜发绀，肌肉震颤，全身无力，呼吸急促，呼吸困难，体温正常或者降低，末期出现阵发性惊厥，窒息死亡。孕牛因胎儿缺氧引起流产。

【病理变化】血凝呈暗红色、咖啡色甚至酱油色，凝固不全，暴露于空气中可转变为红色；全身血管扩张，充血；胃肠黏膜、气管、肺、心肌、肝出血，急性病例这些器官有时无明显病变。

【诊断】根据饲草饲料的饲喂调查，结合临床症状和病理变化，可以诊断。可视黏膜发绀，鼻镜乌青，耳、鼻、四肢冰凉呈紫色。剪耳或断尾放血，血液呈酱油状凝固不良，具有特殊诊断意义。检测饲草、血液、尿液等中的亚硝酸盐可以确诊。急性中毒可能是由于饲料中硝酸盐水平＞10000毫克/千克或水中硝酸盐水平＞1500毫克/千克。有研究表明，饮用水中硝酸盐和亚硝酸盐含量分别不应超过440毫克/升、33毫克/升。

【预防与控制】在青饲料和菜类收获季节，尽量饲喂新鲜的饲料；如果量比较大，要加强饲料保管，防止堆积发热；控制饲喂量，并要保证供应充足的糖类饲料、维生素A、维生素C等。

【西兽药治疗】发病后迅速剪耳或断尾放血，使用特效解毒剂甲苯胺蓝或亚甲蓝。

① 甲苯胺蓝，剂量为5毫克/千克体重，配成5%溶液，静脉注射。

② 美蓝（亚甲蓝），剂量为9毫克/千克体重，用生理盐水或5%葡萄糖溶液制成4%美蓝溶液，一次静脉注射。

③ 也可用维生素C和美蓝配合使用。

④ 美蓝和甲苯胺蓝都缺乏时，对于反刍动物可立即灌服0.05%～0.1%的高锰酸钾溶液2000～3000毫升，同时静脉注射硫代硫酸钠和大剂量维生素C与高渗葡萄糖。如呼吸高度困难时，可使用3%双氧水与10%葡萄糖混合静脉注射。

【中兽药治疗】

方剂1：牛可用大黄苏打片500～1000片、红糖500～1000克，加水2000毫升，灌服。

方剂2：10～20枚鸡蛋的鸡蛋清，加水2000毫升，灌服。

四、食盐中毒

过量摄入氯化钠而引起的一种中毒性疾病。临床特征是饮水欲剧增、腹泻、脑水肿和神经症状。

【病因】日粮中氯化钠过量或饮水不足。养殖户给牛加喂食盐时凭自己感觉随意添加；长期缺盐饲喂的牛突然添加食盐且量没限制；饮水不足；泌乳期的高产奶牛饲喂正常盐量有时也可中毒；泌乳期给牛饲喂腌菜的废水或酱渣可引起中毒；盐存放不当被牛偷食。

【临床症状】主要表现为消化功能紊乱和胃肠道症状。病牛饮水欲剧增，精神不振，食欲缺乏，瘤胃蠕动减弱，腹痛、呕吐、便秘或腹泻，部分病例粪中带有凝血块；频频排尿，尿少；鼻镜干燥，眼窝下陷，结膜潮红，肌肉震颤，后期后肢麻痹，卧地不起。犊牛的主要症状是精神沉郁，衰弱，腹泻，晚期出现神经症状，乱跑乱跳，做圆圈运动，有时出现间歇性痉挛。严重者卧地不起，食欲废绝，呼吸困难，磨牙，多见高度衰竭和窒息而死。

【诊断】根据饲料中食盐的饲喂量和饮水的供应量，结合临床症状，可初步诊断。检测血清中的钠含量，钠含量增加可确诊。

【预防与控制】加强日粮管理，控制食盐的供应量。通常混合料中食盐量是2%。

【西兽药治疗】立即停喂含盐高的饲料，控制饮水，饮水次数增加但饮用量要少，防止脑水肿。治疗原则是镇静解痉，利尿减压，防止脱水。

① 调节血液中阳离子之间的平衡，补充钙制剂。5%葡萄糖注射液1000～2000毫升、10%葡萄糖酸钙注射液500～1000毫升，一次静脉注射。或10%葡萄糖酸钙注射液1000～1500毫升，静脉注射，每天1次。

② 对症治疗。降低颅内压，缓解脑水肿，静脉注射25%山梨醇或20%甘露醇500～1000毫升。如加速尿液排出，可使用速尿。病牛出现神经症状时，用25%硫酸镁10～25毫升肌内注射或静脉注射，以镇静解痉。心功能异常时，可以用20%安钠咖注射液20毫升肌内注射，每天2次。脱水严重时继续补液和适量补钾，腹泻严重时可投服药用炭，以助止泻。

③ 10%葡萄糖注射液500毫升，安溴注射液140毫升，混合一次静脉注射。30%安乃近注射液30毫升肌内注射。注射后发现病牛有好转，可以自行站立。第二天静脉注射10%葡萄糖注射液1000毫升，安溴50毫升，25%葡萄糖注射液100毫升，10%葡萄糖酸钙注射液100毫升，速尿5毫升。注射过程中病牛出现排尿现象，尿色初浓而黄，后逐渐变淡。

【中兽药治疗】

方剂1：在采用西兽药治疗的同时，内服中药金银花30克、连翘25克、板蓝根25克、蒲公英25克、黄药子25克、莪术20克、黄芩20克、甘草15克，每天1次。

方剂2：为了调整胃肠功能，可用健胃散500克，开水冲调，候温后一次灌服。

五、酒糟中毒

由于长期饲喂或突然大量饲喂酒糟而引起的奶牛中毒的疾病，称为酒糟中毒。临床特征是兴奋、共济失调、胃肠炎、呼吸困难、皮肤湿疹。

【病因】酒糟因其所用的原料和酒曲种类不同，故所含成分不同，引起中毒的因素也有所不同。但引起发病的原因主要有酒糟喂量过多或者长期饲喂，酒糟管理不善发生酸败甚至霉变。

【临床症状】

（1）急性中毒　病牛兴奋不安、共济失调，呼吸急促、脱水、眼窝深陷、排出恶臭黏性粪便，步态不稳，四肢无力，卧地不起。

（2）慢性中毒　轻症的呈现消化不良，重症的呈现中毒性胃肠炎症状，表现顽固性的食欲缺乏，前胃弛缓，瘤胃蠕动弱，先便秘后腹泻、腹痛，消瘦，出现缺钙。有的病牛发生皮炎，皮肤潮红，后形成疱疹。严重病例可造成明显的全身症状，机体衰竭。母牛屡配不孕，妊娠牛流产。

【病理变化】剖检可见胃黏膜充血、出血，肠黏膜出血水肿；肺水肿；脑部出血。

【诊断】根据病史、临床症状可以确诊。

【预防与控制】合理饲养，控制酒糟喂量，限制在日粮的30%以内，并搭配一定量的青绿饲料；酒糟喂前最好加热，以除去酒糟内一部分乙醇，还可以杀灭部分霉菌；酒糟最好饲喂新鲜的，不要储存时间过久，防止酸败霉变，及时检查。轻度酸败，可加入石灰水、碳酸氢钠中和后再喂；应废弃酸败严重和霉变的酒糟。

【西兽药治疗】停止饲喂酒糟，改用新鲜牧草和青草进行饲喂，至整个牛群恢复。治疗原则是解除脱水、解毒、镇静。

① 解除酸中毒，加水一次灌服碳酸氢钠100～150克，也可用1%碳酸氢钠溶液灌肠。解除脱水，用5%葡萄糖生理盐水1500～3000毫升、25%葡萄糖溶液500毫升、5%碳酸氢钠溶液800～1000毫升，一次静脉注射。补钙，可用2%葡萄糖酸钙500～800毫升，一次静脉注射。镇静，一次静脉注射山梨醇或甘露醇溶液300～500毫升。另外，必要时，还应配合使用抗生素、强心、维生素治疗。

② 对全场稍微有精神症状的牛及现已发病的病牛，每头用鱼石脂40克、碳酸氢钠60克、大蒜12片（捣烂）、1%的温盐水3千克，一次灌服，每天1次，连用3天。对比较严重的牛，用20%的肝泰乐100毫升和10%的葡萄糖注射液1500毫升，一次静脉注射，每天1次，连续2天。对身上有烂斑的牛用凡士林涂擦。

③ 硫酸钠 500 克加水适量，一次灌服；25% 葡萄糖注射液 300 ～ 500 毫升，加入 20% 氯化钙 100 ～ 160 毫升，静脉注射。对局部皮肤出现疹块和皮炎的病牛，可用 2% 明矾水或 0.1% 高锰酸钾溶液冲洗患部。皮肤瘙痒可用 3% 石炭酸酒精涂擦。采用中药葛根 300 克、甘草 40 克共同煎水，温凉后灌服。

④ 牛一旦出现酒糟中毒，可灌服 1% 苏打水或豆浆 1500 ～ 2000 毫升，并且用 5% ～ 8% 的小苏打水灌肠，同时采取对症疗法，消除循环障碍和呼吸衰竭等；也可静脉注射 5% 葡萄糖溶液 500 ～ 1000 毫升、10% 安钠咖 5 ～ 10 毫升、维生素 C 5 ～ 8 毫升，同时肌内注射氯丙嗪适量。

【中兽药治疗】与上述西兽药治疗方法配合使用。板蓝根 30 克、厚朴 40 克、茵陈 50 克、枳实 30 克、甘草 30 克、陈皮 30 克（体重 125 千克左右的牛一次量），研末，按每头牛的体重加减进行灌服或者加饲料里面喂服，每天 1 次，连用 5 天。

六、霉烂甘薯中毒

牛霉烂甘薯中毒，也称甘薯黑斑病中毒、牛气喘病，是由于牛吃了足够量的霉烂甘薯而引起的一种中毒性疾病。其特征是急性肺水肿、间质性肺泡气肿、气喘和皮下气肿。

【病因】常发生于甘薯收获后经过一段时间的储藏而出现霉烂的季节。甘薯霉烂是由爪哇镰刀菌和茄病镰刀菌的感染造成的。霉烂的甘薯能产生甘薯毒素，这些毒素耐高温，通过蒸煮、火烤等处理也不易被破坏。所以霉烂甘薯生喂、熟喂都会发生中毒。

【临床症状】特征症状主要表现为不同程度的呼吸困难。病初气喘，呼吸次数增加，每分钟达 40 ～ 80 次，甚至达 100 次以上，呼吸音粗而强烈，似拉风箱。往往因呼吸急促而心音被其掩盖，难以听清。皮下气肿。在背部两侧皮下出现气肿，触诊呈捻发音，气肿可蔓延到胸侧、颈部、肩前和头部，胸部叩诊呈鼓音。其他症状主要表现为突然发病，初期体温正常，鼻黏膜潮红，眼结膜充血；随着病情的加重，食欲减少或废绝，反刍停止，磨牙，粪便量少，粪便色黑而干硬，呈算盘子状，有时粪便表面有黏液和血液，病牛甚至便秘，有些病例为腹泻，瘤胃和肠蠕动减弱；病情严重者，可视黏膜发绀，站立不安，摇摆不稳，体温降至正常以下，倒地死亡。

【病理变化】肺脏显著膨胀，肺膜紧张，肺膜下充满大小不等的气泡，肺小叶间质充气、增宽，肺表面因气泡而隆突。切面流出多量混有泡沫的黄色或血色水样液，小叶间质因充气扩大致使断面呈撕裂状。胸腔纵隔气肿，形成大小不等的气泡。胸、背、肩、颈部的皮下组织及肌膜中，有大小不等的气泡集聚。胃肠道黏膜弥漫性充血、出血或坏死，其中以皱胃、小肠和盲肠的损伤最为严重。肝肿大，呈现实质变性，切面似槟榔状，胆囊肿大，胆汁稀薄。脾、肾、膀胱等有不同程度的充血与出血。

【诊断】根据病牛采食霉烂甘薯或其副产物的经历，再结合以喘和不发热为主的临床症状，即可诊断。诊断时，应与牛巴氏杆菌病、牛肺疫的呼吸症状鉴别。

【预防与控制】消灭黑斑病菌，防止甘薯遭受其感染，种用甘薯在育秧时，用50%～70%的甲基托布津溶液或乙基托布津溶液，充分浸泡10分钟。收获甘薯时要细致，不要损伤甘薯的表皮，装卸要轻，加强甘薯的储藏工作，防止霉烂。加强饲养管理，随时检查，严禁饲喂霉烂甘薯；在饲喂甘薯粉渣、甘薯酒糟时，应慎重。必要时，可少量饲喂牛，如确实无不良后果时，再进行全群饲喂。

【西兽药治疗】一旦中毒发生，无特效疗法，只能对症治疗。治疗原则是加速毒物的排出，改善呼吸功能，解毒保肝。

① 加速毒物排出主要采用洗胃或下泻两种方法。对食入霉烂甘薯不久的患牛，用胃导管灌服大量的清洁温水或0.5%～1.0%高锰酸钾溶液，按摩瘤胃，使液体在胃内混合，然后将其从瘤胃中通过胃导管抽出，如此反复多次，排出毒物。或投服泻剂，用硫酸镁500～1000克、人工盐200克，配成10%溶液，一次灌服。

② 改善呼吸功能。根据病牛大小和体质健康状况，可静脉放血

1000～3000毫升，然后用5%葡萄糖生理盐水3000～5000毫升、维生素C 5克、20%安钠咖10毫升、25%葡萄糖注射液1000～2000毫升，缓慢地静脉注入。必要时经鼻输氧，输氧速度一般控制在5～6升/分钟为宜。地塞米松50～150毫克、25%～50%葡萄糖注射液500毫升、40%乌洛托品50～100毫升、5%氯化钙200～300毫升，一次缓慢静脉注射，对肺水肿、肺气肿疗效明显。

③ 解毒、保肝，防止酸中毒。用0.1%～0.5%高锰酸钾溶液1000～1500毫升，一次投服，每4小时给药1次；用5%～20%硫代硫酸钠注射液200～300毫升，一次静脉注射；用5%碳酸氢钠注射液500～1000毫升，一次静脉注射。

七、淀粉渣中毒

用淀粉渣（浆）喂牛，经过一段时间后，由于其所含亚硫酸的蓄积作用而引起奶牛中毒。临床特征是消化功能紊乱、出血性胃肠炎、奶产量下降、跛行和瘫痪。

【病因】淀粉渣（浆）中的亚硫酸是引起发病的主要原因。但促进该病发生的原因有淀粉渣（浆）喂量过大，喂时过长，或变质；淀粉渣（浆）未经必要的去毒处理；日粮不平衡，钙、维生素不足或缺乏，粗饲料进食量不足。

【临床症状】根据淀粉渣（浆）饲喂时间、饲喂量及机体的生理状况不同，中毒程度各异。中毒较轻者：精神沉郁，采食量减少，只吃一些新鲜的青绿饲料，反刍不规则，呈现周期性前胃消化功能紊乱，奶产量下降。通常停喂淀粉渣（浆）一段时间，可自行康复。中毒严重者，食欲废绝，瘤胃蠕动微弱；出现啃泥土、舔食粪尿或褥草等异嗜现象，有些病牛便秘，有些病牛腹泻；全身无力，步态强拘，运步时，后躯摇摆，跛行，拱背，尾椎变软、缩小，卧地不起。如发生于分娩牛，多出现产后瘫痪。

【诊断】根据饲喂用亚硫酸处理过的玉米淀粉渣（浆）病史，以及胃肠消化功能紊乱、跛行、瘫痪来判断。确诊需要进行血、尿、乳中硫化物含量的检测。

【预防与控制】严格控制淀粉渣（浆）喂量，未经去毒处理的淀粉渣（浆），其喂量每头每日不应超过 7 ～ 7.5 千克。为了防止中毒，最好间断饲喂。淀粉渣应进行脱毒处理后再饲喂。脱毒有水浸法和晒（烘）干法 2 种。日粮中补喂钙可减少亚硫酸对钙的消耗，补喂胡萝卜素可防止胡萝卜素缺乏而引起硫在体内的蓄积所致的中毒发生，增加优质干草的饲喂。

【西兽药治疗】无特效疗法。对病牛立即停喂淀粉渣（浆），并给予优质的青绿饲料、块根类及干草，增加进食量，促进自然康复。其他均为对症治疗，主要考虑补钙、解毒保肝、防止脱水、防止继发感染。

① 缓解低钙血症。3% ～ 5% 氯化钙或 20% 葡萄糖酸钙 500 毫升，一次静脉注射，每天 1 ～ 2 次。

② 解毒保肝，防止脱水。25% 葡萄糖注射液 500 毫升，5% 葡萄糖生理盐水 1500 ～ 2500 毫升、维生素 C 5 克，静脉注射。

③ 一次皮下注射 0.1 ～ 0.5 克维生素 B_1 可维持心脏、神经及消化系统的正常功能；静脉注射或肌内注射抗生素可防止继发感染和胃肠炎症；灌服氢氧化钙或者碳酸氢钠中和瘤胃酸度，防止瘤胃 pH 值的下降。

八、亚麻籽饼中毒

是指由于饲喂不合理或者亚麻籽饼粉碎过细，牛采食后，亚麻籽饼释放氢氰酸的速度过快引起的中毒性疾病。临床特征是呼吸困难、肌肉震颤、惊厥和组织缺氧。

【病因】亚麻籽冷榨法比热榨法含毒量高；亚麻籽饼粉碎过细；饲料单一，大量饲喂亚麻籽饼。

【临床症状】病牛不安，流泡沫状涎，肌肉震颤，呼吸困难，呼气为苦杏仁气味，腹痛、臌气，腹泻；粪呈泡沫状、灰白色。随着病情的加重，全身极度衰弱，体温下降，后肢麻痹，卧地不起，牙关紧闭，瞳孔散大，四肢划动，最后死亡。

【病理变化】血液鲜红色、黏稠；胃肠道黏膜充血、出血，内容物散发出苦杏仁气味；气管、支气管内有泡沫状液体；肺水肿。

【诊断】根据奶牛饲喂亚麻籽饼的方法和喂量，结合临床症状，容易进行初步诊断。通过氰苷的检测可确诊。

【预防与控制】合理配制日粮，严格控制亚麻籽饼的饲喂量；亚麻籽饼不可粉碎过细，也不可制成糊状。采用加热法脱毒，在饲喂前，先将亚麻籽饼浸泡，再煮熟10分钟。

【西兽药治疗】静脉注射5%亚硝酸钠50～60毫升，然后静脉注射5%～10%硫代硫酸钠溶液100～200毫升。也可用美蓝和硫代硫酸钠配合使用。

九、农药中毒

农药中毒是因牛误食了喷洒过农药的农作物或牧草，或者在杀灭体表寄生虫或驱赶蚊蝇时药物使用量过多或浓度过高所致。临床特征是腹泻、流涎、肌肉僵硬。

【病因】牛误食了喷洒过农药的农作物或牧草；没有按规定保管农药和使用农药过程中没按要求操作。主要的中毒类型包括有机磷杀虫剂中毒、有机氯杀虫剂中毒、有机氟化物中毒。驱虫药使用不当发生中毒以及人为投毒。

【临床症状】不同类型的农药中毒有不同的临床症状。但共同的症状是突然发病，体温一般不升高，食欲减退甚至废绝。

（1）有机磷杀虫剂中毒　流涎、流鼻涕、呻吟、磨牙，皮肤及末梢发凉，出冷汗，排带血粪便，结膜发绀，瞳孔缩小，面部、眼睑及全身肌肉震颤，步态强拘，心跳加快，呼吸困难，严重者因呼吸肌麻痹而导致窒息死亡。

（2）有机氯杀虫剂中毒　急性中毒表现为兴奋性增强，感觉过敏，起卧不宁，惊恐不安，到处乱撞，阵发性全身痉挛，严重者突然倒地，角弓反张，四肢划动，短暂的安静之后，又发生痉挛，反复发作，随着病情的加重，反复发作的间隔时间缩短，最后因呼吸衰竭而死亡。慢性中毒奶产量下降，精神沉郁，呈渐进性消瘦，全身无力，随着病情加剧，站立不稳，肌肉震颤，后肢麻痹，卧地。

（3）有机氟化物中毒　急性中毒者，病牛突然倒地，抽搐，四肢痉挛，角弓反张，口吐白沫，最终因呼吸衰竭而死。慢性中毒者磨牙、呻吟、站立不稳、全身无力，心跳加快，心律不齐。

【诊断】根据奶牛接触农药的可能性调查，以及流涎、肌肉震颤、呼吸困难、共济失调和胃肠炎的临床症状，可作出初步诊断。取胃内容物、肝、肾、可疑食物作毒物分析，可确诊。

【预防与控制】加强农药保管，应专库专放，专人专管，妥善处理盛放农药和拌过农药种子的器具，防止污染饲料和饮水；不滥用农药杀灭奶牛体表寄生虫，使用驱虫药时用量要恰当。

【西兽药治疗】该病的治疗原则是阻断毒物与奶牛接触的各种途径，加速毒物从体内排出，特效药物解毒，对症治疗。从体内排出毒物的方法有洗胃和泻下2种方法。洗胃常用的药物是1%～5%碳酸氢钠溶液。泻剂以盐类为主，常用的有硫酸钠（镁）500～1000克，加水一次灌服，或用人工盐250～350克，加水一次灌服。使用油类特别是植物油类作泻剂。吸附毒物，用活性炭250～300克加水灌服。

特效解毒剂有如下几种。

（1）有机磷杀虫剂的解毒剂　阿托品，剂量为0.25毫克/千克体重，将此剂量的1/3制成2%溶液，缓慢静脉注射，其余进行肌内注射，如果症状再现，可每隔4～5小时重复注射，持续24～48小时，对重症效果较好；四双解磷（TMB），剂量为10～20毫克/千克体重，皮下注射或腹腔注射。另外有效的药物还有解磷定、四双复磷。

（2）有机氯杀虫剂的解毒剂　尚无特效解毒剂。据报道，中毒后内服苯巴比妥钠，能大大提高有机氯杀虫剂的排泄率。

（3）有机氟化合物中毒解毒剂　肌内注射解氟灵，每次剂量为0.1克/千克体重，每天3～4次，直到抽搐现象消除为止；灌服乙二醇乙酸酯，配制方法为100毫升，加水500毫升；一次灌服95%酒精100～200毫升。

农药中毒的对症疗法：①解毒保肝，5%葡萄糖生理盐水、复方氯化钠注射液、5%～10%葡萄糖注射液，静脉注射，剂量为

2500～4000毫升。

② 解除酸中毒，5%碳酸氢钠溶液500～1000毫升、辅酶A、细胞色素C。

③ 缓解兴奋不安的药物有水合氯醛、盐酸氯丙嗪，静脉注射或肌内注射。

④ 呼吸困难时可使用尼可利米、可拉明、山梗茶碱等。

十、氟中毒

经饲料或饮水持续摄取中毒量的氟所致的慢性中毒，称氟中毒。牙齿发生齿斑、过度磨损、骨质疏松及间歇性跛行。

【病因】氟酸盐分布的某些盆地、盐碱地、板石和磷灰石矿区等高氟地区引起的地方性疾病；工业氟化物的三废处置不当对环境的污染，造成土壤和饮水的含氟量升高；日粮中的添加物质量不过关，氟含量高。

【临床症状】

（1）急性中毒　感觉过敏，空嚼磨牙，肌肉震颤、抽搐；食欲废绝，反刍停止，瘤胃蠕动停止，便秘或腹泻，虚脱，瞳孔散大；呼吸困难，常于几小时内死亡。

（2）慢性中毒　主要特征症状是牙齿、骨骼的损害，关节肿胀和跛行。牙齿失去光泽，呈淡黄色、棕色，有黑色斑点和斑块，严重者呈典型的氟斑牙，牙齿质地疏松；头部肿大，下颌骨肿胀，四肢变形，腕关节肿胀，尾骨多扭曲，严重病牛两侧肋骨有鸡卵大的骨赘；跛行，运步不灵活，可听见"咔咔"声，有痛感，常卧地不起。被毛无光，皮肤弹性降低，关节僵直，跛行或卧地；奶产量下降；采食量减少，反刍减少和瘤胃蠕动减弱，便秘或腹泻。幼畜发育不良，成年牛营养不良，易发酮病。

【诊断】根据临床症状容易诊断。对饲料、饮水、血、尿、毛氟含量分析测定，其所含氟量都超出正常范围。

【预防与控制】对氟未污染区，应加强饲草、饲料、矿物质特别是磷酸钙中含氟量的测定，严防因饲料中氟含量过高而长期饲喂导致发病。饲料中含氟量每千克日粮中不应超过100毫克。

对氟污染地区，应加强工业三废的排放管理，牛场建设应远离污染区。对氟区牛群，在饲料中拌入生滑石粉，剂量是每天30～40克；也可在饮水中加入新鲜的熟石灰，水中含量为500～1000毫克/千克，静置几天后饮用。另外，保证充足的钙、磷，可缓解氟中毒的发生。

【西兽药治疗】对氟中毒无特效疗法，只能采取对症疗法。

① 补钙。20%葡萄糖酸钙注射液和25%葡萄糖注射液各500毫升，一次性静脉注射，每天1～2次，连用5～7天。

② 中和消化道残留氟。硫酸铝30克，一次灌服，每天1次，连续数天。

③ 生滑石粉40～50克，分2次拌入饲料中饲喂，连用数天。

④ 供给优质饲料，适当增加蛋白质水平，增加采食量，增强机体体质，日粮中添加乳酸钙，剂量为每天50克。也可投服乳酸钙10～30克、碳酸钙50～120克、磷酸二氢钠60克。

【中兽药治】用中药（如黄芪、木瓜、防己、乌头、杜仲、当归等）通过活血化瘀和利尿作用，增加动物的排氟量，对慢性氟中毒起到一定的预防作用。

十一、硒中毒

硒中毒是由于摄食硒含量过高的饲料或硒制剂而发生的中毒性疾病。急性硒中毒表现为神经系统损伤和失明，又称为"瞎撞病"。慢性硒中毒表现为消瘦、跛行和脱毛，又称为"碱病"。

【病因】长期而大量饲喂含硒量高的饲料；土壤中富含硒且pH值偏高，当饲料干物质中硒含量超过5毫克/千克可引起慢性硒中毒；在防治硒缺乏时，错误添加过量的硒；硒矿企业和冶炼厂的环境治理差，废水、废气和废料处理不严，导致饲养环境和牧草种植污染；日粮中钴缺乏和蛋白质不足可增强硒中毒易感性。

【临床症状】

（1）急性硒中毒　病牛精神沉郁，呼吸困难，流涎，腹痛，瘤胃臌胀，黏膜发绀甚至失明，转圈，无目的地游走，常以头抵住固定物体。数小时内因呼吸衰竭而死。

（2）慢性硒中毒　病牛食欲减退，渐进性消瘦，贫血；前胃弛缓，腹痛，腹泻；共济失调，步态不稳，无目的地徘徊，转圈。视力减退甚至失明，到处瞎撞。被毛粗乱，尾基部被毛和尾端长毛脱落；四肢强拘，跛行，蹄肿胀、畸形甚至蹄匣脱落，最终因呼吸衰竭而死亡。犊牛生长发育不良。妊娠母牛多流产甚至死胎。

【病理变化】急性硒中毒，全身出血，皱胃和小肠充血、坏死和溃疡；脑充血、出血、水肿或变软；肺充血、水肿；肝充血和坏死。慢性硒中毒，肝脏萎缩、坏死和硬化；脾脏肿大并见局灶性出血；心肌萎缩与心扩张；肾变性；脑充血、出血、水肿或变软。

【诊断】土壤含硒量高的地方性疾病，或者根据饲料中硒含量以及硒添加量的分析，结合临床症状和病理变化作出诊断。

【预防与控制】降低饲料中硒的含量，严格控制硒添加剂的用量；在硒含量高的地区，治理土壤，用硫酸铵肥料降低植物对硒的吸收，在饲喂时饲料中添加含硫酸盐的化合物；日粮中增加高蛋白质饲料，并加亚麻籽油，可增强动物对硒的耐受性。

【西兽药治疗】立即停喂含硒的饲料或饮水；饲料中添加解毒剂对氨基苯胂酸，剂量为10毫克/千克。另外，注意解毒保肝，对症治疗。

十二、铅中毒

铅中毒是指摄入过量的铅而引起的中毒性疾病，临床表现主要以神经功能紊乱、共济失调和贫血为特征。

【病因】铅为蓄积性毒物，小剂量持续地进入体内能逐渐积累而呈现毒害作用。主要的原因有误食含铅的毒物或者废弃的蓄电池等；养殖区域有与铅相关的工厂，三废处置不规范，造成饮水或土壤污染。牧草中或水中的铅含量提高，造成蓄积中毒。青饲料中含铅量达140毫克/千克体重即可引起中毒。

【临床症状】本病的主要症状是神经症状和消化功能紊乱，早期表现为泡沫状流涎，磨牙，肌肉震颤，舌翻滚和感觉过敏。出现失明、前冲、癫痫、面部痉挛、嘶叫甚至攻击行为。有时出现瘤胃臌气，腹痛、腹泻或便秘。犊牛铅中毒，神经症状明显，全身发生明显的节律性震颤，瞳孔散大，视力减弱甚至失明。

【病理变化】脑软膜充血、出血，脑回变平、水肿，脑脊液增多，外周神经节段性脱髓鞘、肿胀、断裂或溶解；肾脏肿大且质脆。

【诊断】根据奶牛有长期或短期接触铅或含铅日粮的病史，结合神经症状和贫血等症状即可初步诊断。分析饲草料、血液、被毛、肝脏、肾脏和骨骼的铅含量可确诊本病。正常健康牛的血铅浓度为0.05～0.25毫克/千克，当血铅浓度＞0.6毫克/千克时可诊断为铅中毒。

【预防与控制】防止牛接触含铅的毒物，在工业环境下铅污染区应改善设备，加大治理污染的力度，减少工业生产向环境排放含铅的"三废"是预防环境铅污染的根本措施。

【西兽药治疗】该病的治疗原则是消除有毒物，加速毒物从体内排出，使用解毒剂，对症治疗。寻找毒物来源，消除有毒物的摄入途径。如果食入毒物不久，可采用洗胃和泻下的方式排出毒物，解毒剂为乙二胺四乙酸钠钙（依地酸钙钠）。

① 急性中毒或慢性中毒急性发作时，可用6.6%的依地酸钙钠缓慢静脉注射，日剂量为1毫克/千克体重，分2～3次注射，连用3～5天。或葡萄糖注射液500毫升中加入10%氯化钙8毫升，再加依地酸钠钙80克，按1毫升/（3.0～3.5）千克体重剂量，缓慢静脉注射，可使铅的排泄量增加20～40倍。

② 硫胺可用于反刍动物铅中毒治疗和预防，剂量为250～1000毫克，每天2次，连用4～5天。内服硫酸镁，沉淀可溶性铅，促进铅排泄。

十三、铜中毒

铜中毒是由于一时摄入大量或长期摄入小量铜盐而发生的中毒性疾病。其临床特征是严重肠胃炎、黄疸、血红蛋白尿、虚脱和休克。

【病因】急性铜中毒一般是由于牛米食了喷洒过杀真菌药物硫酸铜的饲草，犊牛摄入铜20～110毫克/千克体重、成年牛摄入220～880毫克/千克体重即可中毒。慢性铜中毒多发生于土壤含铜量高的地区，主要是由于铜矿厂或铜冶炼厂"三废"处理不当，污染了周围的土壤和水源。

【临床症状】

（1）急性铜中毒　主要症状是严重胃肠炎伴发腹痛，剧烈的腹泻，粪便中混有黏液，呈绿色或蓝色，后期发生溶血，出现血红蛋白尿。其他表现为精神沉郁，厌食，体温低，心跳快，脱水，可视黏膜淡染或黄染，肾衰。多因虚脱、休克而死亡。

（2）慢性铜中毒　病牛突然发病，发病初期临床症状不明显，发生溶血后病情发展迅速，食欲剧减甚至废绝，瘤胃蠕动停止，但饮欲大增；可视黏膜苍白或黄染，排出的粪便变黑，血红蛋白尿；衰弱，不能起立。多在症状出现后1～2天死亡，常死于贫血、肝功能不全或尿毒症。耐过的也会因肾衰而死，死亡率较高。

【病理变化】急性铜中毒，可造成真胃变性、溃疡，消化道食糜呈蓝绿色；严重溶血，肾肿大呈乌黑色或黄金色，尿呈葡萄酒色。脾肿大，呈浓黑褐色，软化，易碎。肝脏色黄、肿大、质脆。

【诊断】急性铜中毒，有大量投入铜盐的病史。慢性铜中毒，根据突然发生血红蛋白尿、黄疸、休克，但缺乏胃肠炎的症状，应怀疑为铜中毒。饲草料、粪便、血液和组织铜含量分析可提供诊断依据。

慢性铜中毒以肝、肾变性与坏死为主。肝脏肿大、呈黄色；肾肿胀，表面呈暗褐色；脾易碎，且髓质变软；膀胱内一般有血红蛋白尿；胃内容物和粪便呈蓝绿色。

【预防与控制】防止农药硫酸铜污染饲草；严禁饲喂喷洒过农药硫酸铜的农作物和饲草；饲喂铜饲料添加剂时应充分混匀，在铜含量高的地区，添加钼、锌及硫，可预防铜中毒；治理由铜工业造成的土壤污染和饮水污染。

【西兽药治疗】停止有毒饲料饲草的摄入；尽快排出毒物，使用解毒剂。促进毒物排出的方法：洗胃，使用牛奶、鸡蛋清、活性炭等保护剂，然后使用盐类泻下剂。

① 缓慢静脉注射三硫钼酸钠，剂量为0.5毫克/千克体重；配合肌内注射二巯基丙醇，剂量为2.5～5毫克/千克体重。

② 为增强肝脏的解毒功能，应用肝泰乐10毫升（含葡萄糖醛酸内酯0.5克），每天1次，肌内注射，连用3天；应用10%葡萄糖注射液500毫升，三磷酸腺苷二钠注射液60毫克，辅酶A 300单位混合静脉注射。为纠正电解质紊乱和酸碱平衡，应用复方氯化钠溶液500毫升和5%碳酸氢钠注射液250毫升，分别静脉注射。为防止细菌继发感染，应用氨苄青霉素3克加入0.9%氯化钠注射液200毫升，静脉注射。为抑制机体对毒物的反应性，增强抗病能力，应用0.5%氢化可的松注射液20毫升、2.5%维生素B_1注射液5毫升和5%葡萄糖注射液200毫升，混合后静脉注射。对贫血严重的病畜，应用健康家畜血液300～500毫升静脉输入。对食欲减退的应用健胃剂。

第八章

牛寄生虫病防治

一、胃肠道线虫病

胃肠道线虫病是由线形动物门中寄生于牛和其他一些家畜胃肠道内的多种线虫所引起的一种临床的或亚临床的寄生虫病。尽管这些线虫的种类繁多，但其引起的感染极为相似，在临床上主要表现为胃肠炎、贫血、消瘦，故统称为胃肠道线虫病。

【病原】引起该病的病原主要是毛圆科、钩口科、弓首科以及食道口科的一些寄生虫，常见的有血矛线虫属、仰口线虫属、弓首蛔虫（也叫牛新蛔虫）以及食道口属的一些寄生虫。引起牛胃肠道疾病的寄生虫分属于不同的科，因此在形态结构、寄生部位和理化特性等方面存在差异。

食道口线虫属于食道口科，食道口属；由于有些食道口线虫的幼虫节段可以使肠壁发生结节，故又名结节虫病。引起牛胃肠道疾病的食道口属的线虫主要是哥伦比亚食道口线虫、微管线虫食道口线虫和辐射食道口线虫。哥伦比亚食道口线虫主要寄生于牛的结肠；有发达的侧翼膜，致使身体前部弯曲，头囊不甚膨大，颈乳突在颈沟的稍后方，其尖端突出于侧翼膜之外；雄虫长12.0～13.5毫米，交合刺发达；雌虫长16.7～18.6毫米，尾部长，阴道短，横行引入肾形的排卵器；虫卵呈椭圆形，大小为（73～89）微米×

（34～45）微米。微管食道口线虫主要寄生于牛的结肠，无侧翼膜，前部直，口囊较宽而浅，颈乳突位于食道口的后面；雄虫长12～14毫米，雌虫长16～20毫米。辐射食道口线虫也主要寄生于牛的结肠，侧翼膜发达，前部弯曲；无外叶冠，其头囊膨大，且上有一横沟，将头囊分为前后两部分，颈乳突位于颈沟的后方。雄虫长13.9～15.2毫米，雌虫长14.7～18.0毫米。虫卵大小为（75～98）微米×（46～54）微米。食道口属的线虫在低于9℃时虫卵不发育，温度在35℃以上时，所有幼虫均可迅速死亡；在湿度为48%～50%，平均温度为11～12℃时，可存活60天以上，第1、第2期幼虫对干燥很敏感，极易死亡，第3期幼虫有鞘，在适宜条件下可存活几个月，冰冻可致死。

弓首科弓首蛔虫属的牛弓首蛔虫主要寄生于牛的小肠。虫体粗大，淡黄色，角皮薄软，头端具有3片唇，食道呈圆柱形；雄虫长11～26厘米，尾部有一小锥突弯向腹面，交合刺一对；雌虫长14～30厘米，尾直。虫卵近似球形，大小为（70～80）微米×（60～66）微米，壳厚，外层蜂窝状。阳光可将虫卵杀死，干燥环境中虫卵经48～72小时死亡，耐高温能力较差；对消毒药的抵抗力较强，虫卵在2%的福尔马林中仍能正常发育，在温度为29℃的2%克辽林或2%来苏儿中的卵可存活20小时。

仰口线虫也叫钩口线虫，是钩口科仰口属的一种，主要寄生于牛的小肠，特别是十二指肠。虫体的头端向背面弯曲，口囊大，口腹缘有一对半月形的角质切板；雄虫长10～18毫米，交合刺长达3.5～4.0毫米，交合伞的背叶不对称；雌虫长24～28毫米，阴门在虫体中部之前。卵大小为106微米×46微米，两端钝圆，胚细胞呈暗黑色。在8℃时，幼虫不能发育，在35～38℃时，仅能发育到第1期幼虫。

毛圆科血矛属中的捻转血矛线虫是胃肠道线虫中致病力最强的寄生虫，主要寄生于牛的第4胃和小肠。虫体呈毛发状，淡红色，头端尖细，口囊小；雄虫长15～19毫米，交合刺短而粗，末端有小钩；雌虫长27～30毫米，白色的生殖器环绕于红色含血的肠道周围而呈红白线条相间的外观。虫卵大小为（75～95）微米×（40～50）微米，卵壳薄，光滑，稍带黄色，新排出的虫卵含16～32个胚细胞。虫卵所需的外界条件主要是温度、湿度和氧气，感染性幼虫有背地性和向光性。

【流行病学】本病除牛感染外，绵羊、山羊、马等也易感染，病牛、带虫牛是主要的传染源。传播途径是由于采食被侵袭性幼虫污染的饲料、饲草及饮水而经口感染。气温对线虫虫卵的发育影响较大，因此，气候温暖、潮湿的春、夏季为感染季节，发病呈区域性。5个月以内的犊牛比成年牛更易感染。

【临床症状】本病通常呈隐性感染。感染较重者，可见精神沉郁，食欲减退，被毛粗乱、无光泽，消瘦。严重者，病牛出现低蛋白质血症，贫血，可视黏膜苍白，体躯下部发生水肿，严重腹泻，或者便秘与下痢交替出现，下颌间隙水肿。少数病例出现体温升高，呼吸、脉搏频数、心音减弱，最终因极度衰竭而死。

【病理变化】病死牛血液稀薄，皮下组织干燥，心脏冠状沟有黄色胶冻样浸润，肝脏呈土黄色，胆囊充盈，内有大量暗绿色胆汁；脾脏萎缩，脾脏的髓质易刮落；肾脏被膜易剥离，色稍黄。真胃黏膜变薄易剥落，散布有针尖大小的出血点。整个肠道内有大量液体样内容物，肠壁变薄，小肠或结肠常可见线虫。

【诊断】根据临床特征贫血、渐进性消瘦、腹泻，取粪便应用漂浮法收集虫卵进行计数和鉴定，同时结合发病时间可作出诊断。肠道线虫病常呈混合感染，球虫病、副结核病等也会表现腹泻、贫血、消瘦等症状，因此要与此病进行鉴别。球虫病主要发生于2岁以内的牛，取粪便检查可见大量的卵囊，黏膜刮取物涂片镜检可发现不同阶段的裂殖生殖和孢子生殖。副结核病牛腹泻呈水样、喷射状，副结核菌素皮内试验呈阳性反应，剖检可见肠道尤其是回肠黏膜高度增厚，呈脑回样；粪便镜检能发现成丛的副结核分枝杆菌而无虫卵。

【预防与控制】加强牛场精细化管理，防止杂草丛生、污水积存，粪便及时清除，提高环境卫生质量，杜绝饲料、饮水遭受污染，放牧牛群应尽量避开潮湿地带和幼虫活跃的时间；定期对食槽、水槽、喂奶用具等清洗和消毒。加强饲养管理，提高营养水平，在冬春季节应合理地补充精料和矿物质，增强牛只抵抗力。定期驱虫，在春、秋季各进行1次，但针对北方牧区的冬季幼虫高潮，在每年的春季前后驱虫1次。在本病流行地区可用硫化二苯胺，以每头牛每天0.5克剂量混入食盐或精料中，口服进行预防。

【西兽药治疗】此病的治疗方法就是驱虫。可以用以下药物杀虫。

（1）左旋咪唑 10～20毫克/千克体重，一次口服。

（2）噻苯咪唑 70～110毫克/千克体重，配成10%水悬液，一次灌服。

（3）阿苯达唑 10毫克/千克体重，一次口服。

（4）哈乐松 30～50毫克/千克体重，配成10%水悬液，一次灌服。

（5）丙硫苯咪唑 5～10毫克/千克体重，拌入饲料中一次喂服，或者配成10%水悬液，一次灌服。

二、新孢子虫病

新孢子虫病是由犬新孢子虫寄生于多种动物引起的一种分布于世界各国的原虫病。临床以孕畜的流产、死胎和新生胎儿运动障碍、神经症状为特征。

【病因】由犬新孢子虫引起，犬新孢子虫隶属于顶复门、孢子虫纲、球虫亚纲、真球虫目、肉孢子虫科、新孢子虫属，犬和狐狸是其终末宿主。速殖子、组织包囊和卵囊是目前已知的新孢子虫生活史中的3个重要阶段的虫体形态。

速殖子也称滋养体，主要存在于急性病例的胎盘、流产胎儿的脑组织和脊髓组织中，也可寄生于胎儿的肝脏、肾脏等部位。其形近卵圆形或新月形，在犬的细胞中大小为（4～7）微米×（1.5～5）微米，在其他动物体内，一般为（4.8～5.3）微米×（1.8～2.3）微米。可以感染多种细胞，一个细胞可以同时感染多个速殖子。姬姆萨染色可看到虫体。组织包囊也称包囊，主要存在于脑、脊椎、神经、视网膜中。呈圆形或椭圆形，大小不等，直径最大的可达107微米，成熟包囊壁厚约4微米。包囊内含有大量的、细长的缓殖子。卵囊在犬科动物的肠道内形成，随粪便排出体外，其直径为10～11微米。卵囊在外界环境中24小时内完成孢子化，形成孢子化卵囊，其内含2个孢子囊，每个孢子囊内含4个子孢子。

【流行病学】本病一年四季均可发生，但以春末至秋初较多。犬和狐狸都是新孢子虫的终末宿主，其他动物（如牛、羊、马、兔、猪等）均可作为中间宿主；犬粪便中排出的卵囊和各种动物体内的速殖子及包囊均可感染其他动物；其传播途径主要有水平传播和垂直传播两种，已经证实垂直传播是同种动物群体内的主要传播方式，水平传播可发生在终末宿主和中间宿主之间，也可发生在中间宿主之间，同种中间宿主群内可能也会发生水平传播，但是具体的传播途径尚不清楚，但是水平传播被认为是造成新一轮感染的主要原因。

【临床症状】母牛产前没有明显症状，流产往往突然发生，常呈局部性、散发性或地方流行性，流产可反复发生。先天感染的犊牛一般不表现临床症状，严重者可表现四肢无力、关节拘僵、后肢麻痹、运动失调，头部震颤明显，头盖骨变形，眼睑及反射迟钝，角膜轻度混浊。

【病理变化】流产牛的主要病变是各器官组织的出血、细胞变性和炎性细胞浸润，以心脏、中枢神经系统和肝脏的病变为主。脊髓和脑等神经组织一般表现为非化脓性脑脊髓炎的典型病变，伴发多位点非化脓性炎性细胞浸润和多位点或弥散性的脑膜下白细胞浸润，有时还存在多位点坏死灶。心脏和骨骼肌可出现灰白色病灶，脑组织中有灰色到黑色的小范围坏死灶和水肿。

【诊断】该病引起的流产常呈散发性或地方流行性，因此，当出现母畜流产、死胎、新生儿瘫痪、畸形、共济失调、抽搐或其他运动系统病症时，特别是一群或多群出现此类症状时应怀疑是否为新孢子虫感染。

（1）病原学诊断　病原分离鉴定是最有力的感染证据，但新孢子虫的分离较为困难。为了提高成功率，一般将胎牛的脑神经组织匀浆后，用胰酶或胃蛋白酶消化进行虫体富集，将富集的沉淀物处理后进行细胞培养；还可以用直接感染免疫抑制小鼠及IFN-γ敲除鼠（GKO），经鼠连续传代几次后对虫体进行进一步的鉴定。

（2）免疫组织化法诊断　对分离后的虫体或病理组织切片均可用免疫组织化学染色法确认虫体。但要注意与龚地弓形虫、枯氏肉孢子虫的速殖子和包囊进行区分。

（3）血清学诊断　间接免疫荧光试验、直接凝集试验和酶联免疫吸附试验是最常用的血清学检测方法，已有多种商品化试剂盒应用。

（4）分子生物学诊断　主要是应用PCR检测流产胎牛或者其他中间宿主组织内的新孢子虫的DNA。

（5）鉴别诊断　由于新孢子虫和弓形虫在形态学上是十分相似的，因此应予以区别。在临床症状上，新孢子虫病的主要症状是孕牛流产和犊牛神经症状；而弓形虫病的主要症状是高热、出血性胃肠炎、气喘，流产较少。在组织变化上，光学显微镜下的新孢子虫的组织包囊在神经组织中可见，包囊壁厚约4微米；弓形虫的组织包囊可在许多组织器官中检出，包囊厚度不超过1微米。

【预防与控制】本病可以通过胎盘传染，因此，牛场应该加强监测，凡检出的阳性牛应隔离饲养或淘汰。此外，加强防疫，牛场不准养犬，严禁外部犬、羊进入牛场，同时禁止用流产胎儿饲喂犬。

【西兽药治疗】本病尚无有效的治疗方法。据报道，美国生产的灭活苗具有使用安全、注射部位反应小、能降低流产率等优点，但还不能阻断胎儿或胎盘感染。临床上可选用磺胺类药物、大环内酯类（如红霉素、泰乐菌素）、四环素类（如四环素、金霉素），以及莫能菌素、盐霉素、马杜霉素等进行治疗。

三、隐孢子虫病

隐孢子虫病是由隐孢子虫寄生于新生犊牛肠道所致的以腹泻、

脱水为特征的一种世界性的人兽共患病。

【病原】我国感染牛的隐孢子虫主要是小球隐孢子虫和小鼠隐孢子虫。小鼠隐孢子虫为奶牛感染的优势虫种，小球隐孢子虫为黄牛感染的优势虫种，两者很少混合感染；国外也有牛隐孢子虫、猪隐孢子虫、犬隐孢子虫、猫隐孢子虫、人隐孢子虫、隐孢子虫鹿基因型等感染牛的报道。

小球隐孢子虫寄生于肠；卵囊指数为1.06，呈圆形或近似圆形，壁薄、光滑、无色，无卵膜孔和极体；小球孢子虫可分为人基因型和人兽共患的牛基因型，通常所说的小球隐孢子虫指小球隐孢子虫牛基因型，它是感染哺乳动物和人类的优势虫种，但是极少从自然感染的鼠体内分离到。小鼠隐孢子虫的卵囊呈卵圆形，壁薄、光滑、无色，厚度为0.5微米，无卵膜和极体；卵囊平均大小为7.4微米×5.6微米，孢子化卵囊中含4个裸露的子孢子和颗粒状残体；子孢子平均大小为11.1微米×1.0微米，细胞核偏后端。

【流行病学】牛隐孢子虫流行非常广泛，不受季节和地域的限制。通常认为隐孢子虫多发于温暖、潮湿的季节，但这一观点还未被证实。隐孢子虫可以感染所有脊椎动物（包括人、牛、猪、犬等在内的240种脊椎动物），犊牛以5～15日龄易感。本病的传播主要以粪—口途径为主，病牛或带虫牛的粪便中含有大量的虫卵，粪便污染饲草料、饮水、环境而经口进入健康牛体内而发生感染；另外，其他一些带虫动物也是牛遭受感染的隐患之一。

【临床症状】感染隐孢子虫的犊牛主要表现为精神沉郁、厌食、腹泻，粪便呈黄油乳油状，灰白色或黄褐色，有大量纤维素、血液和黏液，后呈透明水样粪便；体弱无力，被毛粗乱，生长发育停滞、极度消瘦，常呈暴发式流行，死亡率可达16%～40%。小鼠隐孢子虫可发生在任何日龄的犊牛，引起的是中度的腹泻；而小球隐孢子虫则常见于21日龄以内的新生犊牛，引起的腹泻严重。

【病理变化】隐孢子虫主要感染牛的回肠和大肠。肠黏膜固有层中的淋巴细胞、浆细胞、嗜酸粒细胞和巨噬细胞增多，肠黏膜的酶活性较正常黏膜的低，呈现典型的肠炎病变，在这些病变部位发现大量的隐孢子虫发育阶段的各期虫体。

【诊断】由于隐孢子虫感染经过多呈隐性经过，感染者可以只向外界排出卵囊而不表现任何临床症状，被感染牛可表现腹泻和脱水，但是引起牛腹泻的病因较多，故本病诊断较困难。一种常用的方法是在粪便和黏膜刮取物中寻找虫体；粪检时可利用蔗糖溶液漂浮法进行集虫检查卵囊；肠刮取物或粪便作图片时，可用姬氏液染色，染片中胞浆呈蓝色，内含2～5个致密的红色颗粒。现在实验室检测主要依靠PCR和免疫组化等方法，这些方法特异性强、敏感度高。

【预防与控制】本病无治疗药物，一旦发病，很难控制，因此预防是关键。一方面要加强环境卫生，对粪便及时清除，牛舍、运动场地等勤打扫，常消毒；另一方面是提高牛的免疫力，改善饲养管理条件，增强机体免疫力。此外，还得做好防寒保暖工作，使牛免受感冒和寒冷困扰，犊牛抵抗力低，应分圈饲喂，注意保暖和营养。

【西兽药治疗】目前已对100多种药物进行治疗试验，但没有一种有确切的治疗作用，因此对于本病的治疗原则是补充电解质和葡萄糖溶液，防止脱水。常用5%葡萄糖生理盐水1000～1500毫升、25%葡萄糖注射液250～300毫升、5%碳酸氢钠溶液250～300毫升，一次静脉注射，每天2～3次；同时口服补液盐水。也有文献报道，高免牛的初乳和一些灭活苗对感染犊牛进行治疗可以使症状有所缓解，并且粪便中卵囊数量减少，但是该疗法的有效性尚待验证。

四、毛滴虫病

毛滴虫病是由三毛滴虫属的胎儿三毛滴虫寄生于牛生殖道引起的疾病，该病呈世界分布，引起牛，尤其是奶牛生殖器官炎症、死胎、流产和不育。

【病因】引起牛滴虫病的病原是鞭毛虫纲毛滴虫科三毛滴虫属的胎儿三毛滴虫。虫体纺锤形、梨形，混杂于上皮细胞与白细胞之间。在悬液标本中，显微镜下可见其运动活泼；姬氏染色标本中，虫体长9～25微米、宽3～10微米，细胞前半部有核，核前有动基体，由动基体伸出4根鞭毛，其中3根向前游离，1根向后以波动膜与虫体相连，至虫体后部再成为游离鞭毛；虫体中部有一轴柱，起于虫体前端，穿过虫体中线向后延伸，其末端突出于体后端。胎儿三毛滴虫对温度和消毒药抵抗力很小，在50～55℃时2～3分钟即死，但在0℃环境中能生存2～18天。0.5%硫酸铜中1分钟即死，在15%氯化钠溶液中20～30秒即死。

【流行病学】胎儿三毛滴虫主要寄生在母牛的阴道、子宫内和公牛的包皮鞘内。母牛怀孕后寄生于胎儿的第4胃内以及胎盘和胎液中。感染公牛和母牛是主要传染源，通过交配传播；在人工授精时则因精液中带虫或者人工授精器械的污染而造成感染。另外，流产胎儿、病牛阴道排泄物被健康牛直接接触也可造成感染。

【临床症状】公牛感染后发生黏液性包皮炎，在包皮黏膜上出现粟粒大小的结节，排黏液，有痛感，不愿交配；随着病情的发展，由急性炎症转为慢性，症状消失，但仍带虫。母牛与公牛配种后的1～3天，首先出现阴道卡他症状，阴道红肿，黏膜上可见粟粒大或更大的小结节，排出黏液性或黏液脓性分泌物，全身无变化，仅见尿频；多数牛在怀孕后1～3个月发生流产；少数病例不流产，母牛似已受孕，但胎儿已死于子宫。

【诊断】根据流行病学调查、临床流产、反复发情且无规律、屡配不孕，配种后阴道内有分泌物排出等可怀疑为本病；但是造成临床流产的病因较多，且症状较难区分，确诊应进行实验室诊断。公牛取包皮刮取物或抽取液体，母牛取子宫吸出液，流产胎儿取皱胃内容物，对所取的样品离心处理后，取沉淀物进行显微镜检查。也可以进行毛滴虫的培养来确诊，取病料接种于葡萄糖与血清肉汤培养基上，37℃培养，2～3天观察1次，连续观察10天。现在也有毛滴虫的PCR诊断方法，其敏感度和阳性率高，是目前常用的方法之一。

【预防与控制】有效及时地将感染牛鉴别出来，并进行隔离；

对必须保留的阳性种公牛及时进行治疗，但不能再交配，应该采精进行人工授精；对生殖道病变严重的母牛及时淘汰。牛场应尽可能采取人工授精，采精时应注意对公牛包皮、阴茎的清洗和消毒，在人工授精时应注意工作人员手臂、器械等的消毒。在引进种公牛时应进行严格的检疫，严防将本病带入。

【西兽药治疗】对病牛首先进行隔离、治疗。治疗可分为全身疗法和局部疗法。

（1）全身疗法　四环素每天5～10毫克/千克体重，用5%葡萄糖注射液或生理盐水配成1%溶液，静脉注射，连续2～3天。或者用苄星青霉素8000～10000国际单位/千克体重，一次肌内注射，连续2～3次。经抗生素治疗2～3天后，用甲硝异丙咪15～30克，深部肌内注射，每隔24小时注射1次，共注射3次。

（2）局部疗法　对公牛用0.1%雷夫奴尔溶液、0.1%高锰酸钾溶液注射包皮腔，或用复方碘溶液（碘1克、碘化钾2克、蒸馏水250毫升、甘油250克混匀）冲洗包皮腔。对母牛用土霉素3克或金霉素2克，溶于灭菌蒸馏水250毫升中，混匀，一次灌入子宫，隔天1次，连灌3～5次。

【中兽药治疗】方剂：苦参30克，生百部30克，蛇床子25克，地肤子25克，白鲜皮30克，石榴皮、川黄柏、紫槿皮、枯矾各20克，水煎，过滤，候温，灌注于阴道，每天1剂，连用3剂。

五、皮蝇蛆病

皮蝇蛆病是由双翅目、皮蝇科、皮蝇属的昆虫幼虫寄生于牛的皮下组织所引起的一种国际性的人兽共患寄生虫病。

【病原】引起牛皮蝇蛆病的皮蝇属的昆虫有2种：牛皮蝇和蚊皮蝇。两者形态相似，外形似蜜蜂，体表有绒毛，触角分3节，口器已退化而不能采食。

① 牛皮蝇成蝇体长约15毫米。头部被有浅黄色绒毛，胸部的前、后部绒毛淡黄色，中间部分为黑色；腹部绒毛前端为白色，

中间为黑色，末端为橙黄色。卵的大小为（0.78～0.8）毫米×（0.22～0.29）毫米，长圆形，一端有柄，以柄附着在牛毛上，每根毛上只黏附一枚虫卵。第一期幼虫淡黄色，半透明，长约0.5毫米、宽0.2毫米，体分20节，各节密生小刺，后端有2个黑色圆点状后气孔。第二期幼虫长3～13毫米。第三期幼虫虫体粗壮，色泽随虫体成熟由淡黄色、黄褐色变为棕褐色，长达28毫米，体分11节，无口前钩，体表具有很多结节和小刺，最后两节腹面无刺，有2个后气孔，气门板呈漏斗状。

② 蚊皮蝇成蝇长13毫米，体表被毛稍短。胸部呈灰白色或淡黄色，并具有4条黑色纵纹；腹部绒毛前端灰白色，中间黑色，末端橙黄色。一个牛毛上可见一列卵附着。第一期和第二期幼虫近似牛皮蝇，第三期幼虫长可达26毫米，最后一节腹面无刺。

【流行病学】本病在我国西北、东北、内蒙古牧区广为分布，其他地区由流行疫区引进的牛也有发生。牛皮蝇和蚊皮蝇属完全变态发育，成蝇属野居，营自由生活，不采食，也不叮咬动物，只是飞翔、交配、产卵。一般多在夏季出现，在晴朗无风的白天，侵袭牛只。成蝇仅生活5～6天，产完卵后即死。牛皮蝇在牛的四肢上部、腹部、乳房和体侧等部位产卵，每根毛上黏着虫卵1枚；蚊皮蝇则在牛的后肢和前胸及前腿的毛上产卵，每根毛上黏着数枚卵。卵经4～7天孵出第一期幼虫，幼虫由毛囊钻入皮下，牛皮蝇第二期幼虫沿外周神经的外膜组织移行2个月后到椎管硬膜外脂肪组织中，在此停留5个月，而后从椎间孔爬出，到腰背部皮下成为第三期幼虫，第三期幼虫在形成的瘤状突起中逐渐长大成熟，离开牛体进入泥土中化蛹，蛹期1～2个月，羽化为成虫。整个发育期为1年。皮蝇成虫的出现季节随气候条件不同而略有差异，一般牛皮蝇成虫出现在6～8月，蚊皮蝇则常出现于4～6月。

【临床症状】在皮蝇雌虫飞翔产卵季节，牛为躲避皮蝇，在牧草上或运动场内乱跑，不安，蹴踢、摇尾或吼叫。采食量日渐减少，身体消瘦，产奶量下降，甚至引起外伤和流产。虫体钻入皮肤时，牛只不安、局部疼痛及瘙痒，病变部位发生血肿、皮下蜂窝织炎，皮肤隆起，粗糙不平。用手触压肿胀边缘可挤出虫体，并有褐色胶冻样物、脓液流出。

【诊断】可参考当地流行情况和病畜来源；若牛出现兴奋、不安等临床症状时应该怀疑此病，在牛背皮肤上可见隆起，用手挤压挤出幼虫即可确诊。在诊断时还应该注意与背部损伤和细菌性感染区别；背部损伤的肿胀无通气孔，肿胀内无幼虫且具波动性，用针穿刺可抽出血液或脓汁。

【预防与控制】在流行较轻的地区，在牛背上发现瘤状隆起时，可用手挤压皮孔周围，将幼虫挤出并消灭。在流行严重的地区，可在每年的温暖季节（一般在 4 ～ 11 月）进行药物预防，可用溴氰菊酯定期全场喷雾，对所有牛用 2% 敌百虫溶液喷洒全身。

【西兽药治疗】治疗应加强灭蝇工作，破坏皮蝇繁殖的环境并减少其对牛的刺激。应采取综合治疗措施。

① 消灭牛背部皮下的幼虫　一般在 4 月初至 5 月底进行，每隔 30 天处理 1 次；可用 1% ～ 2% 敌百虫溶液涂擦，1.5% 鱼藤酮溶液或 0.5% ～ 0.7% 蝇毒磷溶液喷洒牛背部。另外，蔡进忠（2012 年）报道，青海牦牛用常规剂量的伊维菌素浇泼剂对牛背部浇泼给药，效果安全高效。

② 消灭尚未进入牛背部皮下的幼虫　成虫将卵产在牛毛上，在幼虫未进入皮下时，用 10% ～ 15% 敌百虫溶液，0.1 ～ 0.2 毫升/千克体重，于 10 月中旬和翌年 1 月下旬，对牛进行两次臀部肌内注射；或用倍硫磷，7 毫克/千克体重，肌内注射，注射应在 11 月和 12 月进行，或每头牛用 1% 溶液 170 毫升喷洒。

六、疥癣病

牛疥癣病是由疥癣虫（螨虫）引起的以湿疹性皮炎、脱毛及剧痒为特征的慢性外寄生虫皮肤病的总称。

【病原】主要病原包括穿孔疥癣虫（疥螨）、吮吸寄生虫（痒螨）和食皮疥癣虫（足螨）三种。疥癣病的发生与品种和个体抗病性能有关。此外，细菌、病毒感染及精料过多使皮肤失养也可引发本病。牛疥癣病是根据寄生螨的类型分类的，每一种疥癣在其早期各具有不同的特征，这是由于不同疥癣虫有其不同的生物学特征所致。

① 穿孔疥癣虫（疥螨）虫体呈龟形，背面隆起，腹面扁平，浅黄色；雌螨（0.25～0.51）毫米×（0.24～0.39）毫米，雄螨（0.19～0.25）毫米×（0.14～0.29）毫米；体背部有细横纹、锥突、圆锥形鳞片和刚毛，腹面有4对粗短的足；雄螨生殖孔在第4对足之间，围在一个角质化的倒"V"字形的构造中；雌螨腹面有两个生殖孔，一个为横裂，位于后两对肢前方中央，另一个为纵裂，在体末端，为阴道，但产卵孔只在成虫时期发育完成；肛门位于体后缘正中，半背半腹。

② 吮吸疥癣虫（痒螨）的虫体呈长圆形，体长为0.5～0.9毫米，寄生在牛的头、颈、肩部和背部。

③ 食皮疥癣虫（足螨）呈椭圆形，体长0.3～0.5毫米，足长，前两对足较粗大，雄螨4对足及雌螨第1、第2、第4对足末端有酒杯状的吸盘，吸盘柄很短；雌虫第3对足仅有两根长刚毛，雄螨第4对足不发达；雄螨体后端有2个尾突，每个尾突上长有4根刚毛，尾突前方腹面有2个棕色环状吸盘。

图8-1　面部疥癣

【流行病学】本病在55个国家流行，我国西北地区广泛流行，据调查，平均感染率高达80%（2004年），牛、羊、鹿、马均可感染，有些还可感染人。1～2岁的牛感染率高达90%，本病主要发生于秋末、冬季和初春，病牛是主要的传染源。病原的传播有一定差异。穿孔疥癣虫的口器为咀嚼式，在牛的表皮挖凿隧道，以角质层组织和渗出的淋巴液为食，在隧道内产卵，每两三天产卵1次，一生可产卵40～50个；卵经3～8天孵出幼螨，幼螨很活跃，爬到皮肤表面再钻入皮内蜕皮变为若螨；若螨有大小两种，大型的发育成雌螨，其寿命为4～5周，小型的发育成雄螨，交配不久后死亡。吮吸疥癣虫的口器为刺吸式，寄生于表皮，吸取渗出液为食，雌虫在皮肤上产卵，约3天孵化成幼螨。幼螨发育成第一若螨，一部分第一若螨蜕皮变为雄螨或者第二若螨，第二若螨蜕皮变为雌螨，雌雄螨交配，雌螨在寄生部位1～2天后开始产卵，一生可产卵约40个，寿命约42天。食皮疥癣虫寄生于皮肤表面，采食脱落的上皮细胞，其生活史近似吮吸疥癣虫。

【临床症状】疥癣感染初期，局部皮肤上出现小结节，继而出现小水疱，患部发痒，牛摩擦和啃咬患部，造成患部周围脱毛（图8-1），皮肤损伤、破裂、流出液体，形成痂皮；痂皮脱落后遗留下无毛的皮肤。皮肤变厚，出现皱褶、龟裂，病变向四周延伸。由于瘙痒，病牛食量减少，体重减低，产奶量减少，犊牛生长受阻。

【临床诊断】根据临床症状表现明显及皮肤损伤的牛可怀疑为此病，若挤压出幼螨便可确诊。对于症状不明显的需进行实验室诊断。在可疑牛的病健交界处刮取皮屑，应用沉淀法或漂浮法进行虫体检查。首先，将刮取物放入5%～10%氢氧化钠或氢氧化钾溶液中浸泡2小时，或煮沸数分钟，离心5分钟，取沉淀物制成压片，低倍镜下检查，此为沉淀法；若按上述方法病料处理后，将离心所得的上清液丢弃，加入60%亚硫酸钠溶液适量，静置10分钟，螨可漂浮于液面，取表面液体置于载玻片上镜检虫体。

【预防与控制】牛舍要宽敞，干燥，透光，通风良好，牛的密度适中。牛舍经常打扫，定期消毒。新引入的牛应事先检查是否有无螨病，引入后定期检查，隔离一段时间后再并入牛群。经常注意牛群是否有发痒、掉毛现象，及时检出可疑牛，隔离饲养，迅速查明原因，若患此病，及时隔离治疗或者淘汰。

【西兽药治疗】

① 12.5%双甲脒乳油1升，加水500～700升，喷雾或涂擦1次。

② 溴氰菊酯配成0.005%～0.008%水溶液，喷淋和涂擦，1周后再治疗1次。

③ 蝇毒灵乳剂配成0.05%水溶液，喷淋或擦洗1次，1周后再注射1次。

【中兽药治疗】雷公藤（黄藤根）100克，硫黄20克，樟脑5～10克、百草霜250克，血余炭适量，茶油500毫升，桐油500毫升。先将硫黄、雷公藤（黄藤根）分别研磨备用，将血余炭放入茶油与桐油内混合煎熬，待血余炭刚溶完立即倒入容器中，趁热加入樟脑、百草霜、雷公藤（黄藤根）拌匀，待凉至35～40℃时，再加入硫黄拌匀，趁热给黄牛涂擦。涂擦时，剪毛，涂擦后给牛戴上嘴笼，以防其舔药而中毒。此法在寒冷季节不适用，对孕牛不适用。

七、牛蝇蛆病

牛蝇蛆病是成年蝇寄生在牛的伤口、黏膜等部位产卵，并且孵化成蛆，其吸吮组织且分泌一些物质，使其寄生部位经久不愈甚至加重的一种病症。

【病原】引起此病的有丽蝇科的丽蝇属、绿蝇属和麻蝇科的污蝇属。丽蝇是一种体色青黑，有金属光泽的大型蝇，体上毛刺较多，其中红头丽蝇最为常见，头部两颊红棕色，舐吸式口器，胸背前缘中央为两细窄的黑色条纹；第三期幼虫前细后粗，位于第一胸节两侧的前气门具有8～10个气孔，体后端平齐，凹窝内有两个后气孔。绿蝇体表呈绿色或铜绿色并有金属光泽，中型大小，体长5～10毫米，头部两颊为银色或者金色，舐吸式口器，体表毛刺较少；常见的种有丝光绿蝇、凯撒绿蝇；第三期幼虫体型较小，似丽蝇蛆，前气门有10～12个气孔。污蝇的成蝇为灰白色，具有黑色斑纹，无金属光泽的大型蝇，体长10～18毫米，胸腔背部有3条黑色纵带，腹部背面浅灰色；常见的为黑须污蝇，第三期幼虫长10～17毫米，前端尖细，到第8节处最宽，每节上有向后的小刺，前气门有5～6个孔突，后气门环不整齐。

【生活史】以上各属的蝇类均是完全变态，其发育过程包括卵、幼虫、蛹、成虫4个阶段，丽蝇和绿蝇产卵，但是污蝇卵在体内发育成幼虫后产出；丽蝇和绿蝇一般在腐败的物质中及人畜的粪便中产卵；污蝇则只在流血的创口及牛的耳、鼻、尿道、阴道产幼虫。这些蝇的幼虫在动物体表创口寄生，经过2次蜕皮，变为第三期幼虫，第二期或第三期幼虫有时能钻入伤口深处，甚至侵入正常组织内发育，待成熟后落地化蛹。丽蝇和绿蝇幼虫在体表寄生的时间为4～9天，污蝇为4～5天，丽蝇和绿蝇的蛹期为10～17天，污蝇为5～7天，成蝇寿命在1～2个月，一个夏季可繁殖7～8个世代，成蝇飞行能力强。

【临床症状】牛伤口经常排出血水或腐臭的分泌物，边缘水肿、溃烂，组织坏死或肉芽增生，创腔内可看到蠕动的蝇蛆；患部发痒疼痛，经常舐舔揩擦；极易细菌感染继发炎症，若细菌寄生会引起牛的一系列症状，如体温升高、食欲减退、反刍减少等；蝇蛆长时间寄生在牛的眼睛内可致牛失明，寄生在鼻孔内会致鼻腔肿胀，达到一定程度会使牛出现呼吸困难，甚至死亡。

【诊断】此病根据临床症状和蝇蛆寄生部位的眼观变化，很容易作出诊断。

【预防与控制】及时清理牛舍周围垃圾和腐败物，搞好牛舍环境卫生，定期消毒；加强对牛的管理，避免外伤，加强对阉割牛或去角牛的护理；做好灭蚊、灭蝇工作，定期对牛场用除蝇剂喷洒。

【西兽药治疗】蝇蛆寄生的部位及时进行患部的清洗和处理。具体措施如下。

① 患部清洗。剪去伤口周围的毛，除去伤口处蝇蛆及坏死组织，用松节油（松节油：水=1：32）溶液、3%来苏儿溶液、3%

石炭酸溶液或0.25%蝇毒磷冲洗。

　　② 局部处理。清洗好患部后，可用3%蝇毒磷软膏、1%滴滴涕（DDT）粉或氯仿磺胺粉（氯仿∶磺胺粉=1∶1）涂布。

　　【中兽药治疗】葫芦茶100克、陈石灰25克，将两味药捣烂敷患处，再用葫芦茶500克、鳊鱼1条，水煎，去渣后灌服；生石灰50克、红烟丝100克，加水调成糊状，塞进患部。

八、牛弓形虫病

　　弓形虫病是由刚地弓形虫引起的人兽共患疾病，在临床上常呈隐性感染，显性感染的特征性症状是高热、呼吸困难、中枢神经功能障碍及流产。

　　【病原】目前，大多数学者认为引起牛弓形虫病的病原仅有弓形虫中的一个种，但有不同的虫株；其属于真球虫目、弓形虫科、弓形虫属。弓形虫严格细胞内寄生，可以在所有有核细胞内；在整个生活史中有几种不同的形态。

　　（1）滋养体　又称速殖子，呈弓形、月牙形或香蕉形，一端偏尖，一端偏钝圆，平均大小为（4～7）微米×（2～4）微米；经姬姆萨染色或瑞氏染色后，胞浆呈淡蓝色，有颗粒；核呈蓝色，位于钝圆的一端；滋养体主要出现在急性病例的腹水中，常见游离的单个虫体；在有核细胞内可见到正在进行内双芽增殖的虫体，有时在宿主细胞的胞浆内，许多滋养体聚集在一个包囊内形成一个"假囊"。

　　（2）包囊　见于慢性病例的脑、骨骼肌、心肌、视网膜等处；包囊呈卵圆形，有较厚的囊膜，囊中的虫体称为慢殖子，数目可达10个至数千个；包囊的直径为50～60微米，可在患牛体内长期存在，并随虫体的繁殖而逐渐增大，可大至100微米；包囊在某些情况下可破裂，虫体从包囊内溢出后进入新的细胞内繁殖，再度形成新的包囊。

　　（3）卵囊　卵囊呈圆形或卵圆形，淡灰色，大小为10.7微米×12.2微米，有一层光滑的薄囊壁；囊内充满小颗粒，在外界适宜环境中，卵内发育成2个孢子囊，每个孢子囊内又有4个长形微弯的孢子体，发育成孢子体的卵囊才具有传染性，抵抗力极强。

（4）裂殖体　成熟的裂殖体呈圆形，直径为12～15微米，内有4～20个裂殖子；仅见于猫的小肠上皮细胞内。

（5）配子体　游离的裂殖子在此进入新的细胞进行裂殖生殖，经过数代增殖后的裂殖子变为配子体。配子体有大小两种，大配子体的核致密，含有着色明显的颗粒；小配子体色淡，核疏松，后期分裂形成许多小配子体，每个小配子体有一对鞭毛；大小配子体结合形成卵囊。配子体位于猫的小肠绒毛上皮细胞内。

弓形虫可以在多种动物的细胞中培养，如猪肾、牛肾、猴肾等原代细胞以及其他种传代细胞，均能发育良好；在接种后30分钟，虫体即可钻入细胞。弓形虫不同发育阶段的虫体对外界抵抗力的表现也有所不同。卵囊对酸、碱、普通消毒剂、胰酶及胃酶等有相当高的抵抗力，对干燥及热抵抗力较弱，50℃经30分钟可使卵囊失去感染力，28%的氨水可以杀死粪便中的卵囊。滋养体对热、干燥、日光、化学药物极敏感，低温有利于保存，4℃可以保存51天，−196℃中能保存419天；1%来苏儿、1%盐酸作用1分钟可杀死虫体。包囊对热敏感，50℃经30分钟、56℃经10～15分钟可使其丧失活力；低温有利于保存，冰冻状态下的猪肉内的包囊可保存35天；乙酸、过氧乙酸可作为包囊的有效消毒剂。

【流行病学】弓形虫病是一种动物源性的人兽共患病，世界五大洲均有分布。隐性感染或亚临床型的人、畜、禽、鼠及其他动物都是本病的传染源。本病在温暖、潮湿的夏、秋季多发；犊牛比成年牛易感，随着年龄的增长感染率有所下降。猫排出的卵囊在外界环境中可长时间存活，是最主要的传染源之一，大量中间宿主或隐性感染动物体的脑、肌肉内有包囊，急性病例体内及乳汁、唾液、精液中含有滋养体，当犊牛吃奶或母牛交配等可引起传播。传播途径可分为先天感染和后天感染。先天感染即通过胎盘、子宫、产道等而感染；后天感染主要是污染的饲草料、饮水、屠宰残渣被健康牛吃食后，通过消化道感染，也可经过呼吸道、外伤、交配等感染。

【临床症状】弓形虫的急性症状为突然食欲废绝，休温升高，呼吸急促，眼内出现浆液性或脓性分泌物，流清鼻涕；精神沉郁，发病数日后出现神经症状，后肢麻痹，病程2～8天，常发生死亡。慢性病例的病程较长，患牛表现厌食，逐渐消瘦，贫血，随着病程的发展，病牛可出现后肢麻痹，昏睡，有的耳朵脱落，最后死亡。

【病理变化】急性病例出现全身性病变，淋巴结、肝、肺和心脏等器官肿大，并有许多出血点和坏死灶；肠道出血，黏膜上可见扁豆大小的坏死灶；肠腔和腹腔内有大量渗出液，网状内皮细胞和血管结缔组织细胞坏死。慢性病例可见内脏器官水肿，并有散在的坏死灶，网状内皮细胞增生，淋巴结、肾、肝和中枢神经更明显，但不见虫体。隐性感染的病理变化主要是在其中枢神经系统内可见包囊，有时有神经胶质增生性和肉芽肿性脑炎。

【诊断】弓形虫的临床表现、病理变化和流行病学虽然有一定的特点，但仍不能作为确诊的依据，必须在实验室检测出病原或特异性抗体等方可定论。实验室诊断有以下几种方法。

（1）病原学诊断　生前取腹股沟淋巴结，急性死亡病例可取肺、肝、淋巴结直接抹片、染色、镜检；也可将病料1∶10生理盐水悬液0.5～1.0毫升接种于小白鼠腹腔，接种后1～2周小白鼠出现蜷缩、闭目、腹部膨胀、呼吸困难甚至死亡；腹水抹片可见滋养体；对小白鼠不敏感的虫株可采取大剂量接种来获得虫体。

（2）血清学诊断　间接血凝试验由于快速、简易、敏感等优点已广泛应用于弓形虫的检测；取肺、淋巴结等组织作切片，应用免疫荧光技术检测弓形虫，在视野内有大量特异性荧光的虫体，其胞浆为黄绿色荧光，胞核暗而不发光，虫体呈月牙形，可确诊。

（3）分子生物学诊断　PCR已成熟应用于弓形虫的诊断，一些商业化的试剂盒已经得到广泛使用，其优点在于阳性率高、特异性强、敏感。

【预防与控制】已知弓形虫病是由于摄入猫粪便中的卵囊而遭受感染，因此，在牛场禁止养猫并防止流浪猫等进入牛舍，严防草料和饮水被猫等中间宿主的粪便污染。已发生过弓形虫病的牛场应定期进行血清学检测，及时检出隐性感染牛，并隔离饲养，用磺胺类药连续治疗直至康复。定期接种疫苗。

【西兽药治疗】一旦发现有该病，首先将病牛隔离，对全群牛进行血清学检测，了解血清抗体水平，防止垂直感染；治疗应及时。

（1）药物疗法　磺胺类药物对本病在临床上有很好的疗效，故临床治疗普遍采用。磺胺-5-甲氧嘧啶按每天30～50毫克/千克体重，静脉注射，连续3～5天；氯苯胍每天2次，按10～15毫克/千克体重，一次静脉注射，如配合甲氧苄氨嘧啶或磺胺增效剂10～15毫克/千克体重，一次注射，效果更佳；也可用呋喃唑酮，按10毫克/千克体重，一次内服，连用7天。

（2）免疫疗法　是最近新出现的一种治疗方法，主要采用加强免疫功能的措施，如给予重组IFN-γ、IL-α或LAK细胞等生物制剂，但其价格昂贵，现主要用于人和宠物弓形虫病的治疗。

九、牛肝片形吸虫病

肝片形吸虫病是由片形属的肝片吸虫寄生于肝脏、胆管中所引起的临床以急性和慢性肝炎、胆管炎、全身性中毒和营养障碍为特征的寄生虫病。

【病原】片形科的片形属有6个种，寄生在人和家畜的主要是肝片形吸虫和大片吸虫，引起牛肝片形吸虫病的主要病原是肝片形吸虫。肝片形吸虫背腹扁平，外观呈树叶状，活的虫体为棕红色，固定后变为白色；大小为（21～41）毫米×（9～14）毫米，体表被有小的皮棘，棘尖锐利。前端有呈三角形的锥状突，其基部后方向两侧扩展形成"肩"，中部最宽，向后逐渐缩窄。锥状突前端有口吸盘，口吸盘上有口孔，通过咽及食道连接肠管，肠管分两条肠干，肠干向外侧形成很多盲管。腹吸盘位于腹面中线上的肩部水平；在口吸盘与腹吸盘之间有生殖孔，虫体后部有排泄孔。生殖器官较发达，为雌雄同体，雄性生殖器官包括两个睾丸，雌性的卵巢呈鹿角状分枝。

【流行病学】肝片形吸虫呈世界性分布，遍及我国的三十多个省、市和自治区，但多呈地区性流行。其宿主范围广，主要感染黄牛、水牛、牦牛、绵羊、山羊、鹿、骆驼等反刍动物，猪、马、驴、兔及一些野生动物也可感染，但较少见，感染人的也有报道。患病动物和带虫者向外排出大量虫卵，污染环境，为本病的感染源。温度、水、淡水螺是其流行的重要因素。本病常在多雨年份，特别是久旱逢雨的温暖季节可促使暴发和流行。

【临床症状】牛多呈慢性经过，犊牛症状明显，成年牛一般不明显。如果感染严重，营养状况欠佳，也可能引起死亡。病牛逐渐消瘦，被毛粗乱，易脱落，食欲减退，反刍异常，继而出现周期性瘤胃膨胀或前胃弛缓、下痢、贫血、水肿，母牛不孕或流产；奶牛产奶量减少、质量下降，若不及时治疗，终因恶病质而亡。

【病理变化】病变部位主要在肝脏和肺脏。急性肝炎时，肝肿大、出血，切面有黏稠污黄色液体流出，其中夹杂未成熟的虫体；胆管浆膜溢血，外附纤维素薄膜。慢性肝炎时，病变部位萎缩，表面不光滑，质硬，呈灰白色，胆管扩大，充满灰褐色胆汁和虫体，钙盐沉着而变硬呈管状病形成结石，刀切时有"嚓嚓声"；挤压胆管切面时，出现脓液、血液。肺部呈核桃大、鸡卵大的局限性硬固结节；结节由钙化的结缔组织包围，结节内有暗褐色黏稠污物和半分解的虫体。

【临床诊断】本病多发于夏、秋季节，沼泽地带和以水生植物为饲料的地区多发，呈地区性流行，其特征是腹泻、贫血、消瘦，对病死牛进行剖检可见肝包膜上出血、有暗红色虫道，虫道内有虫体，胆管增厚、变粗，胆管壁表面有磷酸钙盐和磷酸镁盐沉积，刀切有"嚓嚓声"。根据这些症状和剖检及流行病学等可以进行临床诊断。为了使诊断结果可信，需进行实验室诊断。粪便检查可用反复水洗沉淀法，取粪便5克，加水100毫升，混匀后用40～60目铜筛过滤，收集滤液静置20～40分钟，倾去上清液，再加水与沉淀物混合，再沉淀，如此反复操作，连续洗涤，直到上清液透明为止，取沉淀物镜检。急性病例时，在粪便中找不到虫卵，此时可用皮内变态反应、间接血凝试验或酶联免疫吸附试验进行诊断；由于急性病例谷氨酸脱氢酶（GDH）升高，慢性病例中γ-谷氨酰转肽酶（γ-GT）升高，可借助血浆酶含量诊断。

【预防与控制】定期驱虫的时间和次数可根据流行区的具体情况而定。在我国北方地区，每年应驱虫2次，一次在秋季，另一次在春季。在南方地区一年应驱虫3次。同一牧地放牧的动物最好同时进行驱虫。消灭中间宿主，灭螺是预防肝片形吸虫的重要措施。草场进行改良，化学药物灭虫。加强饲养卫生管理，选择地势较高、干燥地方放牧，动物的饮水必须干净，从流行区运来的牧草经处理后再饲喂牛。

【西兽药治疗】

① 硝氯酚，3～4毫克/千克体重，一次性灌服，或0.1毫克/千克体重，一次性肌内注射。

② 丙硫咪唑，15～20毫克/千克体重，一次性灌服。

③ 三氯苯唑，10～12毫克/千克体重，一次性灌服。

【中兽药治疗】方剂：贯众500克、槟榔500克，赤茯苓200克，过滤，浓缩至1克/毫升，按1毫升/千克体重喂服，3周后再喂服1次。

第九章

犊牛疾病防治

一、犊牛腹泻

犊牛腹泻是指出生后至断乳期的犊牛因不适应外界不良环境因素的影响而发生的一种以消化不良、腹泻为主要症状的消化道疾病，临床特征以腹泻、腹痛、脱水、酸中毒、心力衰竭和快速死亡为主要特征。在某些养殖场，该病的发生率可高达30%～90%，病死率可达45%以上，严重影响犊牛的生长发育和后期生产性能，是危害养牛业最严重的传染病之一。

【病因】造成腹泻的原因有感染性腹泻和非感染性腹泻两大类。感染性腹泻有细菌性腹泻、病毒性腹泻和寄生虫性腹泻，引起腹泻的细菌包括大肠杆菌、沙门菌、产气荚膜梭菌、巴氏杆菌、弯曲杆菌及芽孢杆菌等多种细菌；引起腹泻的主要病毒包括轮状病毒、冠状病毒、黏膜病毒和类冠状病毒；引起腹泻的寄生虫主要有隐孢子虫和球虫。很多急性犊牛腹泻是由细菌和病毒混合感染引起的，而这些病原在健康犊牛肠道内是普遍存在的，是典型的条件致病菌/病毒。非感染性腹泻大多是由于犊牛的饲养管理及护理不当、日粮搭配不合理、免疫力低下、应激等因素造成的。

【临床症状】本病无季节性，但在初春、夏末以及初秋气候多变时节更易发生。不同原因造成的腹泻临床表现略有不同，但常见混有血丝气泡的稀软便、水样便、呕吐、严重脱水、体重减轻、体温升高、精神沉郁、腹胀、腹痛等症状。

【病理变化】犊牛腹泻死亡的主要表现为急性胃肠炎变化。皱胃黏膜充血水肿，混有胶冻状液体，胃内有大量的凝乳块；小肠黏膜充血、出血和水肿，肠内混有血液和气泡；肠系膜淋巴结肿大，切面多汁或充血；肝脏、肾脏苍白，有时有出血点；胆囊充满黏稠暗绿色胆汁，心内膜有出血点。病程稍长的病例有肺炎和关节炎病变。

【诊断】对于犊牛腹泻，可根据其既往病史、流行病学、临床症状、病理变化作出初步诊断。但由于该病发病原因复杂，细菌感染和病毒感染常伴随发生，容易造成误诊，错过最佳治疗期，造成不必要的损失。为减少犊牛腹泻对养牛业造成的经济损失，必须对犊牛腹泻的病因进行实验室检测确诊。

【预防与控制】因为犊牛腹泻发生的原因复杂，故需采取综合防治措施。未发病牛场：加强干奶期母牛的饲养管理，加强产房的处理卫生；加强新生犊牛的护理，及时喂初乳；新生犊牛要采用犊牛岛单圈饲养。

已发病牛场：最好通过实验室检测确定病原；犊牛圈舍改造，建立犊牛岛，加强犊牛护理；随时检查，及时发现，及早治疗。

犊牛在出生之后的0.5～1小时要吃到初乳，用初乳连续喂养3天以上，在1周之后对其进行补饲，帮助其瘤胃良好发育。要单独对犊牛进行饲养，保证犊牛舍的温暖以及干燥和清洁，定期对其进行消毒，每用一次饲具就要刷洗1次，确保其清洁，定期对其进行消毒。在对犊牛进行人工哺乳饲养时，一定要定质、定量、定时、定温和定人，在每次喂奶之后要将其嘴部擦干净。对于哺乳期的犊牛来说，一定要"一牛一栏"，实现单独饲养，在将其转出之后一定要及时对褥草进行更换，并彻底进行消毒。对于犊牛舍来说，要每周消毒1次；对于运动场来说，要每15天消毒1次。

【西兽药治疗】抗生素是目前治疗犊牛腹泻的主要方法，通常与补液法联用，不仅可以有效地控制细菌性腹泻，还能预防病毒和寄生虫引起的感染性腹泻带来的继发感染。补充电解质，缓解酸中毒，常用的电解质溶液有5%葡萄糖生理盐水、生理盐水、林格液等。脱水补液，用5%葡萄糖注射液500毫升、6%低分子右旋糖酐500毫升、25%葡萄糖注射液200毫升、地塞米松5毫克、维生素C 10毫克、10%安钠咖10毫升，混合后一次静脉注射，每天1次，连用3天。酸中毒者，可用5%碳酸氢钠200毫升，一次静脉注射，每天1次。

【中兽药治疗】乌梅汤：乌梅30克、细辛10克、干姜14克、黄连20克、当归10克、附子10克、蜀椒10克、桂枝10克、党参15克、黄柏10克，将上述药物研末，沸水冲调喂服，每天1剂。

二、犊牛大肠杆菌病

犊牛大肠杆菌病又叫犊牛白痢，是由致病性大肠杆菌引起的新生犊牛的急性传染病，其临床特征是发病急、病程短、腹泻、脱水、衰竭和败血症。由大肠杆菌引起的下痢多见于2～3周龄以内的犊牛和断乳期的犊牛，尤以2～3日龄最易感；奶牛犊牛因大肠杆菌病造成的死亡占其死亡比例的30%左右，而肉牛犊牛因该病造成的死亡比例更高一点。

【病原】大肠杆菌为两端钝圆的革兰阴性短粗杆菌，散在或成对，有鞭毛，能运动，无荚膜，不产芽孢。大肠杆菌是兼性厌氧菌，最适生长温度为37℃，最适生长pH值为7.2～7.4。本菌对外界不良因素的抵抗力不强，50℃经30分钟、60℃经15分钟即可死亡，120℃高压消毒立即死亡；在畜禽舍内，大肠杆菌在土壤、水、粪便和尘埃中可存活数周或数月之久；一般消毒药均能很快将其杀死，但尿液和粪便会降低其效果。致病性大肠杆菌能产生内毒素和肠毒素，内毒素能耐高温，100℃经30分钟才能被破坏。肠毒素分耐热和不耐热2种，不耐热的具有抗原性，60℃经10分钟即可被破坏；耐热的无抗原性，需60℃以上，较长时间才能被破坏。本菌对磺胺类等抗生素敏感，但极易产生耐药性，是由带有R因子的质粒转移而来。

【流行病学】犊牛大肠杆菌病一年四季都可发生，但以初春及夏末秋初多发，多集中在某地或某场，散发或呈地方性流行。犊牛大肠杆菌病多发生于2～3周龄以内的犊牛，但以出生后10日龄内（尤其是2～3日龄）发病最多。病初常见犊牛吃过第一次初乳后发病，随着疾病流行加剧，出生后尚未吃初乳的犊牛也见发生严重腹泻。病犊牛和带菌牛是主要的传染源，大肠杆菌随粪、尿排出，污染了地面、水源、草料及饲养管理用具，如果处置措施不当或消毒不严格，极易引起新的传染，造成流行。本病的流行不仅取决于致病性大肠杆菌的毒力与数量，而且也取决于犊牛全身状况及饲养管理条件的好坏，其中饲养管理条件起重要作用。本病主要通过消化道感染，接产时也可经产道或脐带感染。

【临床症状】根据发病时间、病程缓急，将其症状表现分为以下3种类型：败血型、肠毒素性腹泻和中毒型。

（1）败血型　呈急性败血性症状，潜伏期短，有些病例没有见到任何症状就死亡，常侵害7日龄以内的犊牛，体温升高，精神沉郁，虚弱，心动过速和脱水；可视黏膜高度充血或斑点样出血，不吃奶，卧地不起，呼吸微弱；有的病犊牛对外界刺激敏感。病程1～2天，病死率高达50%～80%。病程过长时可见腹泻、脐带肿大、关节炎、肺炎、胸膜炎或伴有神经症状。耐过的病犊牛，发育不良，恢复非常缓慢。

（2）肠毒素性腹泻　21日龄以内的犊牛均可发病，但以7日龄以内的犊牛多发。年发病率和死亡率可高达70%～100%。超急性型发病前无任何异常。病犊频繁排出水样稀粪，发病初期粪便呈淡黄色、稀汤状（图9-1～图9-3），后呈水样，颜色呈淡灰白色，内含未消化的乳块、血丝和气泡，腥臭。几小时即可见病犊严重脱水，虚弱，昏迷休克，可视黏膜发绀，全身发凉，皮肤弹性消失。心动过缓，心律不齐。

（2）中毒型　这种类型相对比较少见。是由于大肠杆菌在小肠内大量繁殖所产生的毒素造成的，急性死亡的见不到症状，但病程较长的会出现典型的中毒症状，如先出现兴奋不安，接着会出现沉郁、昏迷甚至死亡。

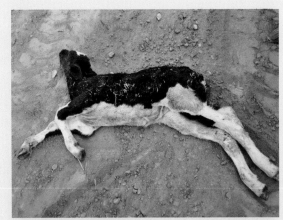

图9-1 犊牛拉黄色稀粪（一）

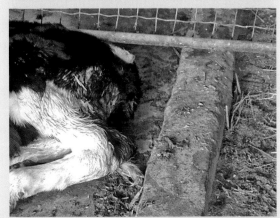

图9-2 犊牛拉黄色稀粪（二）

图9-3 犊牛拉黄色稀粪（三）

【病理变化】患大肠杆菌病死亡的犊牛，常无典型的特征性病理变化。外部变化可见尸体消瘦，眼窝凹陷，黏膜苍白。皱胃黏膜出血，上覆黏液，胃内集有黄白色的凝乳块；肠道内集有黄色黏稠的粪便，混有血液和气泡，腥臭，肠黏膜充血、出血，部分黏膜脱落，肠系膜淋巴结肿大，切面多汁；肝脏和肾脏色苍白，肾乳头有针尖大小的出血点和坏死灶，气管有出血性炎症；肠系膜淋巴结肿大，切面多汁，有些病例充血；胸腔、腹腔及心包多积液，心内膜出血；病程长的病犊牛还有肺炎、胸膜炎和关节炎的变化。

【诊断】

（1）临床诊断　根据流行特点、临床症状、病理变化、细菌分离等综合分析。临床诊断应掌握以下几点：本病以出生3天内的犊牛发病最多；吃过初乳或未吃过初乳的都发病，临床上以急性腹泻、脱水、衰竭和酸中毒为其特征，粪呈淡黄色水样，病程短，死亡快，剖检变化是卡他性或出血性胃肠炎。

（2）实验室诊断　采集患病犊牛的新鲜粪便或者病死犊牛的心、肝、脾等实质脏器进行细菌分离鉴定确诊。如果出现败血症可采集血液进行细菌分离鉴定。目前有市售的一些大肠杆菌快速检测卡，可进行现场测定。

【预防与控制】加强怀孕母牛特别是妊娠后期母牛的饲养管理，供给合理饲料（有丰富的蛋白质、维生素和矿物质），饲喂优质干草，适量运动；保证产房清洁、干燥、宽敞、光线充足，及时清除污物并及时消毒；规范犊牛接产的消毒工作，加强对犊牛喂奶器具和犊牛岛的清洁，减少细菌感染的机会；出生后的犊牛应及时饲喂初乳，使其尽早获得母源抗体；流行区可进行免疫接种。

【西兽药治疗】在控制病原的同时，加强对症治疗。引起犊牛死亡的主要原因是脱水、血中离子平衡失调和酸中毒。故该病的治疗原则是抗菌、补液、补碱、调节胃肠功能。治疗中应抓住"早"和"足"两个环节，会大大提高治愈率。早就是早发现，早补水；足就是补水量要充足。

（1）补液　5%葡萄糖生理盐水1000～2000毫升，25%葡萄糖注射液200～300毫升，5%碳酸氢钠溶液100～150毫升，维生素C 5～10毫克，10%安钠咖5毫升，一次静脉注射，每天注射2～3次。

（2）抑菌 可以选用以下几种药物中的任何一种。①吡哌酸 2.5～4克，一次内服，每天2～3次，连服2～4天。②喹乙醇 0.5～0.8克，一次内服，每天1～2次，连服3～5天。③鞣酸蛋白30克，混合一次喂服，每天2次，配合庆大霉素40万国际单位一次肌内注射。④止痢灵（促菌生）5克，一次内服，每天2次，共服3～4次。⑤按每千克体重内服呋喃唑酮7～10毫克（分2次服用），连用2～3天。

（3）保护胃黏膜 每头牛可口服7～10克次硝酸铋或鞣酸蛋白6～10克，每天1次，连用2天。

（4）注射特异性高免血清 可配合使用提高机体免疫力的中兽药黄芪多糖、环磷酰胺、干扰素等。

【中兽药治疗】

方剂1：白头翁100克、秦皮25克、炒黄芩25克、黄柏50克、甘草50克、木香10克、广陈皮5克，适量水煎汁，候温，分2～3次口服。湿热盛者加炒栀子15克、连翘15克、红藤25克或蒲公英50克、冬瓜子25克；口赤脱水者加玄参50克、生地黄25克；急剧水泻者加生地黄炭75克、地榆炭40克、山楂炭50克、炒乌梅15克、葛根15克；下脓血痢者加赤芍25克、生地榆50克。

方剂2：焦白术75克、白头翁50克、车前子25克、怀山药75克、炙甘草25克、广陈皮15克、白茯苓50克、杭白芍25克，适量水煎汁，候温，分2～3次口服。气虚者加党参50克；重泻者加炒乌梅15克、诃子肉15克；有寒者去白头翁，加肉桂5克、罂粟壳（米壳）5克、炮姜15克；不食或少食者去白头翁，加焦三仙15克、枳实5克；肠鸣者去白头翁，加广木香10克。

三、犊牛病毒性腹泻-黏膜病

犊牛病毒性腹泻-黏膜病又称黏膜病、病毒性腹泻，主要侵害幼龄牛，表现腹泻或黏膜病，成年牛多呈亚临床经过，对孕母牛可引起死胎、流产，产出弱犊牛、先天性畸形犊牛或持续性病毒感染犊牛。本病呈世界性流行，给各国养殖业造成了严重的经济损失。2012年，世界动物卫生组织将其列为必须通报的疾病之一。

【病原】病毒性腹泻-黏膜病病毒（BVDV）是一种单股正链RNA病毒，有囊膜，为黄病毒科瘟病毒属的成员之一。病毒性腹泻-黏膜病病毒分为BVDV-Ⅰ和BVDV-Ⅱ两个基因型；根据能否产生细胞病变，病毒性腹泻-黏膜病病毒分为致细胞病变型（CP）和非致细胞病变型（NCP）；其中CP型病毒性腹泻-黏膜病病毒可引起细胞凋亡，而NCP型病毒性腹泻-黏膜病病毒不会，但是它可以通过体液（包括鼻涕、尿液、精液、唾液及胚胎组织等）传播，导致机体持续感染。病毒性腹泻-黏膜病病毒对热、乙醚、氯仿、胰蛋白酶敏感，耐碱不耐酸，pH值低于3时易被破坏，56℃经70分钟可将其完全灭活，$MgCl_2$不起保护作用；在低温条件下稳定，-70℃真空冻干可保存多年。病毒性腹泻-黏膜病病毒在各种牛源细胞均可生长，包括牛肾细胞、脾细胞、肺细胞、睾丸细胞、气管细胞、鼻甲的原代细胞和传代细胞等，实验室内常用牛肾传代细胞株（MDBK）增殖病毒及制备疫苗。

【流行病学】本病自然感染宿主谱广，主要是黄牛和奶牛，其次为牦牛、水牛、山羊、绵羊、猪、鹿、骆驼、羊驼及多数野生反刍动物。各种年龄、品种、性别的牛对本病均有易感性，但以6～18月龄的犊牛发病率最高。此病常年均可发生，但冬季和初春多发，并且呈地方性流行。规模化牛场的感染率比散养牛场更高。急性感染的发病动物和外表健康的持续带毒动物是该病的主要传染源。主要通过消化道和呼吸道感染（直接和间接接触），也可通过胎盘垂直感染。本病在世界各地流行态势严峻，在我国，犊牛病毒性腹泻-黏膜病也呈上升趋势：1980年在吉林首次发现本病，现已经波及全国20多个省、市、自治区（包括吉林、黑龙江、辽宁、新疆、内蒙古、青海、宁夏、甘肃、陕西、河南、山东、重庆、安徽、江苏、广西、福建、浙江、湖南、江西、上海、天津等），血清学阳性率16.3%～72.14%，绝大部分为BVDV-Ⅰ群的毒株，也有少数BVDV-Ⅱ群的毒株。

【临床症状】潜伏期7～14天。病毒性腹泻-黏膜病病毒感染的临床症状多种多样，主要包括病毒性腹泻，急性、慢性黏膜病，持续性感染与免疫耐受、免疫抑制，繁殖功能障碍，血小板减少症与出血综合征等。

（1）急性黏膜病　发病突然，病牛精神不振，反刍停止，食欲减退，鼻、眼有黏液性分泌物。体温高达40～42℃，呈稽留热，呼吸增加，心跳增速，心音微弱，第1、第2心音模糊，持续4～7天。之后鼻镜和口腔黏膜表面糜烂，舌面坏死、流涎，呼出臭气。不久，发生严重腹泻（图9-4），并带有黏液和血液，恶臭（图9-5）。有的病牛发生蹄叶炎和趾间皮肤糜烂、坏死、跛行。后期，体温下降至37℃左右，全身无力，卧地不起，眼球突出，结膜外翻，呼吸微弱，头弯向背侧，呈角弓反张样，四肢直伸、划动，对外反应微弱至消失。一般1～2周后死亡。

图9-4　犊牛严重腹泻

图9-5　腹泻粪便恶臭

（2）慢性黏膜病　体温无大的变化。鼻镜糜烂，并可能成一片。口腔少有糜烂，门齿、齿龈发红。眼有浆液性分泌物。蹄叶炎和趾间皮肤糜烂，坏死严重，导致明显跛行。颈部和耳后的皮肤皲裂，局限性脱毛和皮肤角化，为皮屑状。病牛发育不良，死亡或淘汰。

（3）持续性感染　若妊娠母畜在妊娠早期（妊娠50～120天）感染病毒性腹泻-黏膜病病毒，此时胎儿的免疫系统尚未发育成熟，不能识别外来的NCP型病毒性腹泻-黏膜病病毒，出生后就会成为携带病毒但表面健康的持续性感染（PI）动物，它们可终生带毒、排毒。持续性感染是病毒性腹泻-黏膜病病毒感染动物的一种临床类型，也是病毒性腹泻-黏膜病病毒在自然环境中存在的形式。

（4）免疫抑制　病毒性腹泻-黏膜病病毒可改变淋巴细胞的功能，使中性粒细胞的数量减少，从而引起机体的免疫抑制。它可加重多种疾病感染，如牛放线菌病、沙门菌病、蠕虫病、无浆体病、乳腺炎、子宫炎及呼吸系统疾病，还可与多种病毒混合感染，包括牛疱疹病毒、牛呼吸道冠状病毒、牛呼吸道合胞体病毒、牛支原体等。

（5）繁殖障碍　在受精时或胚胎发育的早期、中期感染病毒性腹泻-黏膜病病毒，会引起不孕、流产、先天性异常、木乃伊胎和死胎。或者犊牛提前1～1.5个月产出，有生后即死的，有生后1～2天死亡的，能存活者生长阻滞，哺乳困难，对疾病的抵抗力弱。犊牛前肢腕关节、后肢跗关节屈曲，不能站立，卧地不起，站住时四肢弯曲呈佝偻样，行走时，步态蹒跚，共济失调。失明，多为一侧性，患犊眼外观无异常，仅在步行时见颈向一侧弯曲，眼检查时，患眼对外界刺激无反应。结膜炎，红、肿、流泪、羞明、疼痛，角膜出现白斑、溃疡。体温升高，食欲减退，流涎，有鼻漏。随病时延长，两颊部肿胀，开口检查，口黏膜溃烂、发出恶臭，食物充满口内，消瘦，腹泻，行走步态不稳，喜卧地，衰竭而死。

（6）血小板减少症　病毒性腹泻-黏膜病病毒急性感染的成年牛（约10%）出现血小板减少症，临床表现为出血、血样腹泻和注射部位的异常出血。

【病理变化】鼻镜、鼻孔也见有糜烂和溃疡。齿龈、上腭、舌面两侧及颊黏膜也有糜烂。严重的病例在喉头黏膜有溃疡和弥散性坏死。食道黏膜糜烂为本病的特征性病变。瘤胃黏膜偶见出血和糜烂。第四胃炎性水肿和糜烂。肠壁肥厚，肠集合淋巴结有小凝块。空肠、回肠有较重的急性卡他性炎症，盲肠、结肠、直肠见有卡他性、出血性、溃疡性炎症和坏死。流产胎儿的口腔、食道、真胃和气管内有出血斑和溃疡。运动失调的犊牛，小脑发育不全或两侧脑室积水。蹄部趾间皮肤和蹄冠呈急性糜烂、溃疡和坏死。

【诊断】

（1）临床诊断　犊牛病毒性腹泻-黏膜病有多种临床类型，如怀孕母牛流产、胎儿先天性畸形、腹泻、失明、共济失调、口腔溃烂、神经症状等。总体来说，本病特征性临床症状较少，发病多伴有免疫耐受、免疫抑制、白细胞减少等不容易被发现的症状，易与其他疾病混淆（如维生素A缺乏症、传染性鼻气管炎），应注意鉴别诊断。

（2）实验室诊断　可用病原快速检测卡检测（图9-6）；也可采用病原分离鉴定：全血、乳液、卵泡液、扁桃体、脾脏、肾脏、回盲肠淋巴结、咽后淋巴结等组织中的病毒含量较高，可用于病毒的分离。用敏感细胞（如犊牛睾丸细胞、MDBK）进行病毒的分离，用RT-PCR、实时定量RT-PCR、ELISA和间接免疫荧光、核酸探针杂交或动物接种等方法鉴定。此外，BVDV急性感染和持续性感染也可以通过RT-PCR区分开来：如果隔4周重复采样，RT-PCR结果仍为阳性，就考虑是持续性感染动物，应坚决淘汰。血清学检

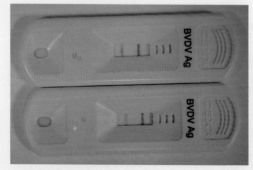

图9-6　采用BVDV抗原检测卡检测结果为阳性的样品

测方法有血清中和试验和ELISA。需注意与同属的边界病和猪瘟的区别。

【预防与控制】病毒性腹泻-黏膜病病毒扑灭计划应该分为三个阶段：第一，评估牛群中病毒性腹泻-黏膜病病毒感染的状态；第二，检测、筛选和淘汰持续性感染动物及急性期感染的动物；第三，采取综合措施减少再次感染病毒性腹泻-黏膜病病毒的风险，并定期监测牛群中是否有病毒性腹泻-黏膜病病毒感染。严格实施本方案，就能达到病毒性腹泻-黏膜病病毒的群体净化目的。瑞士、挪威对本病的净化非常有成效，前者将持续性感染动物的比例从1.8%降到0.2%以下，后者的血清转化风险从0.12下降到0.02。

无病牛场应加强兽医防疫制度。坚持自繁自养原则，不从病牛区购牛，进场牛应首先对其进行病毒性腹泻-黏膜病病毒血清学筛查；加强公牛检疫，不使用有病公牛及病牛的精液；定期对全群牛进行血清学检验，及时掌握犊牛病毒性腹泻-黏膜病在牛群中流行状况，如发现有少数牛出现抗体阳性时，应将其淘汰，以防病情扩大；病牛场与健牛场坚决隔离。严禁病牛场人员进入，防止将病带入。

目前有市售的病毒性腹泻-黏膜病病毒灭活疫苗用于防控该病。结合加强饲养管理。防止感染牛群持续发生本病，应控制垂直感染，对持续感染牛进行有效管理。在牛群中清除感染牛，杜绝用带毒牛进行繁殖。对于种牛，应引进健康牛或已免疫的牛。对于接近屠宰的牛应迅速屠宰，防止传播本病。牛群引进牛只时应先隔离、检疫，确定健康时才能入群。病牛群应进行病毒分离，间隔4周进行2次血清抗体检测，以划分病牛与健康牛，带毒牛屠杀；健康牛与血清抗体阳性牛应分场隔离饲养，当抗体阳性牛妊娠及产犊均正常时，表明已经康复。

【西兽药治疗】无特效疗法。只能采取对症治疗。全身抗菌、消炎，防止继发感染。

四、犊牛轮状病毒病

轮状病毒感染是指由轮状病毒所引起的婴幼儿和幼龄动物严重

腹泻的一种急性传染性疾病。其临床特征是严重的胃肠炎、水样腹泻、脱水、电解质紊乱（酸中毒）、休克甚至死亡。

【病因】牛轮状病毒病是由牛轮状病毒引起的。轮状病毒包含7个不同的群（A～G），其中A群、B群和C群轮状病毒在人和动物上均能感染，而D群、E群、F群和G群轮状病毒目前发现只感染动物。A群轮状病毒是婴幼儿和幼龄动物腹泻的主要病原。目前，在我国及世界范围内G6型和G10型是牛轮状病毒流行的主要血清型。

轮状病毒比较稳定，对外界环境的抵抗力较强。在4℃下能保持形态的完整性，加热37℃经1小时不能灭活。对乙醚、氯仿、去氧胆酸钠有抵抗力，耐反复冻融和超声波处理。在pH值3～10的环境中稳定，保持感染性；在粪中或在没有抗体的牛奶中，于18～20℃中放置7个月，仍具有感染性。但是，EDTA、EGTA、$CaCl_2$和硫氯酸钾等可使病毒失去感染力；另外，轮状病毒对氯（1%次氯酸钠）、臭氧、碘（0.01%）、酚和酒精（70%）敏感，可用于对不同场所的消毒。

【流行病学】本病多发生在气候多变的秋，冬季，机体抵抗力降低的时节。轮状病毒可感染人、牛、猪、羊、马、犬、兔、猫、鸡、火鸡、恒河猴和小鼠等，主要是婴幼儿和幼龄动物。牛轮状病毒感染在牛群中普遍存在，G6型和G10型轮状病毒是主要的血清型。病毒主要经粪—口途径传播（消化道），也可经呼吸道传播。本病常呈地方性流行，牛场一旦发生过该病，就会出现许多持续感染牛和隐性带毒牛，极有可能再度暴发流行。牛轮状病毒引起的腹泻在新生犊牛中最为常见，1～7日龄的犊牛最为易感，发病率可高达50%～100%，死亡率依是否有产毒素性大肠杆菌和冠状病毒混合感染而变化很大。

【临床症状】本病多突然发生，前期症状不明显。潜伏期很短，人工感染为43～48小时。自然发病的犊牛以1～7日龄为最多。病初，病犊精神沉郁，食欲减少或废绝，无细菌继发感染的前期，一般体温不会升高。典型症状是严重水样腹泻，粪便为黄白色或灰白色稀便，有时粪便中混有黏液和血液。病犊牛的肛门周围、后肢内

图9-7 病犊排出大量黄白色或灰白色水样稀便

侧及尾部常被稀便污染（图9-7）。犊牛脱水，眼凹陷，四肢无力，卧地；有的病犊肛门括约肌松弛，排粪失禁，不断有稀便从肛门流出。犊牛脱水，眼凹陷，四肢无力，卧地。疾病发展迅速，一般在发病后2～3小时即严重脱水；且注射抗生素治疗无效。病重者，4～7天后由于严重脱水，酸中毒，心脏衰竭而死亡。若伴发大肠杆菌和沙门菌感染时，其发病更急、病程更短、死亡更快。腹泻发作后食欲废绝，如果腹泻持续，体重可减少10%～25%；加之气候寒冷、阴雨，在症状出现后2～3天因并发肺炎而死亡。

【病理变化】病理变化主要在小肠。肠壁变薄，肠内容物稀薄，呈黄褐色、红色，肠黏膜脱落。通过切片电子显微镜观察，发现小肠黏膜病变最明显的是在空肠和回肠部，表现为小肠绒毛萎缩，柱状上皮细胞脱落且被未成熟分化的立方状上皮细胞所覆盖；固有层淋巴细胞浸润。胃、肠系膜淋巴结、结肠、肺、肝、脾和胰等器官未见病变。

【诊断】

（1）临床诊断　本病和由细菌所引起的腹泻在临床上很难区别，因此，对于出生后1～10日龄的犊牛发生腹泻，需进行实验室诊断予以确诊。

（2）病原学检测　收集腹泻发生后24小时内的粪便样品或肠内容物（此时样品中所含的病毒量最高），可采用轮状病毒抗原检测卡检测（图9-8）；也可直接进行病毒分离或通过细胞培养分离病毒，

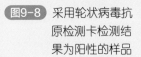

图9-8　采用轮状病毒抗原检测卡检测结果为阳性的样品

可用电镜/免疫电镜直接观察，或用小肠冰冻切片或触片免疫荧光法、免疫组化法、抗原ELISA、核酸探针、各种RT-PCR技术、乳胶凝集反应、反向间接血凝试验、聚丙烯酰胺凝胶电泳等方法进行检测。血清学试验（如抗体ELISA、空斑减少中和试验）用于诊断轮状病毒感染的意义不大，因为多数牛群中都有抗体存在。但是，抗体滴度和血清分型有助于评估动物的免疫状态。

【预防与控制】牛轮状病毒病通过粪—口途径传播，因此改善饲养管理和限制易感动物与排毒动物的接触，可降低该病的发病率。疫苗仍是防控牛轮状病毒病最经济、有效的手段。2000年，兰州生物制品研究所研制的单价羔羊G10型口服轮状病毒活疫苗获准进入市场（人用），该疫苗的保护率可达70%，并且有良好的安全性。目前，兽用疫苗全球仅有一个商品化的BRV疫苗为美国的G6型单价BRV减毒疫苗（NCDV-lincoln株），可口服接种新生犊牛，也可经肌内注射接种妊娠母牛，加强对新生犊牛的护理；及时、正确饲喂初乳，最好在出生后0.5～1小时让其吃上初乳，每次喂量2～4千克，间隔3～4小时再喂1次，连续饲喂初乳不少于3天。母牛产生高效价的抗体，并随初乳转移给犊牛，对本病的预防有一定作用。把犊牛放在干燥、卫生、温暖的棚内。科学合理的免疫程序：给分娩前1～2个月的母牛接种轮状病毒疫苗，新生犊牛通过初乳获得较强的被动免疫。环境消毒：每天用0.25%甲醛、2%苯酚、1%次氯酸钠等对圈舍彻底消毒。

【西兽药治疗】迄今为止，没有特效药物可供治疗。只能采取对症疗法。

（1）纠正酸中毒　这是治疗该病首先考虑的，按照酸中毒程度，给予适量碳酸氢盐等渗溶液。一般治疗卧地不起酸中毒的代表性治疗方案是静脉注射等渗盐水，20～30分钟完成注射，其中加入200毫摩尔碳酸氢根（16克碳酸氢钠），在接下来的4～6小时再输3升含有碳酸氢盐的等渗溶液（大约400毫摩尔/升）。

（2）补液　轻度脱水的犊牛可口服补液盐，但决不能用口服补液盐稀释牛奶；中度脱水的犊牛应静脉补液。

（3）补碱　病牛仅胸骨卧地不能站立时，碱缺乏15毫摩尔/升；若整个躯体不能站立时，碱缺乏20毫摩尔/升。对继发感染细菌的，可有针对性地选择抗菌药，但不能乱用。

（4）补糖　腹泻牛多数不出现低血糖，因此静脉输液一般不需要葡萄糖，最好在开始静脉注射后6～8小时通过口服补液的途径来补充能量（高能量补液盐），病牛吮吸反射恢复后，每2小时口服1升盐溶液或奶，两者交替使用。

（5）其他　使用保护剂，例如白陶土与果胶混合物作为一种辅助制剂用来治疗腹泻。

【中兽药治疗】以清热解毒，渗湿敛肠为治疗原则。清瘟败毒注射液对轮状病毒感染有一定疗效。另外地榆槐花汤对此病有效，地榆、槐花、苍术、金银花、连翘、甘草各30克，乌梅、诃子、猪苓、泽泻各50克，煎汤灌服，有病者能治，无病者能起到预防作用。

五、犊牛冠状病毒病

犊牛冠状病毒病也称新生犊泻，是由冠状病毒引起的新生犊牛的传染性疾病。其临床特征是腹泻。此病是奶牛和肉牛新生犊牛最常见的急性腹泻综合征的一个组成部分，有30%以上的新生犊牛腹泻与牛冠状病毒有关。此外，牛冠状病毒还可引起成年牛冬痢、出血性腹泻，以及各个年龄段牛的呼吸道感染。

【病原】牛冠状病毒病是由冠状病毒感染引起的。冠状病毒属冠状病毒科。病毒颗粒为多形态，略呈球形，也可见椭圆形和肾形，直径80～160纳米，有囊膜，外周带有12～24纳米的突起。

突起末端呈球状或花瓣状，规则地排列成皇冠状，故称冠状病毒。牛冠状病毒对酸和胰酶不敏感，对乙二醇、乙醚和氯仿等脂溶剂敏感，也可以被常用消毒剂（如福尔马林、苯酚、季铵盐类化合物）、热气、紫外线等灭活，57℃经10分钟可将其灭活，37℃数小时后其感染性消失。牛冠状病毒对小鼠红细胞有血凝作用，不能凝集豚鼠、鸡、猪及人O型红细胞。病毒的最适生长温度为33～35℃；对pH值要求高，pH值低于6.7或大于7.7时极不稳定。

【流行病学】牛冠状病毒主要感染牛，也可进行跨种间传播，是一种人畜共患病病原；它还可感染人、马、绵羊、猪、骆驼、犬、兔、鹿、长颈鹿、猫、豚鼠、大鼠、小鼠等，不感染山羊、仓鼠和鸡。目前，本病已遍布全球，我国牛群中该病的感染率也很高。病毒随病牛和持续感染牛的粪便及鼻腔分泌物等排出体外，污染环境和牧草，在自然环境中，可保持感染性3天左右（不如轮状病毒稳定）。本病主要通过粪—口途径和呼吸道气溶胶水平传播。其发生率随季节而改变，在冬、春季节最为严重，应激因素（包括恶劣的天气、运输）会加剧本病的感染。牛冠状病毒主要感染1～90日龄犊牛，但腹泻常发生于7～10日龄犊牛，吃过初乳或未吃过初乳的犊牛都会发病。本病的自然发病率在15%～70%，潜伏期大约为20小时。牛冠状病毒可引起人的腹泻，要注意个人防护。

【临床症状】牛冠状病毒引起的肠炎的严重性取决于犊牛感染时的日龄、免疫状态、感染剂量和毒株的致病性等因素。初期，患病犊牛精神沉郁，吃奶量减少或不吃奶，排出淡黄色的水样粪便，内含凝乳块和黏液（图9-9）。继续发展成大量水泻，病犊在腹泻后2～3天，衰弱、脱水、体温低、吮吸反射缓慢，血液浓缩，血细胞比容增至49%～61%（健康犊牛为32%）。大多数犊牛可康复，有少数会出现发热、卧地不起等症状，进而发展为酸中毒、高钾血症，腹泻特别严重而不治疗的动物则会出现昏迷甚至死亡；还有的可能会形成肺肠炎综合征，即腹泻伴发温和的呼吸道症状。

【病理变化】牛冠状病毒感染时会同时侵袭大肠和小肠，所以

图9-9 犊牛排出淡黄色的水样粪便，内含凝乳块和黏液

病理变化较轮状病毒感染更为严重。主要表现为黏膜出血性小肠结肠炎。病初小肠各级肠绒毛缩短，逐渐蔓延至直肠和结肠的顶端，导致吸收不良性腹泻。病毒感染导致肠上皮细胞死亡脱落，被未成熟的细胞取代，结肠嵴上肠绒毛发育迟缓并且和邻近的肠绒毛融合、萎缩。绒毛被立方上皮细胞覆盖，结肠的结肠嵴萎缩，黏膜上皮细胞由正方形变成短柱形。分散的结肠嵴扩张，由变低的立方上皮细胞覆盖。

【诊断】

（1）临床诊断　引起新生犊牛腹泻的原因较多，如轮状病毒感染、隐孢子虫病、犊牛大肠杆菌病和沙门菌病等，其发病后的症状也与本病相似。在大多数急性新生犊牛腹泻暴发时，犊牛经常同时排泄两种或多种病原体，而排泄两种以上病原体的犊牛比只排泄一种或不排泄病原体的犊牛发生腹泻的概率高出6倍。因此，根据流行特点、临床症状及病理变化，只能进行初步的怀疑诊断，对本病的确诊必须借助于实验室诊断。

（2）实验室诊断　本病的诊断包括病原学检测和血清学检测。病原学检测：采集鼻拭子（鼻腔分泌物）或新鲜的粪便样本（低温保存），一方面可直接用电子显微镜或分子生物学技术（各种RT-PCR、PCR-ELISA及探针技术等，靶标是N基因和S基因）进行病毒鉴定，另一方面用胰酶处理过的样品进行敏感细胞的分离培养，之后再进行病毒鉴定。牛冠状病毒对营养要求极为复杂，初代分离极为困难，常需要特殊处理；胎牛原代细胞可用于本病毒的分离、增殖。牛冠状病毒的血清学检测（针对抗原或抗体）有病毒中和试验、捕获/间接ELISA、小鼠红细胞凝集试验及免疫荧光染色技术等。欧盟还用横向流动免疫色谱法（试纸条）对母牛和犊牛的粪便样品进行检测，它对牛的冠状病毒检测有一定作用。

【预防与控制】预防的关键在于加强饲养管理及科学的免疫程序。及时饲喂初乳。加强新生犊牛的护理，将其隔离单独饲喂，犊牛舍要保持清洁、干燥和温暖。通过初乳获得被动免疫是预防犊牛感染本病较为有效的方法。试验证明，出生正常的犊牛，饲喂初乳后，血清冠状病毒中和抗体效价的范围为324～537，当它们在4～5日龄时接种该病毒，虽然犊牛发生了腹泻，但精神体况良好，小肠前部绒毛很少或完全未见萎缩，小肠后部则有严重的绒毛萎缩；若在12日龄时接种该病毒，犊牛不但产生了腹泻，而且小肠绒毛全部出现萎缩。目前，有两种商业化疫苗可用于防治犊牛冠状病毒感染。一种是灭活疫苗，主要用于妊娠后期的母牛，以提高母源抗体的水平。在妊娠后期对母牛进行免疫，可提高初乳中IgG的水平，如果犊牛出生后24小时内吃到初乳，就会获得相应的被动免疫，可抵抗牛冠状病毒的感染。另一种是减毒活疫苗Calf-Guard，犊牛出生后口服可以提高主动免疫力。

【西兽药治疗】无特效疗法，只能在疾病早期进行对症治疗。对有脱水和酸中毒者，可应用含葡萄糖的电解质溶液，如葡萄糖生理盐水以及5%碳酸氢钠溶液等静脉注射。口服补液盐对纠正腹泻脱水有效，但尚不能减少腹泻粪便排出量、腹泻次数或腹泻持续时间。因而应根据腹泻生理特征，改进补液盐配方，使其不但能补充水和电解质，而且能促进肠管分泌液再吸收，以减少腹泻粪便排出量和腹泻持续时间，并能增加营养。故可用煮熟谷粉代替葡萄糖，或与甘氨酸合用，以使补液盐的效果更好。为防止继发感染可使用抗生素，如合霉素、氯霉素、庆大霉素等。

六、犊牛变形杆菌病

犊牛变形杆菌病是由奇异变形杆菌引起的犊牛的一种传染性疾病。其临床以出血性肠炎、腹泻、化脓性炎症为特征。奶牛场偶有发生，死亡率高达50%以上。

【病原】变形杆菌群的细菌属于肠杆菌科变形杆菌属，为革兰阴性菌，是一类大小不一、形态多样的细菌（呈球状、长而弯曲状或长丝状），在固体培养基上呈迁徙性、弥漫性生长，它们依赖周身鞭毛运动，十分活泼，无芽孢和荚膜，需氧及兼性厌氧。根据生化反应不同，变形杆菌可分为五种：普通变形杆菌、奇异变形杆菌、莫根变形杆菌、雷极变形杆菌和无恒变形杆菌；其中以普通变形杆菌和奇异变形杆菌与临床关系较密切，特别是奇异变形杆菌可引起败血症，病死率较高。变形杆菌广泛存在于水、土壤、腐败的有机物以及人和动物的肠道中，为条件性致病菌，常引起草食动物消化系统和呼吸系统的重症感染及人的食物中毒、尿道感染、创伤感染和菌血症。

【流行病学】本菌在自然界分布极广，常见于污水、土壤与堆肥中，人类、家畜及家禽带菌率很高。犊牛出生后4天开始发病，其中15日龄以上发病最多，占80%。总发病率为5.5%～5.6%，公、母犊牛发病无差异。由于母犊护理优于公犊，故公犊死亡率高于母犊。病程长，呈慢性病理过程，病后5天死亡率93%。

【临床症状】初期，病犊食欲、精神正常，仅见腹泻，排绿色、稀水样粪便，内含血丝或凝血块。随病程发展，食欲减退、全身症状加重，体温升高（39.2～40℃），呼吸增加（30～56次/分），脉率增加，病犊频频努责，排血汤样粪便，有的含大量鲜血及凝块，里急后重，脱水，消瘦、虚弱，卧地不起，最后死亡。

【病理变化】心外膜、冠状沟脂肪及心耳有出血点。肺多数正常，少数见有肺水肿、肺气肿。肝表面光滑，呈土黄色，边缘钝，质脆，胆囊肿大。脾脏苍白色，质度软。肾被膜易刮剥，皮质部土黄色，髓质部暗红色。瘤胃内容物有泥沙，黏膜上覆盖乳灰色的黏液。网胃黏膜有溃疡。皱胃、十二指肠、空肠黏膜脱落、肠内集有血液、血凝块，结肠、直肠内集有粪、血混合物，肠系膜淋巴结肿大。

【诊断】

（1）临床诊断 根据流行病学、临床症状可初步怀疑为本病。由于血性腹泻的疾病临床上有犊牛大肠杆菌病、犊牛球虫病等，故应进行实验室诊断，与它们相鉴别。

（2）实验室诊断 确切诊断仍应进行病原分离与鉴定。对分离细菌进行形态特征、培养特性和生化特性分析，最好利用PCR，进行16S rRNA基因的系统进化分析，从分子水平予以鉴定。

【预防与控制】本病多发生于气温高、雨水多、暑热、潮湿的夏季。应加强饲养管理，重点落实母牛分娩之后的卫生管理措施及犊牛的喂奶卫生。喂奶罐、奶桶每次饲喂完毕后，用碱水处理，用清水清洗、晾干，并要每头牛一奶桶，不能混用；加强代乳料保管，严禁饲喂发霉、腐败的代乳料。加强犊牛舍的清洁与消毒。已发病牛场，停喂饲料及代乳料，改用纯鲜奶饲喂，并对病犊隔离，及时治疗，以免延误最佳治疗时机。

【西兽药治疗】抗菌消炎，可用头孢曲松10～20毫克/千克体重或四环素200万国际单位，静脉注射，每天1～2次。补充体液，防止脱水、酸中毒，可用5%葡萄糖生理盐水500～1000毫升、10%葡萄糖注射液500毫升、5%碳酸氢钠溶液1000毫升，一次静脉注射，每天2～3次。消除肠道细菌感染，可用呋喃唑酮0.5～1.0克，一次口服，每天2次，连用3～5天。辅助疗法，可用维生素C、维生素B_1各10毫升，止血敏0.5～0.75克，肌内注射。

七、犊牛支原体肺炎

由支原体引起的犊牛肺炎，称为犊牛支原体肺炎。临床特征是咳嗽，肺脏呈肝样变，俗称烂肺病。除犊牛肺炎外，牛支原体还可导致乳腺炎、关节炎、角膜结膜炎、中耳炎、生殖道炎症、流产与不孕等多种疾病。

【病原】牛支原体属于柔膜体纲、支原体目、支原体科，无细胞壁，无固定形态，细胞柔软，呈高度多形性，能通过细菌过滤器。大多数支原体兼性厌氧，对营养要求较高，是在人工培养基中最难培养的细菌。牛支原体在环境中生存能力较强，避免阳光照射的条件下可以存活数周，在4℃的牛奶中可以存活2个月，在草中可以存活20天，在粪便中可以存活37天，在-20℃存活6～12个月，-70℃或冷冻干燥的条件下可以保存数年甚至更久。支原体对热的抵抗力不强，在65℃条件下2分钟或70℃条件下1分钟即可失活。对环境渗透压敏感，渗透压的突变可致细胞破裂。对重金属盐、石炭酸、来苏儿和一些表面活性剂较细菌敏感。对影响细菌细胞壁的抗生素（如青霉素）不敏感，但对阿奇霉素、氟苯尼考、红霉素、四环素等作用于支原体核蛋白体的抗生素敏感。

【流行病学】牛支原体已在世界范围内存在。自然感染的潜伏期较难确定：在健康犊牛群中引入感染牛，有的牛经24小时感染，大部分牛在7天后感染，还有的牛2周后感染。冬季易发。2月龄内的犊牛容易感染支原体肺炎，特别是1周龄的犊牛最易感染，而且病情急剧，症状明显，病情重，死亡率较高。1～2月龄的犊牛发病率较高，死亡率较低。2月龄以上的犊牛病例较少，死亡病例也较少。牛只之间通过飞沫经呼吸道传播，其次是通过近距离接触传播，也可以通过哺乳、生殖道或人工授精传播，还可经胎盘垂直传播。

【临床症状】

（1）急性型　开始病犊牛咳嗽、有浆液性的鼻液，体温升高（40～42℃），不爱运动，常卧于圈舍四周，驱赶后常出现咳嗽症状。2～3天后咳嗽症状加重，鼻液变为黏液性、脓性并呈铁锈红色或红棕色，黏附在鼻孔周围和上唇，形成干的污垢块。按压胸部病犊牛表现敏感、疼痛，听诊肺部出现支气管呼吸音和哮鸣声。病犊牛精神沉郁，反刍减少或停止。呼吸急促及经常性的呼吸困难，腰背拱起，头颈伸直。眼睑肿胀，黏液性分泌物增加。最后病犊牛卧地不起，衰竭。有的发生瘤胃臌气，个别发生腹泻。腹部的皮肤发生丘疹。濒死期体温降至常温以下。病程通常7～10天，不死的转为慢性病例。

（2）慢性型 慢性病例较常见，多见于1～2月龄的犊牛。病犊牛全身症状较轻微，病牛有时候咳嗽和腹泻，鼻涕时有时无，身体衰弱，被毛粗乱无光。在此期间，如果饲养管理条件改善，病犊牛可以自然康复；如果饲养管理条件较差，很容易病情加重或继发其他疾病而死亡。

【病理变化】病变多集中在肺、气管等呼吸器官上。打开胸腔，或可闻到异样的气味，胸腔内常有积液，因混有腐败的组织而呈灰黄色或黄白色，暴露在空气中易形成纤维蛋白凝块。肺脏病变以坏死性肺炎为主。病变轻者在气管的管壁上零星出现小的出血点或充血斑，肺脏的心叶、尖叶和膈叶出现局部散在的肝变区，肝变区凸出于肺脏表面，颜色红色至灰色不等。严重的病例，肺脏的肝变区及化脓灶增多，质地变硬，切面呈干酪状，并有脓液挤出。或有肺气肿。支气管淋巴结和纵隔淋巴结肿大，切面多汁并有出血点。心包积液，心肌松弛、变软。急性病例还可见肝脏肿大，胆囊充盈。肾脏肿大，表面有出血点。病理组织学变化：支气管有炎性渗出液，肺泡的结构遭到破坏或肺间隔增宽等。人工感染犊牛2周时解剖，可见感染牛支原体的肺部零星出现小块的肝变区，淋巴结增大；组织切片显微镜观察，可见支气管周围有单核细胞、中性粒细胞增多与浸润，肺泡中的中性粒细胞和肺组织中的巨噬细胞增多。人工感染犊牛1个月后，观察肺组织切片，发现肺脏凝固性坏死和肺泡内白细胞明显增多。

【诊断】

（1）临床诊断 根据临床症状和病理变化可初步诊断。

（2）实验室诊断 最快捷的方法是进行核酸检测：采集组织样品（如病牛的鼻拭子或者肺脏等）或牛奶，进行牛支原体的PCR检测，可确诊。可选取的靶标基因包括16SrRNA种属特异基因、uvrC特异保守性基因和毒力因子编码基因ma-mp81等，PCR检测既可用来检测是否感染牛支原体，也可用于区分牛群感染的病原菌是牛支原体或无乳支原体（两者的同源性很高）。当然，酶联免疫吸附试验（ELISA）、间接血凝试验可以对血清、奶牛、乳清和关节液等多种样本进行牛支原体特异抗体的检测，ELISA也可对病原菌培养物或病料组织中的牛支原体抗原进行病原学检测。支原体的分离培养较为困难，非专业的实验室很难做到。

【预防与控制】目前，我国没有牛支原体的相关疫苗。所以，预防本病的关键是防止引入病牛或带菌牛，在引种时要了解当地的疫情，加强检疫，防止患病牛的引入。新引进的牛隔离饲养1个月以上，隔离检疫后确认无病后才能混群饲养。加强犊牛群的饲养管理，提高犊牛的抵抗力。保持犊牛圈舍清洁、卫生、干燥，犊牛圈舍粪便污水及时清除干净，冬季注意保暖（冬季圈舍保持10～15℃的温度），尽量减少舍饲密度，可以有效降低发病率。圈舍垫草及时更换，以免引起霉菌性肺炎。犊牛饲养器具和环境及时消毒，避免病菌滋生。使用空气消毒仪（臭氧发生仪）减少空气中的病菌。臭氧可以有效杀灭养殖环境中的病原微生物，消除空气中的氨气、硫化氢等有害气体，改善养殖环境，促进动物福利。新生犊牛加强饲养管理，尽早饲喂初乳。母牛产后1～7天所分泌的乳汁，富含免疫球蛋白、矿物质、维生素A等，对犊牛免疫力的提升有很大帮助；对犊牛及时排出胎便也有帮助。出生1小时以内灌服3～4千克初乳，间隔12小时灌服2千克初乳。出生3天后注射亚硒酸，1周后注射维丁胶钙注射液，牛奶中适量添加葡萄糖酸钙和维生素D。通过以上措施可以有效地提高犊牛的健康水平。

【西医治疗】及早诊断、早期治疗是有效控制支原体疾病的有效措施。发病犊牛及时使用抗生素治疗，可以取得较好的效果。有条件的养殖场可以采集病料送到科研机构做药物敏感试验；选择合适的药物，疗效更加确实。常用的抗生素主要有红霉素、阿奇霉素、恩诺沙星、环丙沙星、氟苯尼考、泰乐菌素、强力霉素等。慢性病例和病程较长的病例采用泰乐菌素4～10毫克/千克体重、土霉素10～15毫克/千克体重、螺旋霉素20毫克/千克体重、壮观霉素20～30毫克/千克体重。1个疗程10～15天。生产中注意避免长时间小剂量预防用药，以免产生抗药性，影响治疗效果。对症状较重的病犊牛可采用输液治疗，在肺部炎症初期为抑制渗出，促进炎性分泌物消散、吸收。

八、犊牛肚脐病

脐病为犊牛常发病。多因脐带发生异常和感染所致，临床常见的有脐出血、脐尿管瘘、脐炎和脐疝。脐出血是新生犊牛脐带断离后脐带脉管封闭不全，血液从脐带断端或脐孔流出。脐尿管瘘也叫持久脐尿管，是断脐后脐尿管封闭不全，犊牛在排尿时从脐带断端或脐孔流出尿液的一种疾病。脐尿管是连接胎儿膀胱和尿膜囊的管道，是脐带的组成部分，胎儿出生后，脐带断裂，脐尿管的断端封闭，尿液从尿道排出。犊牛的脐尿管是断脐后才封闭，由于犊牛是自然断脐，所以犊牛的脐尿管瘘较为多见。脐炎又称脐带炎，是指新生犊牛脐带脉管（脐动脉、脐静脉、脐尿管）及其周围组织经微生物感染而引起的化脓性、坏疽性炎症，为犊牛常发病。脐疝是由于脐孔闭锁不全或脐孔过大，腹腔内脏器官（网膜、小肠等）经脐孔脱出于外，致使脐部增大的一种疾病。犊牛时有发生。

【病因】不同类型的脐带疾病，病因也略有不同。

（1）脐出血 当新生犊牛发生窒息或孱弱，由于肺扩张、膨胀不全而影响脐静脉的封闭；犊牛集中饲养，相互吸吮脐带断端，使脐带血管的封闭受到破坏而流血；人工助产时，由于助产过早或用力过大，使脐带猛然断裂或脐带过短，脐动脉和脐静脉自行封闭不良，都能引起脐出血。

（2）脐尿管瘘 断脐后脐尿管封闭不全，或脐带残段遭到感染（脐炎），或犊牛间相互吸吮脐带，使脐尿管封闭处受到破坏而发病。

（3）脐炎 发生的病因主要是脐带感染，脐带消毒不严或不消毒，犊牛间相互吸吮，尿液浸渍会使脐带感染病原菌而引起发炎。饲养管理不善，外界环境如运动场所潮湿泥泞、垫草更换不及时、卫生条件恶劣等均可引发本病。

（4）脐疝 先天性脐疝与遗传有关（比如遗传性疾病，犊牛脐部先天性缺损）。引发后天脐疝的原因较多，包括断脐方法不正确，脐血管及脐尿管留得过短，使腹壁脐孔闭合不全，脐带感染，腹内压增高等原因。

【临床症状】不同类型的脐带疾病呈现不同的临床症状。

（1）脐出血　脐静脉出血时，血液呈滴状流出；脐动脉出血时，血液呈股状涌出；有时脐静脉和脐动脉同时出血，血流不止。

（2）脐尿管瘘　临床特征是从脐孔向外流尿或滴尿。脐带根部及其周围因长期被尿液浸渍引起发炎，肉芽增生，呈红色、污浊的溃疡面，久不愈合。严重者会引起尿路的上行感染（肾脏与膀胱的病变），造成死亡（败血症、毒血症、尿毒症等）。

（3）脐炎　病初常不被注意，仅见食欲降低、下痢、消化不良。脐部检查可见脐带和脐孔周围组织充血、肿胀，触诊有痛感。脐带断端湿润，脐孔及周围肿胀、潮红，触之具热痛感且质地坚硬，手挤压流出脓性分泌物，有脓臭味。隔脐孔处触摸时，可摸到小指粗的硬索状物，病犊牛有痛感，这时病犊牛消化不良，行走困难。如果炎症扩散到脐部周围，可引起蜂窝织炎或形成脓肿。病情严重者可引起急性或慢性败血病，严重者可引起犊牛死亡。

（4）脐疝　先天性、无并发症的脐疝直径为1～10厘米，脐部呈现局限性肿胀、质地柔软，无红、热、疼痛感，疝内可能是网膜、皱胃或小肠。病初脱出的疝内容物能回复于腹内，并可清楚摸出疝的轮廓。小型脐疝在犊牛3～4月龄时，可以自行闭合。若随着病程的延长，或脐疝过大或发生嵌顿，或疝与其他组织粘连，疝内容物回复困难，这时犊牛就会表现出不同程度的疼痛（疝痛），食欲废绝，极度不安，出现显著的全身症状，如不及时进行手术治疗常会引起死亡。因脐带感染而引起的脐疝，此时可触摸到脐带残段呈硬固条索状的结构物。

【诊断】根据临床症状基本可以明确诊断。新生犊牛腹泻，食欲缺乏，首先应检查脐部。

【防治】加强新生犊牛护理。接产时，一定要做好脐部的处理和消毒工作，犊牛的脐带应离腹部5厘米处剪断，同时，严格用

10%碘酊浸泡消毒脐带。采用单圈饲养法，即一头犊牛1个圈舍。注意圈舍清洁、干燥，保持良好的卫生环境。

【西兽药治疗】

（1）脐出血的治疗　先结扎止血，防止出血过多。出血少时，局部涂5%碘酊，很快就会停止。若脐带外部残段较长，可用消毒的细绳结扎脐带断端。若脐带断端过短，脉管已回缩至腹腔，无法结扎时，可采取消毒纱布撒上磺胺粉或青霉素粉填塞于脐孔内，外用纱布绷带包扎，压迫止血。当出血止住后，再取出止血纱布。也可用缝纫针穿透脐部皮肤，将脉管与皮肤一起结扎止血。犊牛脐带出血如抢救不及时，可造成死亡、漏管或惯性流血。

（2）脐尿管瘘的治疗　应及时治疗。局部用10%碘酊或5%～10%福尔马林涂布，每天2～3次，连续数天。或用氧化锌、硝酸银涂布。同时应采用广谱抗生素进行全身治疗。也可用手术治疗，对出生后即发生漏尿者，可对脐带断端进行结扎；脐带残端太短难以结扎的，可用圆弯针在脐孔周围用袋口缝合法缝合，即用带线弯针围绕脐孔，按一定距离，依次平行穿针，最后将缝线拉紧打结。

（3）脐炎的治疗　治疗原则是消除炎症，防止炎症转移，方法以局部处理为主，严重病例应配合全身治疗。局部治疗的具体操作如下。①去掉脐带残段，用0.1%～0.2%高锰酸钾溶液彻底清理脐孔及周围，然后用5%～10%碘酊涂布脐孔及其周围；可将青霉素100万～200万国际单位溶于20～30毫升蒸馏水或0.25%普鲁卡因溶液中，于脐孔周围分点注射。②若脐部已经形成脓肿，应切开排脓；然后先用3%过氧化氢溶液冲洗，再用0.1%高锰酸钾溶液或0.5%雷夫奴尔溶液彻底冲洗脓腔，撒布抗菌药物。全身治疗的具体操作：青霉素80万～160万国际单位，一次肌内注射，每天2次，连续注射3～5天；5%葡萄糖生理盐水500毫升、25%葡萄糖注射液300毫升、四环素50万～100万国际单位、10%安钠咖5毫升，一次静脉注射，每天2次。

（4）脐疝的治疗　①保守疗法。脐疝较小时，可用95%酒精或15%氯化钠15～20毫升，分4点注射到疝轮周围的肌肉。也可在犊牛脐部打一压迫绷带，以促使疝囊内容物回复，将绷带吊于犊牛脊背部并且固定确实，给犊牛采取适当的限饲措施，以降低腹内压，同时可以采用具有强刺激效果的重铬酸钾软膏，以促使局部炎性增殖闭合疝口。②手术疗法。术前应停食，以降低腹压。病牛仰卧或横卧保定，术部剪毛，局部浸润麻醉。做纺锤形切口后，向四周分离皮肤与疝囊，将疝囊充分暴露，如疝囊与疝内容物不粘连，将疝囊还纳至腹腔；最后，于腹腔内投入一定量的抗生素和植物油，进行垂直褥式缝合，再作间断缝合，最后缝合皮下组织和皮肤。探查粘连的方法：术者需用手指自小切口内伸入囊内，探查有无粘连，然后用手术剪扩大手术切口，显露疝内容物和增生肥厚的疝轮情况，剥离完粘连后将内容物还纳入腹腔，术者手指经疝轮进入腹腔内，探查疝轮附近的腹腔内容物与疝轮有无粘连。手术能否成功，关键在于疝轮能否愈合，因此，对病程较长，疝轮增厚光滑的病例，切开皮肤后要将增生的疝轮用外科刀削薄，以使之呈新鲜创面，以纽孔状外翻缝合或纽孔状衣襟缝合，促使缝合后能长在一起。对术后病牛，应精心护理。脐部可用宽绷带包扎，保持7～10天；限制进食，防止过饱，更要限制活动，防止腹压增高。

九、犊牛关节炎

犊牛关节炎是指犊牛关节囊和关节腔各组织的炎症。常见于腕关节、跗关节、膝关节和球关节。

【病因】引起犊牛关节炎的病原比较多，有支原体、大肠杆菌、沙门菌、化脓隐秘杆菌、链球菌等。较为常见的为支原体、大肠杆菌。有报道，大肠杆菌和变形杆菌混合感染造成的关节炎也很严重。饲养环境差、产房不洁、脐带感染是重要的诱发因素。另外，场地湿滑，犊牛关节炎也可因关节外伤、扭伤或挫伤等机械性损伤而引起。

【流行病学】支原体可感染牛、山羊、绵羊等多种动物，多发生于4周龄以下的犊牛，病死率较高，脐带是最易感染的途径。大肠杆菌性关节炎以夏季发生较多，出生后2～20天均有发病，其中

2～15天发病最多。发病率和病死率较高。

【临床症状】不同病原引起的关节炎疾病，临床症状略有不同。典型症状：关节肿大、变形，牛站立时，患肢屈曲，不能负重，蹄悬空或以蹄尖着地；运动时出现跛行，严重时犊牛起卧困难。

支原体关节炎：支原体引起的急性关节炎病例伴有发热症状，慢性关节炎病例则发展为腱鞘炎和黏液囊炎。典型症状是四肢所有关节明显肿大（图9-10），以跗关节和腕关节最为明显，关节僵硬，触诊有痛感，步态迟缓，不愿行走；体温升高至39.5～40℃，拱背，消瘦；有的病牛有腹泻症状，有的病牛出现神经症状（兴奋或转圈），有的病牛出现结膜炎。

大肠杆菌性关节炎：主要症状是关节肿大，体温升高。发病初期病牛精神沉郁，食欲减退，体温39.6～40.7℃，不愿行走，球关节、腕关节、跗关节发热、肿大、质硬、疼痛；发病后期体温正常，关节明显肿大，触摸有波动，食欲废绝，消瘦，喜卧，有些病犊牛卧地后呼吸微弱，颈部抽搐，后肢划动，甚至失明。

【病理变化】不同病原引起的关节炎疾病，临床症状略有不同。

（1）支原体关节炎 关节变化以腕关节和跗关节最明显。关节肿大，关节周围肌肉充血、水肿，筋膜出血，呈红色，关节穿刺时，关节液呈淡黄色，腔内有半透明状关节积液，有大量的纤维

图9-10 关节肿大

素性渗出物；呈浆液性纤维素性关节炎；严重者关节面出血、溃烂、增生，关节囊增厚，关节软组织有许多干酪样坏死点聚集，呈纤维素性关节炎；组织学观察，可见关节滑膜周围肌组织坏死，有淋巴细胞和浆细胞浸润，滑膜下组织水肿，小血管周围浆细胞浸润，滑膜层细胞脱落。有脑炎症状的病例脑膜增厚，脑充血与出血。

（2）大肠杆菌性关节炎　球关节、腕关节、跗关节等关节肿大，关节周围胶冻样浸润，关节囊内有数量不等、淡黄色、清亮或淡灰色、混浊的关节液。关节腔内有纤维素性渗出物，去除覆盖在关节表面的坏死物，可见关节面粗糙，有红色或暗红色溃疡面。严重者心、肝、脾、肺、肾等实质脏器均有出血或纤维素性炎症病理表现。

【诊断】

（1）临床诊断　根据临床症状可以诊断，但确定引起犊牛关节炎的病原较为困难，需进行实验室诊断。注意与佝偻病相区别。

（2）实验室诊断　引起犊牛关节炎的疾病较多，根据临床症状很难确诊。衣原体关节炎、佝偻病都有关节肿胀，故应予以鉴别。

【预防与控制】防止脐带炎发生是预防关节炎发生的关键。犊牛出生时应加强助产消毒，防止感染。产房要干净、干燥；犊牛出生后一定要做好脐带处理，加强哺乳用具的清洁，消毒；粪尿及时清除，保证清洁卫生。发病后，隔离病犊牛，立即对产房、犊牛圈舍、犊牛床和运动场严格消毒。

【西兽药治疗】关节炎的治疗要及时，否则预后不良。

支原体关节炎：无特效药物。对症治疗的原则是消炎、抑菌，可使用青霉素、链霉素、四环素肌内注射或静脉注射。全身采用5%葡萄糖生理盐水、20%葡萄糖溶液、氟尼辛葡甲胺0.25～0.5毫克/千克体量，静脉注射。

大肠杆菌关节炎：治疗原则是抗菌、消炎、补液、补碱，可选用广谱抗生素如金霉素、四环素、庆大霉素等；5%葡萄糖生理盐水1000毫升、25%葡萄糖溶液200毫升、四环素100国际单位，一次静脉注射，每天2次，连续注射3天；5%葡萄糖生理盐水1000毫升、10%安钠咖5毫升、5%碳酸氢钠溶液100毫升，一次静脉注射，每天1～2次。

十、犊牛白肌病

白肌病又叫硒-维生素E缺乏症。由于饲料中缺硒/维生素E或饲喂缺硒地区生长的饲草、饲料所致的一种营养性肌变性疾病。其临床上以营养性肌萎缩、生长缓慢、运动困难和排血尿等为特征。

【病因】饲料中硒含量缺乏。土壤中硒含量低于0.5毫克/千克，则生长的饲草、饲料硒含量低于0.1毫克/千克；土壤中硫化物含量过高（多因施用硫肥所致）或摄取的饲草硫酸盐含量过高时，由于硒与硫反应，降低牛对饲料中硒的吸收、利用，从而导致硒缺乏。饲料中维生素E含量不足，或者因饲料存储不当甚至霉变，造成维生素E含量的损失。

【临床症状】本病主要发生于生长期的牛只，出生至1岁内的犊牛都易发生，其中以1～3月龄犊牛更易患病。其他幼小家畜，如猪、羊、驹及禽类也可发生。根据临床表现分为最急性型、急性型和慢性型3类。

（1）最急性型 犊牛无前期症状而猝死。或突然发病，以心力衰竭为特征，患病犊牛心律不齐，心动过速（150～200次/分），心音微弱，共济失调，呼吸困难，黏膜发绀，卧地不起，在短时间内因心力衰竭而急性死亡。这主要由于心肌变性而引起，当然，骨骼肌也发生了变性。

（2）急性型 多见于2日龄至2周龄的犊牛。急性型是白肌病中最常见的病型。多数病牛最初的症状是腹泻（顽固性、黄白色稀粪），腹泻持续2～3天后元气大伤，步行和起立困难，腿僵硬，步态强拘，跛行，虽没有发热，但呼吸加快、流涕，全身肌肉震颤。一些病例还表现为出汗及哺乳、采食困难（舌和下颚的肌肉变性）。部分病例臀、背肌肉僵硬，有压痛。起立困难的病例即使人工抬起，四肢也不能支持多久。有近半数的病牛在早期可见到血红蛋白尿。重症犊牛在发病后1天内死亡，多数呈长期经过，但大多数不能完全恢复。

（3）慢性型　以运动障碍为特征，伴有消化吸收障碍，渐进性消瘦，被毛粗糙，步履蹒跚，呼吸困难、呈腹式呼吸，听诊心律失常，心跳过速，100～130次/分。多见于日龄较大的犊牛。

成年母牛硒缺乏时，常表现为繁殖功能减弱；产出的犊牛脆弱或为死胎；常发生胎衣不下及子宫炎。

【病理变化】剖检变化主要分两类：心肌型白肌病和骨骼肌型白肌病。若为心肌型白肌病，一般骨骼肌无明显变化。心肌呈广泛性变性坏死，心肌两室肌表面及其切面、心内膜乳头肌等部位均可出现灰白色、淡黄色、黄红色与周围有明显界限的条纹状或斑点状病变。骨骼肌型白肌病最主要的变化在骨骼肌，但心脏也有一定变化：心脏变形、扩张、体积增大，呈球形，心肌弛缓，心肌出血或见心内膜、中隔及乳头肌变性、坏死，心内外膜出血，心包积液，呈桑葚心。骨骼肌变性、坏死，色苍白，质地脆弱，呈煮肉样或鱼肉样外观，为灰白色或黄白色条纹或斑块状，夹杂于未变性的骨骼肌中；一般以背最长肌、半膜肌、臀肌、腿肌的变化最明显，呈双侧对称性发生。急性病例的肝脏呈现"槟榔肝或花肝"样外观，健康的小叶（红褐色）、出血性坏死小叶（暗红褐色）及缺血性坏死小叶（淡黄色）相互混杂，构成色彩斑斓的镶嵌式外观，呈槟榔样。慢性病例，肝脏的坏死部位萎缩，结缔组织增生形成瘢痕，以致肝脏表面粗糙、凹凸不平。

对犊牛白肌病进行心肌病理组织学、超微病理学观察，可见心肌纤维广泛性的嗜碱性病变（光镜）、心肌线粒体钙化（电镜），继而进行X射线分析，发现线粒体中的丝状结晶团块内含磷和钙，属于磷酸钙沉淀物。

【诊断】

（1）临床诊断　根据病史调查，典型症状如步态强拘、卧地、心率加快、肌红蛋白尿以及肌肉病理变化，综合分析可以确诊。本病呈现的呼吸困难、站立僵硬、步态强拘与肺炎、牛霉形体以及破伤风等有相似之处，故应进行区别，还需与先天性心脏病、锌缺乏症、碘缺乏症、铜缺乏症和钴缺乏症进行鉴别。

（2）实验室诊断 检测全血中含硒量，犊牛含硒量正常水平为5～8纳克/毫升，当检测结果低于正常水平就可确诊为本病。

【防治】对白肌病要贯彻以"预防为主"的方针。当已确知本地是缺硒地区，如我国的东北、西北的兰州等，需施富含硒化合物的肥料，以提高饲料中的硒含量，预防本病的发生。对妊娠母牛和犊牛应加强饲养管理。在本病的多发地区，母牛分娩前1个月肌内注射0.1%亚硒酸钠和维生素E 10～20毫升，2周后再注射1次。犊牛出生后肌内注射0.1%亚硒酸钠和维生素E 5～10毫升，2周后再注射1次。确诊为白肌病时，牛群应立即补硒：日粮中添加硒盐、硒添加剂，以干物质计，使全部饲料的硒含量达到0.1～0.3毫克/千克。

【西兽药治疗】对因缺硒而发病的犊牛，应采取治疗与护理相结合的原则。肌内注射亚硒酸钠溶液，剂量为0.1～0.2毫克/千克体重，一次肌内注射；维生素E 800～1000毫克，一次肌内注射，每天1次，连续注射3天。同时注意补液和维护心脏功能，可用糖、电解质、维生素C、ATP等，每天1次，连用3天。治疗时，一天只能补硒一次，严格控制剂量。将病犊饲养在舒适、安静的圈舍内，防止应激，避免过度运动。舌肌损害而影响吸吮的犊牛，可用胃管投食，防止吸入性肺炎；对躺卧的病犊，每天应人工辅助站立，防止肌腱挛缩和褥疮的发生。犊牛白肌病轻症者有望治愈，重症者治愈希望不大，应该予以淘汰。

第十章

牛病安全用药

一、兽药管理法规

兽药是一类特殊商品，既要保证疗效，又要保障安全。现代兽药安全的概念，包括兽药对靶动物、生产者、兽药使用者、动物性食品消费者、环境的安全。兽药与人用药品本质上是一样的，最大区别是兽药还需考虑食品安全和环境污染问题。因为兽药用于食品动物一般都是群体用药，一旦使用不当就会造成大批动物性食品出现兽药残留，给广大消费者的健康带来威胁。兽药的使用还会给生态环境带来影响，大量使用兽药，兽药经动物排泄物进入环境，有可能造成局部（动物养殖场周围）甚至大范围（通过施肥，特别是水产用药）环境污染。

1.兽药管理条例

我国第一个《兽药管理条例》（以下简称《条例》）是1987年5月21日由国务院发布的，它标志着我国兽药法制化管理的开始。《条例》自1987年发布以来，分别在2001年和2004年经过两次较大的修改。现行的《条例》于2004年3月24日经国务院第45次常务会议通过，以国务院第404号令发布，并于2004年11月1日起实施。为保障条例的实施，与《条例》配套的规章有兽药注册办法、兽药产品批准文号管理办法、处方药和非处方药管理办法、生物制品管理办法、兽药进口管理办法、兽药标签和说明书管理办法、兽药广告管理办法、兽药生产质量管理办法、兽药经营质量管理规范、兽药非临床研究质量管理规范（GLP）和兽药临床试验质量管理规范（GCP）等。

2.兽药国家标准

《条例》第四十五条规定，"国家兽药典委员会拟定的、国务院兽医行政管理部门发布的《中华人民共和国兽药典》和国务院兽医行政管理部门发布的其他兽药标准为兽药质量国家标准。"因此，兽药只有国家标准，没有地方标准。《中华人民共和国兽药典》是国家为保证兽药产品质量而制定的具有强制约束力的技术法规，是兽药生产、经营、进出口、使用、检验和监督管理部门共同遵守的法定依据。它不仅对我国的兽药生产具有指导作用，而且是兽药监督管理和兽药使用的技术依据，也是保障动物源食品安全的基础。根据《中华人民共和国标准化法实施条例》，兽药标准属强制性标准。

二、兽药管理制度

1.兽用处方药与非处方药管理制度

为保障动物用药安全和人的食品安全，《条例》规定，"国家实行兽用处方药和非处方药分类管理制度"，从法律上正式确立了兽药的处方药管理制度。所谓兽用处方药，是指凭兽医处方才可购买和使用的兽药。兽用非处方药，是指由国务院兽医行政管理部门公布的、不需要凭兽医处方就可以自行购买并按照说明书使用的兽药。处方药管理的一个最基本的原则就是兽药要凭兽医的处方才可购买和使用。因此，未经兽医开具处方，任何人不得销售、购买和使用处方兽药。通过兽医开具处方后购买和使用兽药，可以防止滥用兽药尤其抗菌药，避免或减少动物产品中发生兽药残留、抗生素耐药等问题。兽用处方药和非处方药分类管理制度包括以下几个方面。

① 对兽用处方药的标签或者说明书的印制提出特殊要求，规定

兽用处方药的标签或者说明书还应当印有国务院兽医行政管理部门规定的警示内容；兽用非处方药的标签或者说明书还应当印有国务院兽医行政管理部门规定的非处方药标志。

② 兽药经营企业销售兽用处方药的，应当遵守兽用处方药管理办法。

③ 禁止未经兽医开具处方销售、购买、使用国务院兽医行政管理部门规定实行处方药管理的兽药。

④ 开具处方的兽医人员发现可能与兽药使用有关的严重不良反应，有义务立即向所在地人民政府兽医行政管理部门报告。

⑤《条例》规定，"兽药经营企业，应当向购买者说明兽药的功能主治、用法、用量和注意事项。销售兽用处方药的，应当遵守兽用处方药管理办法"。批发销售兽用处方药和兽用非处方药的企业，必须配备兽医师或药师以上药学技术人员，兽药生产企业不得以任何方式直接向动物饲养场（户）推荐、销售兽用处方药。兽用处方药必须凭兽医师或助理兽医师处方销售和购买，兽药批发、零售企业不得采用开架自选销售方式。

2. **不良反应报告制度**

不良反应是指兽药在按规定用法用量正常应用的过程中产生的与用药目的无关或意外有害的反应。不良反应与兽药的应用有因果关系，一般撤销使用兽药后即会消失，有的则需要采取一定的处理措施才会消失。

《条例》规定，"国家实行兽药不良反应报告制度。兽药生产企业、经营企业、兽药使用单位和开具处方的兽医人员发现可能与兽药使用有关的严重不良反应，应当立即向所在地人民政府兽医行政管理部门报告"。首次以法律的形式规定了不良反应报告制度。

有些兽药在申请注册或者进口注册时，由于科学技术发展的限制或者人们认识水平的限制，当时没有发现对环境或者对人类有不良影响，在使用一段时间后，该兽药的不良反应才被发现，这时，就应当立即采取有效措施，防止这种不良反应的扩大或者防止造成更严重的后果。为了保证兽药的安全、可靠，最终保障人体健康，在使用兽药过程中，发现某种兽药有严重的不良反应，兽药生产企业、经营企业、兽药使用单位和开具处方的兽医师有义务向所在地兽医行政主管部门及时报告。

三、牛场药品管理与安全用药制度

1.药品管理制度

（1）药品的购买　从正规的兽药商店购买兽药，不从无兽药经营许可证的销售单位购买兽药。不购买违禁兽药。所用兽药应来自具有《兽药生产许可证》和产品批准文号的生产企业或者具有《进口兽药许可证》的供应商。所用兽药的标签应符合《兽药标签和说明书管理办法》的规定。

（2）细致的药品质量检查与验收　包括药品外观检查、药品内外包装及标识的检查。主要内容包括商品名、主要成分、规格、批准文号、生产日期、有效期等。

（3）建立完整的兽药购进记录　记录内容包括药品的名称、剂量、规格、有效期、生产厂商、供货单位、购进数量、购货日期。

（4）药品的储存　药品储存应有专门的固定仓库，专仓专用，专人专管。搬运和装卸药物时应轻拿轻放，严格按照药品的储藏要求去做，并且按照药物的用途分门别类地存放，便于查找。药品柜要保持干净、整洁。非相关人员禁止入内。

（5）药品的领用出库　建立药品领用台账记录，填写药物领用的专用表格，内容包括药名、剂型、规格、数量、领用日期、领用人员、使用人员。

2.兽药安全用药制度

加强牛群饲养管理，采取各种措施减少应激，增强牛只自身的免疫力，防止发病和死亡。使用抗菌药、抗寄生虫药和生殖激素类药时应注意，严格遵守规定的给药途径、使用剂量、疗程和注意事项，严格遵守规定的休药期。禁止使用违禁药物。禁止使用有致畸、致癌和致突变作用的兽药。建立患病动物病历，并且保存好牛群免疫程序记录，患病牛的畜号、发病时间及症状、治疗用药的经过、治疗时间、疗程、所用药物商品名称及有效成分。

四、常用防治药物的安全用药方法

1.给药方案的制订

对患病动物进行合理治疗的关键，在于选择药物和制订给药方案。一旦决定对动物疾病进行药物治疗，就必须制订周密的治疗计划，包括选定首选药物（或制剂）和确定给药方案。当有几种药物可供兽医师选用时，应根据疾病的病理学过程、药物的动力学特征和药效的强弱等来决定选择的药物。选择抗菌药物治疗养殖场动物发生的感染性疾病时，在用药前要尽可能作药敏试验，能用窄谱抗生素的就不用广谱抗生素。制订一个良好的给药方案是合理用药的保证，兽医师要综合运用疾病和药物方面的知识，按照《兽药使用指南》的要求切实制订好的治疗方案，并在实际治疗过程中严格执行，尤其要督促畜主（或治疗方案执行人）严格按治疗方案用药，才能保证达到最好的疗效，并把不良反应减少至最低限度。

2.药物的整体配伍禁忌原则

在用药物治疗动物疾病时，所用药物往往不止一种，经常是几种药物同时使用或混合使用，不同药物的理化性质、药理作用等均不同，混合在一起有可能会出现理化性质、化学性质、疗效等的变化，使药物失去药效，有时甚至会产生有毒物质，对动物造成危害。因此，在药物使用上要特别注意配伍禁忌。按照配伍禁忌的性质，可将其区分为以下三类。

① 物理性配伍禁忌，即不同的药物混合在一起时，发生了物理性质上的变化，如析出、分离、潮解、熔化等。在这种情况下，药物的原来物理性状不复存在，其药效也会受到影响。

② 化学性配伍禁忌，即不同的药物混合在一起后发生化学反应，如产生气体、沉淀、变色和液化等，此时药物原来的化学性质

发生改变，不再有治疗疾病的作用。

③疗效性配伍禁忌，是指相配合使用药物的药效相互对抗，以至于不能发挥预期的药效。

为了避免配伍禁忌，用药的人必须熟悉每一种药物的物理、化学性状和药理作用。当多种药物配合使用时，需要认真审核，避免发生药物的配伍禁忌。因此，在临床用药时，要特别注意注射剂（包括静脉输液和滴注）中的配伍禁忌。同时，审查药物的配伍禁忌，还必须从病畜的具体情况来考虑，如体重、年龄、性别、给药目的和途径、疾病的情况及药物间相互作用等综合情况予以判定。

3. 抗菌药的安全用药方法

不合理使用尤其滥用抗菌药不仅造成药品的浪费、增加生产成本，而且导致细菌耐药性扩散和动物性食品的药物残留。临床用药时注意掌握如下原则。

（1）尽量选择窄谱抗菌药 例如革兰阳性菌感染可选择青霉素类、大环内酯类或第一代头孢菌素等；革兰阴性菌感染则应选择氨基糖苷类等。如果病原不明、混合或并发感染，则可选用广谱抗菌药或合用抗菌药，例如支原体和大肠杆菌合并感染可选择四环素类、氟喹诺酮类或合用林可霉素与大观霉素等。为了正确选药，一般应在用药前做药敏试验。

（2）根据药动学特性选用药物 防治消化道感染时，为使药物在消化道有较高的浓度，应选择不吸收或难吸收的抗菌药（如氨基糖苷类、氨苄西林、磺胺脒等）；在泌尿道感染时，应选择主要以原形从尿液排出的抗菌药（如青霉素类、链霉素、土霉素和氟苯尼考等）；在呼吸道感染时，宜选择容易吸收或在肺组织有选择性分布的抗菌药（如达氟沙星、阿莫西林、替米考星、氟苯尼考等）。

（3）正确合理使用广谱抗菌药 一般情况下应用一种抗菌药便可达到治疗目的，不应轻易合用。但在严重的混合感染或病原未明的危急病例，在用一种抗菌药无法控制病情时，在兽医师指导下，可以适当联合用药，以求获得协同作用，扩大抗菌范围，或防止产生耐药性。联合用药时，一般使用两种药物即可，没有必要合用三种以上抗菌药物，不仅不能增强治疗作用，还可能使毒性增加。

（4）按疗程服药，不要用用停停　准确的剂量和疗程可有效治疗疾病，达到较好疗效和避免产生耐药性。研究发现，浓度依赖性的氟喹诺酮类MIC达8～10倍时疗效最佳。杀菌药以2～3天为1个疗程，抑菌药尤其磺胺类一般疗程要有3～5天。切忌疾病稍有好转或体温下降就停用药物，导致疾病复发或诱发产生耐药性。

（5）抗菌药联合使用的注意事项　为了获得联合应用抗菌药的协同作用，必须根据抗菌药的作用特性和机制进行选择和组合。目前，一般按抗菌药的作用特性将其分为四大类：第一类为繁殖期杀菌剂，如青霉素类和头孢菌素类；第二类为静止期杀菌剂，如氨基糖苷类和多黏菌素等；第三类为速效抑菌剂，如四环素类、大环内酯类和酰胺醇类等；第四类为慢效抑菌剂，如磺胺类等。第一类与第二类药合用常可获得协同作用，如青霉素与链霉素合用，前者使细菌细胞壁的完整性破坏，使后者更易进入菌体内发挥作用。第一类与第三类药合用则可出现拮抗作用，如青霉素与四环素合用，由于后者使细菌蛋白质合成迅速受抑制，细菌进入静止状态，青霉素便不能发挥抑制细胞壁合成的作用。第四类药对第一类药可能无明显影响。第二类与第三类药合用常表现为相加作用或无关作用，也有拮抗作用的报道。联合用药也可能出现毒性的协同作用或相加作用，所以在临床上要认真考虑联合用药的利弊，不要盲目组合，得不偿失。

4.中药的安全用药方法

（1）中药配伍的相互作用　中药是指按照病情的需要和中药药性特点，有选择地将两味以上的中药配合使用，利用药物之间的相互作用，发挥药物多种成分的复合作用，产生药效学和药动学的最佳效果。古人对中药的使用有"七情"的说法，七情就是指"单行、相须、相使、相畏、相恶、相反、相杀"。相须是性能功效相似的药物配合使用，可以增强原有疗效。如石膏与知母配合，能明显提高清热泻火的作用；大黄与芒硝配合，能明显增强攻下泄热的作用。相使是在功效方面有某些共性，以一种药为主，加一种药为辅，辅药能够提高主药的功效。如补气利水的黄芪与利水健脾的茯苓配合时，茯苓能够提高黄芪补气利水的治疗效果。相畏是一种药物的毒性反应或副作用，能够被另一种药物减轻或消除。如生半夏和生天南星的毒性能够被生姜减轻或消除。所以说生半夏和生天南星畏生姜。相杀即一种药物能减轻或消除另一种药物的毒性或副作用。如生姜能减轻或消除生半夏和生天南星的毒性或副作用，所以说生姜杀生半夏和生天南星的毒。相恶是两种药物合用，一种药物能够使另外一种药物的原有功效降低甚至消失。例如人参恶莱菔子，因为莱菔子能够削弱人参补气的作用。两药相恶，只是两种药物的某方面或某几个方面的功效减弱或丧失，并非两药的各种功效全部相恶。如生姜恶黄芩，只是生姜的温肺、温胃的功效与黄芩的清肺、清胃的功效相互牵制而致使疗效降低，但是生姜还具有和中开胃的效果，黄芩还有清泻少阳的效果，在这些方面，两药并不相恶。所以，相恶在配伍上应该避免，但也有可以利用的一面。相反是两种药物合用，能够产生或增强毒性反应或副作用。所以，综上所述，中药配伍关系可以概括为有些药物因产生协同作用而增进疗效，是临床用药时要充分利用的；有些药物可能互相拮抗而抵消、削弱原有功效，在临床应用时应加以注意；有些药物因为相互作用，而能够减轻或消除原有的毒性或副作用，在应用毒性药或烈性药时必须考虑选用；有些药物因相互作用而产生或增强副作用，属于配伍禁忌，应当避免使用。

（2）中药配伍禁忌　在中药配伍禁忌方面，历来以"十八反"和"十九畏"作为基础。十八反：藜芦反人参、党参、沙参、丹参、苦参、玄参、细辛、白芍、赤芍；川乌和草乌反白及、白蔹、半夏、瓜蒌、贝母；甘草反大戟、芫花、海藻、甘遂。十九畏：硫黄畏朴硝（芒硝）；水银畏砒霜（信石）；狼毒畏密陀僧；巴豆畏牵牛子（二丑）；丁香畏郁金；牙硝畏荆三棱；川乌、草乌畏犀角；人参畏五灵脂；官桂（桂枝、肉桂）畏赤石脂、白石脂。从配伍的禁忌类型，可分为禁用和慎用两大类。禁用是指必须严格禁止使用；慎用在一定条件下可谨慎使用，但必须观察病情变化及用药后的反应。由于中药和中兽药古代多为一体，故现存材料多是以医学为主，不同种类动物对中药的配伍资料相对较少。

5.中西药安全用药方法

（1）联合用药后产生的物理、化学配伍禁忌　酸性较强的中药（如山楂、五味子、乌梅等）不可与磺胺类药物联用。因为磺胺类药物在酸性条件下不仅加速乙酰化的形成，而且溶解度明显降低，容易出现结晶尿和血尿；也不能与一些碱性较强的药物（如氨茶碱、复方氢氧化铝、乳酸钠、碳酸氢钠等）联用，因为与碱性药物发生中和反应后，会降低或失去疗效。碱性较强的中药（如瓦楞子、海螵蛸、朱砂等）也不宜与一些酸性药物（如胃蛋白酶合剂、阿司匹林等）联用。含钙、镁、铁等金属离子的中药（如石膏、牡蛎、龙骨、海螵蛸、石决明等及其中成药）不能与四环素类抗生素、喹诺酮类抗菌药物联用。因为金属离子可与此类药物结合生成络合物，而不易被肠道所吸收。含鞣质较多的中药及其中成药（如五倍子、石榴皮等）不能与胃蛋白酶合剂、淀粉酶、多酶片等联用，因为其中含有蛋白质，结构中的肽键或胺键与鞣质结合发生化学反应，形成氢键络合物而改变其性质，不易被肠道吸收，从而引起消化不良等症状。含蒽醌类的中药（如大黄、虎杖、何首乌等）不宜与碱性药物联用，因为蒽醌苷在碱性溶液中易氧化失效。

（2）联合用药后产生的药理性配伍禁忌　具有较强抗菌作用的药物（如金银花、连翘、黄芩、鱼腥草等及其中成药）不宜与菌类制剂（如乳酶生、促菌生等）联用，因为抗菌药在抗菌的同时抑制或降低菌类制剂的活性。含颠茄类生物碱的中药及其制剂（如曼陀罗、洋金花、天仙子、颠茄合剂等）和含有钙离子的中药（如石膏、牡蛎、龙骨等）均不宜与强心苷类药物联用，因为颠茄类生物碱能够松弛平滑肌，降低胃肠道蠕动，增加了强心苷类药物的吸收和蓄积，故增加了毒性。含雄黄的中成药与胃蛋白酶、多酶、淀粉酶、硫酸镁、菠萝蛋白酶、硫酸锌、硫酸亚铁等西药合用，可因雄黄中所含的硫化砷与某些酶活性中心的必需基因结合使酶失去活性，从而使药效降低或失效。

（3）联合用药后产生的体内相互作用

① 在体内形成难溶物，减少吸收。如含有鞣质的中药与四环素类抗生素药物联用生成难溶的鞣酸盐沉淀，影响吸收，使疗效降低。

② 影响药物分布，使血药浓度升高。如小檗碱与硫喷妥钠竞争血浆蛋白结合部位，使其游离药物浓度提高，药效增强，改变酶活性，影响药物代谢。

③ 酶活性对药效有着重要的影响。酶活性高则代谢加快，体内药物浓度降低；反之则代谢减慢，体内药物浓度升高。如甘草与氨茶碱联用，可使氨茶碱在肝脏的代谢加快，使其半衰期缩短一半。

④ 用药重复累加或协同，使药效或毒性增强。联用的中西药功效相似或相同，若将两类药物同用，必然会造成药理作用的累加，药效或毒性增强，诱发并发症。如蟾酥含有洋地黄类成分，蟾毒的提取物残余蟾毒配基属天然强心苷类，与地高辛具有相似的苷结构，因此蟾毒具有地高辛样免疫活性。同用救心丸、六神丸后血中地高辛血药浓度升高，引起强心苷中毒。

⑤ pH值变化改变药物的酸碱环境。一些西药的溶解和吸收均需要一定的pH值，若将其与偏酸性或偏碱性的中药联用，可能会使pH值发生变化，从而影响机体对西药的吸收，使原有功效增强或减弱，同时也影响联用的中药的疗效。含大量有机酸的中药若与碱性西药同服，可发生酸碱中和，导致碱性药失效，中药疗效降低；与氨基糖苷类抗生素合用，可减少抗生素的吸收，降低抗菌活性，影响疗效。

⑥ 有些中药与西药联用，可生成有毒物质。如苏合香丸与10%溴化钾溶液、普萘洛尔片合用，会引起腹痛、腹泻、肠炎等症状。这是因为苏合香丸中的朱砂为硫化汞，可与溴化钾在肠内生成有刺

激性的溴化汞，从而出现上述症状。

⑦ 破坏成分或药物的体内环境，导致药物失效或降低效果。如黄连、黄芩、金银花、大黄等具有抑菌效果的中药与乳酶生合用，可使后者所含的活肠链球菌灭活而失效。

（4）兽医临床常见的几种中西药注射剂的配伍禁忌

① 双黄连粉针与硫酸阿米卡星注射液配伍出现混浊与沉淀，与注射液氨苄西林钠配伍颜色加深，pH值下降，与青霉素、头孢拉定、地塞米松配伍后不溶性微粒分别增加2倍、23倍和94倍。

② 穿琥宁注射液与环丙沙星、卡那霉素、庆大霉素、阿米卡星、氧氟沙星等药物配伍可有沉淀产生，因为穿琥宁注射液是二萜类酯化合物，其水溶液易水解氧化，尤其在酸性条件下不稳定，易产生沉淀。

③ 葛根素注射液与辅酶A、三磷腺苷、利巴韦林配伍，pH值有显著改变，故不宜配伍使用。

④ 刺五加注射液与双嘧达莫、维拉帕米注射液配伍后有沉淀产生；清开灵注射液在pH值6.8～7.5时稳定，而在酸性环境中不稳定，在pH值5.34时澄清度下降，如与维生素C、阿米卡星等酸性药物配伍时可立即产生沉淀。

6.减少兽药残留

随着科学技术的进步和研究的深入，相关领域的科研工作者对兽药残留的研究不断取得进展，发现许多兽药或化学物质对人类健康可能构成严重的威胁。概括起来，兽药残留对人类的危害主要有一般毒性作用、特殊毒性作用（致畸作用、致突变作用、致癌作用和生殖毒性作用等）、变态反应、激素样作用、对胃肠道菌群的影响、造成病原菌耐药性增加。近年来，社会各界对动物性食品中兽药残留问题高度关注，在一定程度上影响了国内动物性食品消费。一旦发生食品安全问题，如不能得到迅速有效的解决，不仅会威胁到人民群众的健康和生命安全，还可引起社会的不稳定。兽药残留还阻碍了动物性产品的出口贸易，损害国家形象。随着全球经济一体化和食品贸易国际化，食品安全已成为全球性的重要公共卫生问题。欧盟、美国、日本等发达地区和国家对兽药残留监控措施日趋完善，残留限量标准日趋严格，使得兽药残留已经成为国际贸易的绿色壁垒或技术壁垒。我国动物性食品出口屡遭发达国家残留技术壁垒封阻，给我国的动物性食品出口造成了巨大影响和经济损失，并严重损害了我国的国际声誉。合理使用兽药，可有效控制兽药残留，应做到以下几点：严禁使用违禁药物；坚持用药记录制度；杜绝不合理用药；避免环境污染，对兽药污染的粪肥要进行无害化处理后方可使用；严格执行休药期和弃奶期。

五、牛场常用的抗菌药物

（一）β-内酰胺类药物

β-内酰胺类抗生素是指其化学结构含有 β-内酰胺环的一类抗生素。兽医临床常用的药物主要包括青霉素类和头孢菌素类药物。

1.青霉素类药物

青霉素类药物属于杀菌性抗生素，其杀菌机制是抑制细菌细胞壁的合成。其杀菌作用的速度比氨基糖苷类和氟喹诺酮类慢，且呈时间依赖性，是兽医临床上广泛应用的一类抗菌药。

青霉素类药物分为天然青霉素和半合成青霉素。天然青霉素主要有青霉素F、青霉素G、青霉素X、青霉素K和双氢青霉素F五种，具有杀菌力强、毒性低、使用方便和价格低廉等优点，但同时也具有不耐酸、不耐青霉素酶、抗菌谱窄和容易引起变态反应等缺点。半合成青霉素主要有耐青霉素酶的青霉素（如苯唑西林和氯唑西林等）、广谱青霉素（如氨苄西林、阿莫西林、海他西林和羧苄西林）。另外，为了克服青霉素在动物体内的有效血药浓度维持时间短的缺点，制成了一些难溶于水的有机碱复盐，如普鲁卡因青霉素和苄星青霉素（二苄基乙二胺青霉素），这些混悬液注射后，在注射局部肌肉内缓慢释放吸收，可延长青霉素在动物体内的有效血药浓度维持时间。但此类制剂血药浓度较低，仅用于对青霉素高度敏感的慢性感染。

青霉素钠

【性状】本品为白色结晶性粉末；无臭或微有特异性臭味；有引湿性；遇酸、碱或氧化剂等即迅速失效，水溶液在室温放置易失效。本品在水中极易溶解，在乙醇中溶解，在脂肪油或液状石蜡中不溶解。

【药物配伍】①青霉素与氨基糖苷类合用，可提高后者在菌体内的浓度，故呈现协同作用。②大环内酯类、四环素类和酰胺醇类等快效抑菌剂对青霉素的杀菌活性有干扰作用，不宜合用。③重金属离子（尤其是铜、锌、汞）、醇类、酸、碘、氧化剂、还原剂、羟基化合物及呈酸性的葡萄糖注射液或盐酸四环素注射液等可破坏青霉素的活性，属配伍禁忌。④胺类与青霉素可形成不溶性盐，使吸收发生变化，这种相互作用可以延缓青霉素的吸收，如普鲁卡因青霉素。⑤青霉素钠水溶液与一些药物溶液（如盐酸氯丙嗪、盐酸林可霉素、酒石酸去甲肾上腺素、盐酸土霉素、盐酸四环素、B族维生素及维生素C）不宜混合，否则可产生混浊、絮状物或沉淀。

【不良反应】①青霉素的安全范围广，主要的不良反应是变态反应，大多数牛均可发生变态反应，但发生率较低。局部反应表现为注射部位水肿、疼痛，全身反应为荨麻疹、皮疹，严重者可引起休克或死亡。②对某些动物，青霉素可诱导胃肠道的二重感染。

【制剂】注射用青霉素钠。

注射用青霉素钠（注射用青霉素钾）

【性状】本品为白色结晶性粉末。

【适应证】主要用于革兰阳性菌感染，亦用于放线菌及钩端螺旋体等的感染。

【注意】①青霉素钠（钾）易溶于水，水溶液不稳定，很易水解，水解率随温度升高而加速，因此注射液应在临用前配制。必须保存时，应置冰箱中（2～8℃），可保存7天，在室温下只能保存24小时。②应了解与其他药物的相互作用和配伍禁忌，以免影响青霉素钠的药效。③青霉素钠（钾）100万单位（0.6克），大剂量注射可能出现高钠（钾）血症；对肾功能减退或心功能不全患畜会产生不良后果，钾离子对心脏的不良作用更严重。

【休药期】0天；弃奶期72小时。

氨苄西林

【性状】本品为白色结晶性粉末；味微苦。本品在水中微溶，在三氯甲烷、乙醇、乙醚或不挥发油中不溶；在稀酸溶液或稀碱溶液中溶解。

【药物配伍】①本品与氨基糖苷类合用，可提高后者在菌体内的浓度，呈现协同作用。②大环内酯类、四环素类和酰胺醇类等快效抑菌剂对本品的杀菌作用有干扰，不宜合用。

【不良反应】对胃肠道正常菌群有较强的干扰作用，反刍动物内服可引起胃肠道功能紊乱。

【制剂】①氨苄西林混悬注射液；②氨苄西林、苄星氯唑西林乳房注入剂（干乳期）；③氨苄西林、苄星氯唑西林乳房注入剂（泌乳期）。

氨苄西林混悬注射液

【性状】本品为乳白色黏性混悬液。

【适应证】主要用于对氨苄西林敏感的革兰阳性菌和革兰阴性菌感染。

【用法与用量】皮下注射或肌内注射，一次量，牛每千克体重5～7毫克。使用时应先将药液摇匀。

【注意】注射后应在注射部位多次轻轻按摩，如患畜是由革兰阴性菌引起的疾病，每天可注射2次。

【休药期】牛6天；弃奶期48小时。

注射用氨苄西林钠

本品为氨苄西林钠的无菌粉末。

【性状】本品为白色或类白色的粉末或结晶性粉末。

【适应证】用于对氨苄西林敏感的革兰阳性菌和革兰阴性菌感染。

【用法与用量】肌内注射、静脉注射，一次量，牛每千克体重10～20毫克。每天2～3次，连用2～3天。

【注意】对青霉素酶敏感，不宜用于耐青霉素的金黄色葡萄球菌引起的感染。

【休药期】牛6天；弃奶期48小时。

阿莫西林

【性状】本品为白色或类白色结晶性粉末；味微苦。本品在水中微溶，在乙醇中几乎不溶。

【药物配伍】与【不良反应】参见氨苄西林。

【制剂】①阿莫西林可溶性粉；②阿莫西林注射液；③复方阿莫西林粉；④阿莫西林克拉维酸钾注射液。

阿莫西林注射液

本品为阿莫西林与分馏椰子油等制成的无菌混悬液。

【性状】本品为白色或类白色油状混悬液。

【适应证】用于对阿莫西林敏感的革兰阳性球菌和革兰阴性菌感染。

【用法与用量】以阿莫西林计。肌内注射、皮下注射，一次量，牛每千克体重15毫克，如需要可在48小时后再注射1次。

【注意】①用前摇匀。②治疗期间和停药后96小时前的奶禁止食用。

【休药期】牛28天；弃奶期4天。

阿莫西林克拉维酸钾注射液

本品为阿莫西林克拉维酸钾加适宜稳定剂与椰子油制成的油混悬液。

【性状】本品为类白色至浅黄色的混悬液体。

【适应证】用于牛阿莫西林敏感菌引起的感染。

【用法与用量】肌内注射或皮下注射，牛每20千克体重1毫升。每天1次，连用3～5天。

【注意】使用前摇匀。

【休药期】牛14天；弃奶期60小时。

苯唑西林钠

【性状】本品为白色粉术或结晶性粉末；无臭或微臭。本品在水中易溶，在丙酮或丁醇中极微溶解，在乙酸乙酯或石油醚中几乎不溶解。

【药物配伍】①与氨苄西林或庆大霉素合用可增强对肠球菌的抗菌活性。②其他参见青霉素钠。

【不良反应】同青霉素钠。

【制剂】注射用苯唑西林钠。

注射用苯唑西林钠

本品为苯唑西林钠的无菌粉末。

【性状】本品为白色粉末或结晶性粉末。

【适应证】用于耐青霉素的葡萄球菌引起的感染。

【用法与用量】肌内注射，一次量，牛每千克体重10～15毫克。每天2～3次，连用2～3天。

【休药期】牛14天；弃奶期72小时。

普鲁卡因青霉素

【性状】本品为白色结晶性粉末；遇酸、碱或氧化剂等即迅速失效。本品在甲醇中易溶，在乙醇或三氯甲烷中略溶，在水中微溶。

【药物配伍】与**【不良反应】**参见青霉素钠。

【制剂】①注射用普鲁卡因青霉素；②普鲁卡因青霉素注射液。

注射用普鲁卡因青霉素

本品为普鲁卡因青霉素与青霉素钠（钾）加适宜的悬浮剂与缓冲剂制成的无菌粉末。

【性状】本品为白色粉末。

【适应证】主要用于革兰阳性菌引起的感染，亦用于放线菌及钩端螺旋体等感染。

【用法与用量】肌内注射，一次量，牛每千克体重1万～2万单位。每天1次，连用2～3天。临用前加灭菌注射用水适量制成混悬液。

【注意】①本品仅用于治疗高度敏感菌引起的慢性感染。②其他参见注射用青霉素钠。

【休药期】弃奶期72小时。

普鲁卡因青霉素注射液

本品为普鲁卡因青霉素的灭菌混悬液。

【性状】本品为细微颗粒的混悬油溶液。静置后，细微颗粒沉淀，振摇后呈均匀的淡黄色混悬液。

【适应证】、【用法与用量】与【注意】同注射用普鲁卡因青霉素。

【休药期】牛10天；弃奶期48小时。

苄星青霉素

【性状】本品为白色结晶性粉末。本品在二甲基甲酰胺或甲酰胺中易溶，在乙醇中微溶，在水中极微溶解。

【药物配伍】与【不良反应】参见青霉素钠。

【制剂】注射用苄星青霉素。

注射用苄星青霉素

本品为青霉素的二苄基乙二胺盐加适量缓冲剂及助悬剂混合制成的无菌粉末。

【性状】本品为白色结晶性粉末。

【适应证】用于革兰阳性菌感染。

【用法与用量】肌内注射，一次量，牛每千克体重2万～3万单位。必要时3～4天重复1次。

【注意】①本品血药浓度较低，急性感染时应与青霉素钠合用。②其他参见注射用青霉素钠。

【休药期】牛4天；弃奶期72小时。

2. 头孢菌素类药物

根据发现的时间先后、抗菌谱和对β-内酰胺酶的稳定性，目前将头孢菌素类分为四代。

第一代头孢菌素的抗菌谱与广谱青霉素相似。对青霉素酶稳定，但仍可被多数革兰阴性菌的β-内酰胺酶水解，因此主要用于革兰阳性菌感染。常用的有头孢噻吩（先锋霉素Ⅰ）、头孢氨苄（先锋霉素Ⅳ）、头孢唑啉（先锋霉素Ⅴ）、头孢拉定（先锋霉素Ⅵ）和头孢羟氨苄等。第二代头孢菌素对革兰阳性菌的活性与第一代相近或稍弱，但抗菌谱较广，多数品种能耐受β-内酰胺酶，对革兰阴性菌的抗菌活性增强（如头孢西丁等）。第三代头孢菌素的抗菌谱更广，对革兰阴性菌的作用比第二代进一步加强，但对金黄色葡萄球菌的活性不如第一代和第二代头孢菌素，如头孢噻呋和头孢喹肟等。头孢噻呋与头孢喹肟为动物专用。20世纪90年代以后有不少新头孢菌素问世，统称第四代，抗菌谱比第三代更广，对β-内酰胺酶稳定，对金黄色葡萄球菌等革兰阳性菌的作用有所增强，多数品种对铜绿假单胞菌有较强的作用。

头孢噻呋

【性状】本品为类白色至淡黄色粉末。本品在丙酮中极微溶解，在水或乙醇中几乎不溶解。

【药物配伍】与青霉素和氨基糖苷类药物合用有协同作用。

【不良反应】①可能引起胃肠道菌群紊乱或二重感染。②有一定的肾毒性。③对牛可引起特征性的脱毛和瘙痒。

注射用头孢噻呋钠

本品为头孢噻呋钠的无菌粉末或无菌冻干品。

【性状】本品为白色至灰黄色粉末或疏松块状物。

【适应证】用于治疗牛细菌性疾病。还可治疗由坏死梭菌和产黑素拟杆菌感染引起的奶牛腐蹄病。

【用法与用量】以头孢噻呋计，肌内注射，一次量，牛每千克体重1.1～2.2毫克。每天1次，连用3天。

【注意】现配现用。

【休药期】牛3天；弃奶期12小时。

头孢氨苄

【性状】本品为白色或微黄色结晶性粉末，微臭。微溶于水，不溶于乙醇、三氯甲烷或乙醚。

【药物配伍】与氨基糖苷类药物合用有协同作用。

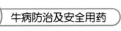

【不良反应】有潜在的肾毒性。

【制剂】头孢氨苄乳剂。

头孢氨苄乳剂

【性状】本品为乳白色的乳剂。

【适应证】用于革兰阳性菌（如链球菌、葡萄球菌等）和革兰阴性菌（如大肠杆菌等）引起的奶牛乳腺炎。

【用法与用量】乳房内用药（乳管注入），每个乳室200毫克，每天2次，连用2天。

【休药期】弃奶期48小时。

（二）氨基糖苷类药物

氨基糖苷类药物是由链霉菌或小单孢菌产生或经半合成制得的一类水溶性的碱性抗生素。由链霉菌产生的有链霉素、新霉素和卡那霉素等；由小单孢菌产生的有庆大霉素、小诺霉素等；半合成品有阿米卡星等。兽医常用品种有链霉素、卡那霉素、庆大霉素、新霉素、大观霉素和安普霉素等。

本类药物有以下共同特征。①均为有机碱，能与酸形成盐，制剂常用硫酸盐，其水溶性好，性质稳定。②属杀菌性抗生素，对需氧革兰阴性菌作用强，对厌氧菌无效，对革兰阳性菌作用较弱，但对金黄色葡萄球菌（包括耐药菌株）较敏感。③对革兰阴性菌和阳性菌存在明显的抗生素后效应。④内服极少吸收，几乎完全从粪便排出，可作为肠道感染用药。

氨基糖苷类药物的主要作用是抑制细菌蛋白质的合成过程，可使细菌胞膜的通透性增强，使胞内物质外渗导致细菌死亡。本类药物对静止期细菌杀灭作用强，为静止期杀菌药。此类药物有较强的副作用，主要有肾毒性（损害近曲小管上皮细胞，出现蛋白尿、血尿，严重时出现肾功能减退，应给予患畜足量饮水）、耳毒性（表现为前庭功能失调及耳蜗神经损害，由于氨基糖苷类能透过胎盘屏障，故孕畜注射时可引起新生畜的听觉受损或产生肾毒性）、神经肌肉阻滞（症状为心肌抑制和呼吸衰竭，可静脉注射新斯的明和钙剂对抗），内服可能损害肠壁绒毛而影响肠道吸收，引起肠道菌群失调，发生厌氧菌或真菌等二重感染。

硫酸链霉素

【性状】本品为白色或类白色粉末；无臭或几乎无臭，味微苦；有引湿性。本品在水中易溶，在乙醇或三氯甲烷中不溶。

【药物配伍】①与青霉素类或头孢菌素类合用有协同作用。②本类药物在碱性环境中抗菌作用增强，与碱性药物（如碳酸氢钠、氨茶碱等）合用可增强抗菌效力，但毒性也相应增强。当pH值超过8.4时，抗菌作用反而减弱。③Ca^{2+}、Mg^{2+}、Na^+、NH_4^+和K^+等阳离子可抑制本类药物的抗菌活性。④与头孢菌素、右旋糖酐、强效利尿药（如呋塞米等）、红霉素等合用，可增强本类药物的耳毒性。⑤骨骼肌松弛药（如氯化琥珀胆碱等）或具有此种作用的药物可加强本类药物的神经肌肉阻滞作用。

【不良反应】①耳毒性。链霉素最常引起前庭损害，这种损害可随连续给药的药物积累而加重，并呈剂量依赖性。②猫对链霉素较敏感，常量即可造成恶心、呕吐、流涎及共济失调等。③神经肌肉阻断作用常由链霉素剂量过大导致。犬、猫外科手术全身麻醉后，合用青霉素和链霉素预防感染时，常出现意外死亡，这是由于全身麻醉剂和肌肉松弛剂对神经肌肉阻断有增强作用。④长期应用可引起肾脏损害。

【制剂】注射用硫酸链霉素。

注射用硫酸链霉素

本品为硫酸链霉素的无菌粉末。

【性状】本品为白色或类白色的粉末。

【适应证】用于治疗革兰阴性菌和结核杆菌感染。

【用法与用量】肌内注射，一次量，牛每十克体重10～15毫克。每天2次，连用2～3天。

【注意】①链霉素与其他氨基糖苷类有交叉过敏现象，对氨基糖苷类过敏的患畜禁用。②患畜出现脱水（可致血药浓度增高）或肾功能损害时慎用。③用本品治疗泌尿道感染时，肉食动物和杂食动物可同时内服碳酸氢钠，使尿液呈碱性，以增强药效。

【休药期】牛18天；弃奶期72小时。

硫酸双氢链霉素

【性状】本品为白色或类白色粉末；无臭或几乎无臭，味微苦；有引湿性。本品在水中易溶，在乙醇中溶解，在三氯甲烷中不溶。

【药物配伍】与【不良反应】双氢链霉素耳毒性比链霉素强。其他参见硫酸链霉素。

【制剂】①注射用硫酸双氢链霉素；②硫酸双氢链霉素注射液。

注射用硫酸双氢链霉素

本品为硫酸双氢链霉素的灭菌粉末。

【性状】本品为白色或类白色粉末。

【适应证】用于治疗革兰阴性菌和结核杆菌感染。

【用法与用量】肌内注射，一次量，牛每千克体重10毫克。每天2次。

【注意】本品耳毒性比链霉素强，慎用。其他参见注射用硫酸链霉素。

【休药期】牛18天；弃奶期72小时。

硫酸双氢链霉素注射液

本品为硫酸双氢链霉素的灭菌水溶液，可加适量亚硫酸氢钠等作为稳定剂。

【性状】本品为无色或微带黄色的澄明液体。

【适应证】用于治疗革兰阴性菌和结核杆菌感染。

【用法与用量】肌内注射，一次量，牛每千克体重10毫克。每天2次。

【注意】参见注射用硫酸链霉素。

【休药期】牛28天；弃奶期7天。

硫酸卡那霉素

【性状】本品为白色或类白色粉末；无臭；有引湿性。本品在水中易溶，在乙醇、丙酮、三氯甲烷或乙醚中几乎不溶。

【药物配伍】参见硫酸链霉素。

【不良反应】卡那霉素与链霉素一样有耳毒性，而且其耳毒性比链霉素、庆大霉素更大。卡那霉素也有肾毒性，但较少出现前庭毒性。卡那霉素与新霉素相比毒性较小。其他参见硫酸链霉素。

【制剂】①硫酸卡那霉素注射液；②注射用硫酸卡那霉素。

硫酸卡那霉素注射液

本品为硫酸卡那霉素的灭菌水溶液。

【性状】本品为无色至微黄色或黄绿色的澄明液体。

【适应证】主要用于治疗败血症及泌尿道、呼吸道感染。

【用法与用量】肌内注射，一次量，牛每千克体重10～15毫克。每天2次，连用3～5天。

【注意】参见注射用硫酸链霉素。

【休药期】牛28天；弃奶期7天。

注射用硫酸卡那霉素

本品为硫酸卡那霉素的无菌粉末。

【性状】本品为白色或类白色粉末。

【适应证】主要用于治疗败血症及泌尿道、呼吸道感染。

【用法与用量】肌内注射，一次量，牛每千克体重10～15毫克。每天2次，连用2～3天。

【注意】参见注射用硫酸链霉素。

【休药期】牛28天；弃奶期7天。

硫酸庆大霉素

本品为庆大霉素C_1、C_{1a}、C_2和C_{2a}等组分组成的多组分硫酸盐混合物。

【性状】本品为白色或类白色粉末；无臭；有引湿性。本品在水中易溶，在乙醇、丙酮、三氯甲烷或乙醚中不溶。

【药物配伍】①庆大霉素与β-内酰胺类抗生素合用，通常对多种革兰阴性菌，包括铜绿假单胞菌等有协同作用。对革兰阳性菌（如马红球菌和李斯特菌等）也有协同作用。②与甲氧苄啶-磺胺合用，对大肠杆菌及肺炎克雷伯菌也有协同作用。③与四环素、红霉素等合用可能出现拮抗作用。④与头孢菌素合用可能使肾毒性增强。其他参见硫酸链霉素。

【不良反应】庆大霉素多见造成前庭功能损害，还可导致可逆性肾毒性，这与其在肾皮质部蓄积有关。偶见变态反应。其他参见硫酸链霉素。

【制剂】硫酸庆大霉素注射液。

硫酸庆大霉素注射液

本品为硫酸庆大霉素的灭菌水溶液。

【性状】本品为无色或几乎无色的澄明液体。

【适应证】用于治疗革兰阴性菌和革兰阳性菌引起的感染。

【用法与用量】肌内注射，一次量，牛每千克体重 $2 \sim 4$ 毫克。每天2次，连用 $2 \sim 3$ 天。

【注意】①庆大霉素可与 β-内酰胺类抗生素联用治疗严重感染，但在体外混合存在配伍禁忌。②本品与青霉素联用，对链球菌具有协同作用。③有呼吸抑制作用，不宜静脉推注。

硫酸新霉素

【性状】本品为白色或类白色的粉末；无臭；极易引湿。本品在水中极易溶解，在乙醇、乙醚、丙酮或三氯甲烷中几乎不溶。

【药物配伍】①新霉素与大环内酯类抗生素合用，可治疗革兰阳性菌所致的乳腺炎。②新霉素内服可影响洋地黄类药物、维生素A或维生素 B_{12} 的吸收。其他参见硫酸链霉素。

【不良反应】新霉素在氨基糖苷类中的毒性最大，易引起肾毒性及耳毒性。牛非肠道给药可引起肾毒性及耳聋，并可因脱水而加重。新霉素常量内服给药或局部给药很少出现毒性反应。

【制剂】①硫酸新霉素片；②硫酸新霉素可溶性粉；③硫酸新霉素预混剂；④硫酸新霉素甲溴东莨菪碱溶液。

盐酸大观霉素

【性状】本品为白色或类白色结晶性粉末。本品在水中易溶，在乙醇、三氯甲烷或乙醚中几乎不溶。

【药物配伍】与林可霉素合用，可显著增强对支原体的抗菌活性并扩大抗菌谱。其他参见硫酸链霉素。

【不良反应】①大观霉素对动物毒性相对较小，很少引起肾毒性及耳毒性。但同其他氨基糖苷类一样，可引起神经肌肉阻断作用。②林可霉素-大观霉素复方制剂在牛经肠道外注射给药可诱发严重的肺水肿。其他参见硫酸链霉素。

【制剂】①盐酸大观霉素可溶性粉；②盐酸大观霉素盐酸林可霉素可溶性粉。

硫酸大观霉素

【性状】本品为白色或类白色结晶性粉末。本品在水中易溶，在乙醇、三氯甲烷或乙醚中几乎不溶。

【药物配伍】与【不良反应】参见盐酸大观霉素。

【制剂】①盐酸林可霉素硫酸大观霉素可溶性粉；②盐酸林可霉素硫酸大观霉素预混剂。

硫酸庆大小诺霉素

【性状】本品为类白色或淡黄色的疏松结晶性粉末；无臭，有引湿性。本品在水中易溶，在甲醇、乙醇、丙酮、三氯甲烷或乙醚中几乎不溶。

【药物配伍】与【不良反应】参见硫酸庆大霉素。

【制剂】硫酸庆大小诺霉素注射液。

（三）四环素类药物

四环素类药物是由链霉菌产生或经半合成制得的一类碱性广谱抗生素。金霉素、土霉素和四环素最早使用。后经结构改造，获得了多西环素（强力霉素）等半合成品。兽医临床上常用的有四环素、土霉素、金霉素和多西环素等。本类药物的抗菌活性强弱依次为多西环素＞金霉素＞四环素＞土霉素。

本类药物属快效抑菌剂。进入菌体后，可逆性地与细菌核糖体30S亚基上的受体结合，干扰 tRNA-核糖体与 mRNA-核糖体复合体上的受体结合，阻止肽链延长而抑制蛋白质合成，从而使细菌的生长繁殖迅速受到抑制。

细菌通过降低对药物的主动转运和增强主动外排而对本类药物

耐药，还可通过一种胞浆蛋白（核糖体保护蛋白）在蛋白质合成过程中保护核糖体而耐药。天然的四环素类药物之间存在交叉耐药性，但与半合成的四环素类药物之间交叉耐药性不明显。

土霉素

【性状】本品为淡黄色至暗黄色的结晶性粉末或无定形粉末；无臭；在日光下颜色变暗，在碱溶液中易破坏失效。本品在乙醇中微溶，在水中极微溶解；在氢氧化钠试液和稀盐酸中溶解。

【药物配伍】①与泰乐菌素等大环内酯类合用呈协同作用；与多黏菌素合用，由于增强细菌对本类药物的吸收而呈协同作用。②本类药物均能与二价、三价阳离子等形成复合物，因而当它们与钙、镁、铝等抗酸药、含铁的药物或牛奶等食物同服时会减少其吸收，造成血药浓度降低。③与碳酸氢钠同服时，碳酸氢钠可使胃液pH值升高，使土霉素溶解度降低，吸收率下降，肾小管重吸收减少，排泄加快。④与利尿药合用可使血尿素氮升高。

【不良反应】四环素类药物的不良反应主要如下。①局部刺激作用。本类药物的盐酸盐水溶液有较强的刺激性，内服后可引起呕吐，肌内注射可引起注射部位疼痛、炎症和坏死，静脉注射可引起静脉炎和血栓。除土霉素外，不宜肌内注射。静脉应用宜用稀溶液，缓慢滴注，以减轻局部反应。②肠道菌群紊乱。四环素较常见，轻者出现维生素缺乏症，重者造成二重感染。③影响牙齿和骨骼发育。四环素进入机体后与钙结合，随钙沉积于牙齿和骨骼中。④本类药物还易透过胎盘和进入乳汁，因此孕畜、哺乳畜和小动物禁用，泌乳牛用药期间，乳禁止上市。⑤肝、肾损害。过量四环素可致严重的肾损害，尤其患有肾衰竭的动物。致死性的肾中毒偶尔可见，四环素类抗生素可引起多种动物的剂量依赖性肾脏功能改变。牛大剂量（33毫克/千克）静脉注射可致脂肪肝及近端肾小管坏死。⑥心血管效应。牛静脉注射四环素速度过快，可出现急性心力衰竭，故牛静脉注射四环素类药物时，应缓慢输注。⑦抗代谢作用。本类药物还可引起代谢性酸中毒及电解质失衡。

【制剂】①土霉素片；②土霉素注射液；③长效土霉素注射液。

土霉素片

【**性状**】本品为淡黄色片。

【**适应证**】用于治疗革兰阳性菌、革兰阴性菌和支原体等引起的感染性疾病。

【**用法与用量**】内服，一次量，犊牛每千克体重10～25毫克。每天2～3次，连用3～5天。

【**注意**】①成年反刍动物、马属动物和兔不宜内服。长期服用可诱发二重感染。②肝、肾功能严重不良的患畜禁用本品。③避免与乳制品和含钙量较高的饲料同服。

【**休药期**】牛7天；弃奶期72小时。

土霉素注射液

本品为土霉素与吡咯烷酮等制成的灭菌水溶液，或为土霉素二水合物与N-甲基吡咯烷酮等制成的无菌水溶液。

【**性状**】本品为黄色至浅棕黄色澄明液体；或为琥珀色澄明液体，有特臭；或为黄色至红棕色黏稠液体。

【**适应证**】用于治疗某些革兰阳性菌和革兰阴性菌、立克次体和支原体等引起的感染性疾病。

【**用法与用量**】以土霉素计。肌内注射，一次量，牛每千克体重10～20毫克。

【**注意**】①马注射后可发生胃肠炎，慎用。②肝、肾功能严重不良的患畜忌用本品。③泌乳牛、羊禁用。

【**休药期**】牛28天。

长效土霉素注射液

本品为土霉素与吡咯烷酮等制成的灭菌水溶液，或为土霉素二水合物与聚乙二醇400等配制成的灭菌溶液。

【**性状**】本品为琥珀色澄明液体，有特臭；或为黄色至棕黄色澄明液体。

【**适应证**】用于治疗敏感的革兰阳性菌和革兰阴性菌、立克次体、支原体等引起的感染性疾病，如巴氏杆菌病、大肠杆菌病、布鲁菌病、炭疽和沙门菌病等。

【用法与用量】以土霉素计。肌内注射，一次量，牛每千克体重10～20毫克（0.05～0.1毫升）。每个注射部位不超过10毫升。

【不良反应】在牛牙齿发育期间及妊娠后期使用四环素类药物可能会引起牙齿变色。

【注意】同土霉素注射液。

【休药期】牛28天。

盐酸土霉素

【性状】本品为黄色结晶性粉末；无臭，有引湿性；在日光下颜色变暗，在碱溶液中易破坏失效。本品在水中易溶，在甲醇或乙醇中略溶，在三氯甲烷或乙醚中不溶。

【药物配伍】与【不良反应】同土霉素。

【制剂】①注射用盐酸土霉素；②长效盐酸土霉素注射液。

注射用盐酸土霉素

本品为盐酸土霉素的无菌粉末。

【性状】本品为黄色结晶性粉末。

【适应证】用于治疗某些革兰阳性菌和革兰阴性菌、立克次体、支原体等引起的感染性疾病。

【用法与用量】静脉注射，一次量，牛每千克体重5～10毫克。每天2次，连用2～3天。

【注意】土霉素盐酸盐水溶液酸性较强，刺激性大，静脉注射宜缓慢；不宜肌内注射。其他参见土霉素注射液。

【休药期】牛8天；弃奶期48小时。

长效盐酸土霉素注射液

本品为盐酸土霉素的灭菌水溶液。

【性状】本品为琥珀色澄明液体；有特臭。

【适应证】用于治疗某些革兰阳性菌和革兰阴性菌、立克次体、支原体等引起的感染性疾病。

【用法与用量】以土霉素计。肌内注射，一次量，牛每千克体重10～20毫克。

【注意】同土霉素注射液。

【休药期】牛28天。

四环素

【性状】本品为淡黄色结晶性粉末；无臭；遇光后颜色渐变深；在碱溶液中易破坏失效。本品在乙醇中微溶，在水中极微溶，在三氯甲烷或乙醚中不溶。

【药物配伍】与【不良反应】同土霉素。

【制剂】四环素片。

四环素片

【性状】本品为淡黄色片。

【适应证】用于治疗革兰阳性菌和革兰阴性菌、立克次体、支原体等感染。

【用法与用量】内服，一次量，牛每千克体重10～20毫克。每天2～3次。

【注意】泌乳期禁用。其他参见土霉素片。

【休药期】牛12天。

盐酸四环素

【性状】本品为黄色结晶性粉末；无臭，味苦；略有引湿性；遇光色渐变深，在碱性溶液中易破坏失效。本品在水中溶解，在乙醇中微溶，在三氯甲烷或乙醚中不溶。

【药物配伍】与【不良反应】同土霉素。

【制剂】注射用盐酸四环素。

注射用盐酸四环素

本品为盐酸四环素加适量的维生素C或枸橼酸作为稳定剂的无菌粉末。

【性状】本品为黄色混有白色的结晶性粉末。

【适应证】用丁治疗某些革兰阳性菌和革兰阴性菌、支原体等引起的感染性疾病。

【用法与用量】静脉注射，一次量，牛每千克体重5～10毫克。每天2次，连用2～3天。

【注意】同土霉素注射液。

【休药期】牛8天；弃奶期48小时。

盐酸多西环素

本品在水或甲醇中易溶，在乙醇或丙酮中微溶，在三氯甲烷中几乎不溶。

【药物配伍】多西环素与链霉素合用，治疗布氏杆菌病有协同作用。

【不良反应】本品在四环素类抗生素中毒性最小，但有马属动物静脉注射后出现心律不齐、休克和死亡的报道。泌乳期奶牛禁用。其他参见土霉素。

【制剂】盐酸多西环素片。

盐酸多西环素片

【性状】本品为淡黄色片。

【适应证】用于治疗革兰阳性菌、革兰阴性菌和支原体引起的感染性疾病。

【用法与用量】内服，一次量，每千克体重犊牛3～5毫克。每天1次，连用3～5天。

【注意】同土霉素片。

【休药期】牛28天。

（四）大环内酯类药物

大环内酯类药物是由链霉菌产生或半合成的一类弱碱性抗生素，具有14～16元环内酯结构。自1952年发现红霉素以来，已有竹桃霉素、螺旋霉素、吉他霉素等问世。动物专用品种有泰乐菌素、替米考星、泰拉霉素等。

大环内酯类抗生素的抗菌谱和抗菌活性基本相似，主要对多数革兰阳性菌、革兰阴性球菌、厌氧菌及军团菌、支原体、衣原体有良好作用。本类药物与细菌核糖体的50S业基可逆性结合，阻断转肽作用和mRNA位移而抑制细菌蛋白质合成。大环内酯类抗生素的这种作用基本上被限于快速分裂的细菌和支原体，属生长期快效抑菌剂。

一些细菌可合成甲基化酶，将位于核糖体50S亚基上的23S rRNA上的腺嘌呤甲基化，导致大环内酯类抗生素不能与其结合，此为细菌对大环内酯类抗生素耐药的主要机制。大环内酯类和林可酰胺类抗生素的作用部位相同，所以耐药菌对上述两类抗生素常同时耐药。

红霉素

【性状】本品为白色或类白色的结晶或粉末；无臭，味苦；微有引湿性。本品在甲醇、乙醇或丙酮中易溶，在水中极微溶解。

【药物配伍】①红霉素与其他大环内酯类、林可酰胺类和氯霉素因作用靶点相同，不宜同时使用。②与β-内酰胺类合用表现为拮抗作用。③与青霉素合用对马红球菌有协同抑制作用。④红霉素有抑制细胞色素氧化酶系统的作用，与某些药物合用时可能抑制其代谢。

【不良反应】①酯化红霉素可能具有肝毒性，表现为胆汁淤积，也可引起呕吐和腹泻，尤其是高剂量给药时。②红霉素与其他大环内酯类一样，具有刺激性，肌内注射可引起剧烈的疼痛，静脉注射后可引起血栓性静脉炎及静脉周围炎，乳房给药后可引起炎症反应。③许多动物内服红霉素后常出现剂量依赖性胃肠道紊乱（呕吐、腹泻、肠疼痛等），这可能由对平滑肌的刺激作用引起。

【制剂】红霉素片。

乳糖酸红霉素

【性状】本品为白色或类白色的结晶或粉末；无臭，味苦。本品在水或乙醇中易溶，在丙酮或三氯甲烷中微溶，在乙醚中不溶。

【药物配伍】与【不良反应】同红霉素。

【制剂】注射用乳糖酸红霉素。

注射用乳糖酸红霉素

本品为乳糖酸红霉素的无菌结晶、粉末或无菌冻干品。

【性状】本品为白色或类白色的结晶或粉末或疏松块状物。

【适应证】主要用于治疗耐青霉素葡萄球菌引起的感染性疾病，也用于治疗其他革兰阳性菌及支原体感染。

【用法与用量】静脉注射，一次量，牛每千克体重3～5毫克。

每天2次，连用2～3天。临用前，先用灭菌注射用水溶解（不可用氯化钠注射液），然后用5%葡萄糖注射液稀释，浓度不超过0.1%。

【注意】①本品局部刺激性较强，不宜作肌内注射。静脉注射的浓度过高或速度过快时，易发生局部疼痛和血栓性静脉炎，故静脉注射速度应缓慢。②在pH值过低的溶液中很快失效，注射溶液的pH值应维持在5.5以上。

【休药期】牛14天；弃奶期72小时。

硫氰酸红霉素

【性状】本品为白色或类白色的结晶或结晶性粉末；无臭、味苦；微有引湿性。本品在甲醇或乙醇中易溶，在水或三氯甲烷中微溶。

【药物配伍】与【不良反应】同红霉素。

【制剂】硫氰酸红霉素可溶性粉。

泰乐菌素

本品是以泰乐菌素A、泰乐菌素B、泰乐菌素C和泰乐菌素D等组分为主的混合物。

【性状】本品为白色至浅黄色粉末。本品在甲醇中易溶，在乙醇、丙酮或三氯甲烷中溶解，在水中微溶，在己烷中几乎不溶。

【药物配伍】同红霉素。

【不良反应】①牛静脉注射可引起震颤、呼吸困难及抑郁等；马属动物注射本品可致死，禁用。②泰乐菌素可引起兽医接触性皮炎。其他参见红霉素。

【制剂】泰乐菌素注射液。

替米考星

【性状】本品为白色或类白色粉末。本品在甲醇、乙腈或丙酮中易溶，在水中不溶。

【药物配伍】本品与肾上腺素合用可增加猪的死亡。其他参见红霉素。

【不良反应】本品对动物的毒性作用主要在心血管系统，可引起心动过速和收缩力减弱。牛皮下注射50毫克/千克体重可引起心肌毒性，150毫克/千克体重则致死。猪肌内注射10毫克/千克体重引起呼吸增速、呕吐和惊厥，20毫克/千克体重可使大部分试验猪死亡。其他参见红霉素。

【制剂】①替米考星预混剂；②替米考星溶液；③替米考星注射液。

替米考星注射液

本品为替米考星与丙二醇等制成的灭菌溶液。

【性状】本品为淡黄色至棕红色澄明液体。

【适应证】用于治疗胸膜肺炎放线杆菌、巴氏杆菌及支原体感染。

【用法与用量】皮下注射，牛每千克体重10毫克。仅注射1次。

【注意】①本品禁止静脉注射。牛一次静脉注射5毫克/千克体重即致死，对猪、灵长类动物和马也有致死性危险。②肌内注射和皮下注射均可出现局部反应（水肿等），避免与眼接触。③注射本品时应密切监测心血管状态。④泌乳期奶牛和肉牛犊禁用。

【休药期】牛35天。

泰拉霉素

【性状】本品为白色或类白色粉末。本品在甲醇、丙酮和乙酸乙酯中易溶，在乙醇中溶解。

【不良反应】正常使用剂量对牛、猪的不良反应很少，研究中曾发现犊牛暂时性唾液分泌增多和呼吸困难，还有引起牛食欲下降的报道。

【制剂】泰拉霉素注射液。

泰拉霉素注射液

本品为泰拉霉素与硫代甘油等配制而成的灭菌水溶液。

【性状】本品为无色至微黄色澄明液体。

【适应证】用于治疗和预防对泰拉霉素敏感的溶血性巴氏杆菌、多杀性巴氏杆菌、睡眠嗜血杆菌和支原体引起的牛呼吸道疾病。

【用法与用量】皮下注射，一次量，牛每千克体重2.5毫克（相当于1毫升/40千克体重）。一个注射部位的给药剂量不超过7.5毫升。

【注意】①对大环内酯类抗生素过敏动物禁用。②本品不能与其他大环内酯类抗生素或林可霉素同时使用。③供生产人用乳品的泌乳期奶牛禁用。预计在2个月内分娩的可能生产人用乳品的怀孕母牛或小母牛禁用本品。④在首次开启或抽取药液后应在28天内使用。当多次取药时，建议使用专用吸取针头或多剂量注射器，以避免在瓶塞上扎孔过多。⑤泰拉霉素对眼睛有刺激性，如果眼睛意外接触到本品，立即用清水冲洗。泰拉霉素接触到皮肤时，可引起变态反应。如果皮肤意外接触到本品，立即用肥皂和水冲洗。用后洗手。

【休药期】牛49天。

（五）酰胺醇类药物

酰胺醇类药物又称氯霉素类抗生素，包括氯霉素、甲砜霉素和氟苯尼考等，属广谱抗生素。本类药物不可逆地结合于细菌核糖体50S亚基的受体部位，阻断肽酰基转移，抑制肽链延伸，干扰蛋白质合成而产生抗菌作用。酰胺醇类属快效广谱抑菌剂，对革兰阴性菌的作用较革兰阳性菌强，对肠杆菌尤其伤寒杆菌和副伤寒杆菌高度敏感。高浓度时对本品高度敏感的细菌可呈杀菌作用。

氯霉素能严重干扰动物造血功能，引起粒细胞及血小板生成减少，导致不可逆性再生障碍性贫血等。许多国家包括我国已禁止用于食品动物。甲砜霉素、氟苯尼考等由于苯环结构上的对位硝基被甲磺酸基取代，这种副作用几近消失，但却存在剂量相关的可逆性骨髓造血功能抑制作用。细菌对本类药物能缓慢产生耐药性，主要是诱导产生乙酰转移酶，通过质粒传递而获得，某些细菌也能改变细菌细胞膜的通透性，使药物难于进入菌体。甲砜霉素和氟苯尼考之间存在完全交叉耐药。

甲砜霉素

【性状】本品为白色结晶性粉末；无臭。本品在二甲基甲酰胺中易溶，在无水乙醇中略溶，在水中微溶。

【药物配伍】①大环内酯类和林可胺类与本品的作用靶点相同，均是与细菌核糖体50S亚基结合，合用时可产生拮抗作用。②与β-内酰胺类合用时，由于本品的快速抑菌作用，可产生拮抗作用。③对肝微粒体药物代谢酶有抑制作用，可影响其他药物的代谢，提高血药浓度，增强药效或毒性，例如可显著延长戊巴比妥钠的麻醉时间。

【不良反应】①本品有血液系统毒性，虽然不会引起不可逆的骨髓再生障碍性贫血，但其引起的可逆性红细胞生成抑制却比氯霉素更常见。②本品有较强的免疫抑制作用，约比氯霉素强6倍。③长期内服可引起消化功能紊乱，出现维生素缺乏或二重感染症状。④有胚胎毒性，妊娠期及哺乳期的牛慎用。

【制剂】①甲砜霉素片；②甲砜霉素粉。

甲砜霉素片

【性状】本品为白色片。

【适应证】用于治疗牛肠道、呼吸道等细菌性感染。

【用法与用量】内服，一次量，牛每千克体重5～10毫克。每天2次，连用2～3天。

【注意】①肾功能不全患畜要减量或延长给药间隔时间。②疫苗接种期或免疫功能严重缺损的动物禁用。

【休药期】28天；弃奶期7天。

甲砜霉素粉

本品为甲砜霉素与淀粉配制而成。

【性状】本品为白色粉末。

【适应证】用于治疗牛肠道、呼吸道等细菌性感染。

【用法与用量】以甲砜霉素计。内服，一次量，牛每千克体重5～10毫克。

【注意】与【休药期】同甲砜霉素片。

（六）林可酰胺类药物

林可酰胺类药物是从链霉菌发酵液中提取的一类抗生素，虽然与大环内酯类和泰妙菌素在结构上有很大差别，但具有许多共同的特性。这些共性包括具有高脂溶性的碱性化合物，能够从肠道很好吸收，在动物体内分布广泛，对细胞屏障穿透力强，有共同的药动学特征。它们的作用部位都是细菌核糖体上的50S亚基，由于存在竞争作用位点，合用时可能产生拮抗作用。本类抗生素对革兰阳性菌和支原体有较强抗菌活性，对厌氧菌也有一定作用，但对大多数需氧革兰阴性菌不敏感。

盐酸林可霉素

【性状】本品为白色结晶性粉末；有微臭或特殊臭；味苦。本品在水或甲醇中易溶，在乙醇中略溶。

【药物配伍】①与大观霉素合用有协同作用。与庆大霉素等合用时，对葡萄球菌、链球菌等革兰阳性菌有协同作用。②与氨基糖苷类和多肽类抗生素合用，可能增强对神经-肌肉接头的阻滞作用。与红霉素合用，有拮抗作用，因作用部位相同，且红霉素对细菌核糖体50S亚基的亲和力比本品强。③不宜与抑制肠道蠕动的止泻药合用，因可使肠内毒素延迟排出，导致腹泻加剧和时间延长。不宜与含白陶土的止泻药同时内服，因白陶土可使林可霉素的吸收减少90%以上。④与卡那霉素、新生霉素混合可产生配伍禁忌。

【不良反应】①能引起草食动物严重的或致死性腹泻。②具有神经肌肉阻断作用。

【制剂】①盐酸林可霉素片；②盐酸林可霉素可溶性粉；③盐酸林可霉素预混剂；④盐酸林可霉素注射液；⑤盐酸林可霉素硫酸大观霉素可溶性粉；⑥盐酸林可霉素硫酸大观霉素预混剂。

盐酸林可霉素注射液

【性状】本品为无色的澄明液体。

【适应证】主要用于敏感菌所致的各种感染，如肺炎、支气管炎、败血症、骨髓炎、蜂窝织炎、化脓性关节炎和乳腺炎等。

【用法与用量】肌内注射，一次量，牛每千克体重10毫克。每天1次，连用3～5天。

【注意】长期大量使用可出现胃肠功能紊乱。

（七）多肽类药物

多肽类抗生素是一类具有多肽结构的化学物质。兽医临床及动物生产中常用的药物包括杆菌肽、黏菌素、维吉尼霉素、恩拉霉素和那西肽等。

硫酸黏菌素

【性状】本品为白色至微黄色粉末；无臭或几乎无臭；有引湿性。本品在水中易溶，在乙醇中微溶，在丙酮、三氯甲烷或乙醚中几乎不溶。

【药物配伍】①与杆菌肽锌1：5配合有协同作用。②与肌松药和氨基糖苷类等神经肌肉阻滞剂合用可能引起肌无力和呼吸暂停。③与螯合剂（EDTA）和阳离子清洁剂对铜绿假单胞菌有协同作用，常联合用于局部感染的治疗。④与能损伤肾功能的药物合用，可增强其肾毒性。

【不良反应】黏菌素类在内服或局部给药时动物能很好耐受，全身应用可引起肾毒性、神经毒性和神经肌肉阻断效应，黏菌素的毒性比多黏菌素B小。一般不作注射给药。

【制剂】①硫酸黏菌素可溶性粉；②硫酸黏菌素预混剂。

硫酸黏菌素预混剂

本品由硫酸黏菌素与小麦粉、淀粉等配制而成。

【适应证】用于治疗和预防牛革兰阴性菌所致的肠道疾病，并有一定的促生长作用。

【用法与用量】以黏菌素计。混饲，每1000千克饲料，牛（哺乳期）10～40克。

杆菌肽锌

【性状】本品为淡黄色至淡棕黄色粉末；无臭，味苦。

本品在吡啶中易溶，在水、甲醇、丙酮、三氯甲烷或乙醚中几乎不溶。

【药物配伍】①本品与青霉素、链霉素、新霉素和黏菌素等合用有协同作用。②本品和黏菌素组成的复方制剂与土霉素、金霉素、吉他霉素、恩拉霉素、维吉尼霉素和喹乙醇等有拮抗作用。

【不良反应】注射给药可引起较强的肾脏毒性。

【制剂】①杆菌肽锌预混剂；②亚甲基水杨酸杆菌肽可溶性粉；③杆菌肽锌硫酸黏菌素预混剂。

杆菌肽锌预混剂

本品由杆菌肽锌与适宜的辅料配制而成，有特臭。

【适应证】用于促进牛的生长，提高饲料利用率。

【用法与用量】以杆菌肽计。混饲，每1000千克饲料，犊牛3月龄以下10～100克，3～6月龄4～40克。

【注意】禁用于种畜和种禽。

【休药期】0天。

（八）含磷多糖类药物

含磷多糖类抗生素对革兰阳性菌的耐药菌株特别有效，因其分子量大，不易被消化吸收，排泄快，在欧美地区广泛使用。常用的有黄霉素和大碳霉素。

黄霉素预混剂

本品由黄霉素与碳酸钙配制而成。

【适应证】用于促进牛生长。

【用法与用量】以黄霉素计。混饲，一日量，肉牛30～50毫克。

【注意】不宜用于成年牛。

【休药期】0天。

除上述抗生素之外，抗菌药还包括人工合成抗菌药，在防治动物疾病方面起着重要作用，其主要分为六类：磺胺类、抗菌增效剂、喹诺酮类、喹噁啉类、硝基呋喃类和硝基咪唑类。目前，应用最广泛的合成抗菌药为磺胺类与喹诺酮类。在喹噁啉类中，卡巴氧、喹乙醇由于具有潜在的致癌作用，欧、美等许多国家已禁止在食品动物中使用；乙酰甲喹和喹烯酮仅在我国使用。硝基呋喃类（如呋喃他酮、呋喃唑酮等）由于发现有致癌作用，世界大多数国家包括我国均已禁止作为促生长添加剂使用。

（九）磺胺类药物

磺胺类药物作为一类化学治疗药，自从1935年第一个磺胺类药物——百浪多息（prontosil）发现至今，已有80余年的历史，先后合成的这类药有8500多种，有医疗价值的仅20多种。磺胺类药物具有抗菌谱广、可内服、吸收较快、性质稳定、使用方便等优点。但同时也有抗菌作用较弱、不良反应较多、细菌易产生耐药性、用量大和疗程偏长等缺陷。在发现了甲氧苄啶和二甲氧苄啶等抗菌增效剂后，把磺胺类药物和抗菌增效剂合用，使抗菌活性大大增强，因此，磺胺类药物至今仍为牛抗感染治疗中的重要药物之一。

磺胺类药物抗菌机制是通过抑制叶酸在菌体内的代谢而抑制细菌的生长繁殖。对该类药物敏感的细菌在生长繁殖过程中，不能直接从生长环境中利用外源叶酸，必须利用细菌体外的对氨基苯甲酸（PABA），在菌体内二氢叶酸合成酶的参与下，与二氢蝶啶一起合成二氢叶酸，再经二氢叶酸还原酶的作用形成四氢叶酸，作为辅酶参与嘌呤、嘧啶等其他物质一起合成核酸。本类药物有与对氨基苯甲酸相似的化学结构，能与对氨基苯甲酸竞争二氢叶酸合成酶，从而阻碍敏感菌二氢叶酸的合成而发挥抑菌作用。高等动物能直接利用外源性叶酸，故其代谢不受磺胺类药物干扰。本类药物具有相似的抗菌谱，属广谱慢效抑菌剂。

磺胺类药物的不良反应一般不太严重，主要表现为急性和慢性毒性两类。急性毒性多发生于静脉注射其钠盐时，由于速度过快或剂量过大引起。病畜主要表现为神经兴奋、共济失调、肌无力、呕吐、昏迷、厌食和腹泻等。牛、山羊还可见到视觉障碍、散瞳。慢性中毒主要由于剂量偏大、用药时间过长而引起。主要症状：①泌尿系统损伤，出现结晶尿、血尿和蛋白尿等；②抑制胃肠道菌群，导致消化系统功能障碍和草食动物的多发性肠炎，反刍兽内服磺胺类药物可抑制网胃的正常溶纤维功能等；③造血功能被破坏，出现溶血性贫血、凝血时间延长和毛细血管渗血；④幼畜或幼禽免疫系统抑制、免疫器官出血及萎缩。

磺胺嘧啶

【**性状**】本品为白色或类白色的结晶或粉末；无臭，无味；遇光色渐变暗。本品在乙醇或丙酮中微溶，在水中几乎不溶；在氢氧化钠试液或氨试液中易溶，在稀盐酸中溶解。

【**药物配伍**】①磺胺嘧啶与二氨基嘧啶类（抗菌增效剂）合用，

可产生协同作用。②某些含对氨基苯甲酰基的药物（如普鲁卡因、丁卡因等）在体内可生成对氨基苯甲酸，酵母片中含有细菌代谢所需要的对氨基苯甲酸，可降低本药作用，因此不宜合用。③与噻嗪类或速尿等利尿药同用，可加重肾毒性。

【不良反应】参见磺胺类药物概述的有关内容。

【制剂】①磺胺嘧啶片；②复方磺胺嘧啶预混剂；③复方磺胺嘧啶混悬液。

磺胺嘧啶片

【性状】本品为白色至微黄色片；遇光色渐变深。

【适应证】用于牛敏感菌引起的感染，也可用于弓形体感染。

【用法与用量】内服，一次量，牛每千克体重，首次量0.14～0.2克，维持量0.07～0.1克，每天2次，连用3～5天。

【注意】①易在泌尿道中析出结晶，应给患畜大量饮水。大剂量、长期应用时宜同时给予等量的碳酸氢钠。②肾功能受损时，排泄缓慢，应慎用。③可引起肠道菌群失调，长期用药可引起B族维生素和维生素K的合成和吸收减少，宜补充相应的维生素。④在牛出现变态反应时，立即停药并给予对症治疗。

【休药期】牛28天。

磺胺嘧啶钠

【性状】本品为白色结晶性粉末；无臭，味微苦；遇光色渐变暗；久置潮湿空气中，即缓缓吸收二氧化碳而析出磺胺嘧啶。本品在水中易溶，在乙醇中微溶。

【药物配伍】不可与四环素、卡那霉素、林可霉素等配伍应用。其他参见磺胺嘧啶。

【不良反应】参见磺胺类药物概述的有关内容。

【制剂】①磺胺嘧啶钠注射液；②复方磺胺嘧啶钠注射液。

磺胺嘧啶钠注射液

本品为磺胺嘧啶钠的灭菌水溶液，可加适宜的稳定剂。

【性状】本品为无色至微黄色的澄明液体；遇光易变质。

【适应证】用于牛敏感菌引起的感染，也可用于弓形体感染。

【用法与用量】静脉注射，一次量，牛每千克体重50～100毫克。每天1～2次，连用2～3天。

【注意】①本品遇酸类可析出结晶，故不宜用5%葡萄糖溶液稀释。②长期或大剂量应用易引起结晶尿，应同时应用碳酸氢钠，并给患畜大量饮水。③若出现变态反应或其他严重不良反应时，立即停药，并给予对症治疗。

【休药期】牛10天；弃奶期72小时。

复方磺胺嘧啶钠注射液

【性状】本品为无色至微黄色的澄明液体。

【适应证】用于牛敏感菌及弓形体感染。

【用法与用量】以磺胺嘧啶计。肌内注射，一次量，牛每千克体重20～30毫克，每天1～2次，连用2～3天。

【注意】同磺胺嘧啶钠注射液。

【休药期】牛12天；弃奶期48小时。

磺胺噻唑

【性状】本品为白色或淡黄色的结晶颗粒或粉末；无臭或几乎无臭，几乎无味；遇光色渐变深。本品在乙醇中微溶，在水中极微溶解；在氢氧化钠试液中易溶，在稀盐酸中溶解。

【药物配伍】参见磺胺嘧啶。

【不良反应】参见磺胺嘧啶。

【制剂】磺胺噻唑片。

磺胺噻唑片

【性状】本品为白色至微黄色片；遇光色渐变深。

【适应证】用于牛敏感菌感染。

【用法与用量】内服，一次量，牛每千克体重首次量0.14～0.2克，维持量0.07～0.1克，每天2～3次，连用3～5天。

【注意】本品的代谢产物乙酰磺胺噻唑的水溶性比原药低，排泄时易在肾小管析出结晶（尤其在酸性尿中），因此应与适量碳酸氢钠同服。

【休药期】28天。

磺胺噻唑钠

【性状】本品为白色或淡黄色的结晶颗粒或粉末。本品在水中溶解。

【药物配伍】参见磺胺嘧啶。

【不良反应】参见磺胺嘧啶。

【制剂】磺胺噻唑钠注射液。

磺胺噻唑钠注射液

本品为磺胺噻唑钠的灭菌水溶液。

【性状】本品为无色至淡黄色的澄明液体；遇光色渐变深。

【适应证】用于牛敏感菌感染。

【用法与用量】静脉注射，一次量，牛每千克体重50～100毫克，每天2次，连用2～3天。

【注意】参见磺胺嘧啶钠注射液。

【休药期】28天。

磺胺二甲嘧啶

【性状】本品为白色或微黄色的结晶或粉末；无臭，味微苦；遇光色渐变深。本品在热乙醇中溶解，在水或乙醚中几乎不溶；在稀酸或稀碱溶液中易溶。

【药物配伍】与【不良反应】参见磺胺嘧啶。

【制剂】磺胺二甲嘧啶片。

磺胺二甲嘧啶片

【性状】本品为白色至微黄色片。

【适应证】用于敏感菌感染，也可用于球虫和弓形体感染。

【用法与用量】内服，一次量，牛每千克体重首次量0.14～0.2克，维持量0.07～0.1克，每天1～2次，连用3～5天。

【注意】参见磺胺嘧啶片。

【休药期】牛10天。

磺胺二甲嘧啶钠

【性状】本品为白色或极微黄色的结晶或粉末；无臭或几乎无臭；味苦涩；有引湿性。本品在水中易溶，在乙醇中略溶。

【**药物配伍**】与【**不良反应**】参见磺胺嘧啶。

【**制剂**】磺胺二甲嘧啶钠注射液。

磺胺二甲嘧啶钠注射液

本品为磺胺二甲嘧啶钠的灭菌水溶液。

【**性状**】本品为无色至微黄色的澄明液体；遇光易变质。

【**适应证**】同磺胺二甲嘧啶片。

【**用法与用量**】静脉注射，一次量，牛每千克体重50～100毫克，每天1～2次，连用2～3天。

【**注意**】参见磺胺嘧啶钠注射液。

【**休药期**】牛28天。

磺胺甲噁唑

【**性状**】本品为白色结晶性粉末；无臭，味微苦。本品在水中几乎不溶；在稀盐酸、氢氧化钠试液或氨试液中易溶。

【**药物配伍**】与【**不良反应**】参见磺胺嘧啶。

【**制剂**】①磺胺甲噁唑片；②复方磺胺甲噁唑片。

磺胺甲噁唑片

【**性状**】本品为白色片。

【**适应证**】用于敏感菌引起的牛的呼吸道、泌尿道等感染。

【**用法与用量**】内服，一次量，牛每千克体重首次量50～100毫克，维持量25～50毫克，每天2次，连用3～5天。

【**注意**】参见磺胺嘧啶片。

【**休药期**】牛28天。

复方磺胺甲噁唑片

本品是磺胺甲噁唑与甲氧苄啶的复方片剂。

【**性状**】本品为白色片。

【**适应证**】用于敏感菌引起的牛的呼吸道、泌尿道等感染。

【**用法与用量**】以磺胺甲噁唑计。内服，一次量，牛每千克体重20～25毫克，每天2次，连用3～5天。

【**注意**】参见磺胺嘧啶片。

【**休药期**】牛28天；弃奶期7天。

磺胺间甲氧嘧啶

【性状】本品为白色或类白色的结晶性粉末；无臭，几乎无味；遇光色渐变暗。本品在丙酮中略溶，在乙醇中微溶，在水中不溶；在稀盐酸或氢氧化钠试液中易溶。

【药物配伍】与**【不良反应】**参见磺胺嘧啶。

【制剂】磺胺间甲氧嘧啶片。

磺胺间甲氧嘧啶片

【性状】本品为白色或微黄色片。

【适应证】用于敏感菌感染。

【用法与用量】内服，一次量，牛每千克体重首次量50～100毫克，维持量25～50毫克，每天2次，连用3～5天。

【注意】参见磺胺嘧啶片。

【休药期】牛28天。

磺胺间甲氧嘧啶钠

【性状】本品为白色结晶或结晶性粉末；无臭，味苦。本品在水中易溶，在乙醇中微溶，在丙酮中极微溶解。

【药物配伍】与**【不良反应】**参见磺胺嘧啶。

【制剂】磺胺间甲氧嘧啶钠注射液。

磺胺间甲氧嘧啶钠注射液

本品为磺胺间甲氧嘧啶钠的灭菌水溶液。

【性状】本品为无色至微黄色澄明液体。

【适应证】用于敏感菌感染。

【用法与用量】静脉注射，一次量，牛每千克体重50毫克，每天1～2次，连用2～3天。

【注意】参见磺胺嘧啶钠注射液。

【休药期】牛28天。

磺胺对甲氧嘧啶

【性状】本品为白色或微黄色的结晶或粉末；无臭，味微苦。本品在乙醇中微溶，在水或乙醚中几乎不溶；在氢氧化钠试液中易溶，在稀盐酸中微溶。

【药物配伍】与【不良反应】参见磺胺嘧啶。

【制剂】①磺胺对甲氧嘧啶片；②复方磺胺对甲氧嘧啶片；③磺胺对甲氧嘧啶二甲氧苄啶预混剂；④复方磺胺对甲氧嘧啶钠注射液。

磺胺对甲氧嘧啶片

【性状】本品为白色或微黄色片。

【适应证】主要用于敏感菌感染，也用于球虫感染。

【用法与用量】内服，一次量，牛每千克体重首次量50～100毫克，维持量25～50毫克，每天1～2次，连用3～5天。

【注意】参见磺胺嘧啶片。

【休药期】牛28天。

复方磺胺对甲氧嘧啶片

本品是磺胺对甲氧嘧啶与甲氧苄啶的复方片剂。

【性状】本品为白色片。

【适应证】主要用于敏感菌引起的泌尿道、呼吸道及皮肤软组织等的感染。

【用法与用量】以磺胺对甲氧嘧啶计。内服，一次量，牛每千克体重20～25毫克，每天1～2次，连用3～5天。

【注意】参见磺胺嘧啶片。

【休药期】牛28天；弃奶期7天。

复方磺胺对甲氧嘧啶钠注射液

【性状】本品为无色至微黄色的澄明液体。

【适应证】主要用于敏感菌引起的泌尿道、呼吸道及皮肤软组织等的感染。

【用法与用量】以磺胺对甲氧嘧啶钠计。肌内注射，一次量，牛每千克体重15～20毫克，每天1～2次，连用2～3天。

【注意】参见磺胺嘧啶钠注射液。

【休药期】牛28天；弃奶期7天。

磺胺氯达嗪钠

【性状】本品为白色或淡黄色粉末。本品在水中易溶，在甲醇中溶解，在乙醇中略溶，在三氯甲烷中微溶。

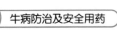
【药物配伍】与【不良反应】参见磺胺嘧啶。

【制剂】复方磺胺氯达嗪钠可溶性粉。

磺胺甲氧达嗪

【性状】本品为白色或微黄色结晶；无臭，味苦；遇光变色。本品在稀盐酸或稀碱溶液中易溶，在丙酮中略溶，在乙醇中极微溶解，在水中几乎不溶。

【药物配伍】与【不良反应】参见磺胺嘧啶。

【制剂】①磺胺甲氧达嗪片；②磺胺甲氧达嗪钠注射液。

磺胺甲氧达嗪片

【性状】本品为白色片；味苦。

【适应证】用于链球菌、葡萄球菌、肺炎球菌、大肠杆菌和李氏杆菌等敏感菌感染。

【用法与用量】内服，一次量，牛每千克体重首次量100毫克，维持量70毫克，每天2次，连用3～5天。

磺胺甲氧达嗪钠注射液

【性状】本品为无色澄明液体。

【适应证】同磺胺甲氧达嗪片。

【用法与用量】静脉注射或肌内注射，一次量，牛每千克体重70毫克，每天1次，连用2～3天。

【注意】参见磺胺嘧啶钠注射液。

磺胺脒

【性状】本品为白色针状结晶性粉末；无臭或几乎无臭，无味；遇光渐变色。本品在沸水中溶解，在水、乙醇或丙酮中微溶；在稀盐酸中易溶，在氢氧化钠试液中几乎不溶。

【药物配伍】参见磺胺嘧啶。

【不良反应】长期服用可能影响胃肠道菌群，引起消化功能紊乱。

【制剂】磺胺脒片。

磺胺脒片

【性状】本品为白色片。

【**适应证**】用于肠道细菌性感染。

【**用法与用量**】内服，一次量，牛每千克体重0.1～0.2克，每天2次，连用3～5天。

【**注意**】①新生仔畜（1～2日龄犊牛、仔猪等）的肠内吸收率高于幼畜。②不宜长期服用，注意观察胃肠道功能。

【**休药期**】牛28天。

酞磺胺噻唑

【**性状**】本品为白色或类白色的结晶性粉末；无臭。本品在乙醇中微溶，在水或三氯甲烷中几乎不溶；在氢氧化钠试液中易溶。

【**药物配伍**】参见磺胺嘧啶。

【**不良反应**】参见磺胺脒。

【**制剂**】酞磺胺噻唑片。

酞磺胺噻唑片

【**性状**】本品为白色片。

【**适应证**】用于幼畜和中、小动物肠道敏感菌感染，也可用于预防肠道手术感染。

【**用法与用量**】内服，一次量，犊牛每千克体重0.1～0.15克，每天2次，连用3～5天。

【**注意**】参见磺胺脒片。

醋酸磺胺米隆

【**性状**】本品为白色至淡黄色结晶或结晶性粉末；有醋酸臭。本品在水中易溶。

【**不良反应**】局部应用可出现疼痛，烧灼感，有时还可能引起变态反应。

【**适应证**】局部用于烧伤创面。

【**用法与用量**】外用，湿敷，5%～10%溶液。

【**注意**】由于本品在血中很快灭活，故只作局部应用，不用于内服和注射。

磺胺嘧啶银

【**性状**】本品为白色或类白色的结晶性粉末；遇光或遇热易变

质。本品在水、乙醇、三氯甲烷或乙醚中均不溶；在氨试液中溶解。

【不良反应】局部应用时有一过性疼痛，无其他不良反应。

【适应证】局部用于烧伤创面。

【用法与用量】外用，撒布于创面或配成2%混悬液湿敷。

【注意】局部应用本品时，要清创排脓，因为在脓液和坏死组织中，含有大量的对氨基苯甲酸，可减弱磺胺类药物的作用。

（十）喹诺酮类药物

喹诺酮类（quinolones）药物是人工合成的具有4-喹诺酮环基本结构的静止期杀菌性抗菌药物。20世纪80年代以来，本类药物发展迅速，已成为兽医临床最常用的一类抗菌药物，在感染性疾病的治疗中发挥了非常重要的作用。我国兽医临床使用的喹诺酮类药物动物专用品种有恩诺沙星、沙拉沙星、达氟沙星和二氟沙星，国外还有奥比沙星（orbifloxacin）、马波沙星（marbofloxacin）、依巴沙星（ibafloxacin）、倍氟沙星（benofloxacin）和普多沙星（pradofloxacin）等，已相继上市。喹诺酮类药物可广泛用于小动物、禽类、牛，治疗细菌、支原体引起的消化系统、呼吸系统、泌尿系统、生殖系统等和皮肤软组织的感染性疾病。

喹诺酮类药物在药理学、毒理学上有以下共同特征。①抗菌活性强，其作用机制是作用于细菌的DNA螺旋酶（也称拓扑异构酶Ⅱ），使细菌DNA不能形成超螺旋，染色体受损，从而产生杀菌作用。②本类的第一、第二代品种仅对革兰阴性菌有效，第三代氟喹诺酮类药物为广谱抗菌药，对革兰阴性菌、革兰阳性菌和支原体等均有效。③由于本类药物的作用机制不同于其他抗菌药，因而与大多数抗菌药之间无交叉耐药现象，对耐庆大霉素的铜绿假单胞菌、耐甲氧苯青霉素的金黄色葡萄球菌、耐泰乐菌素的支原体及耐磺胺药/甲氧苄啶耐药的细菌等均有效。④毒性较小，治疗剂量无致畸或致突变作用，临床使用安全。

恩诺沙星

【性状】本品为微黄色或淡橙黄色结晶性粉末；无臭，味微苦；

遇光色渐变为橙红色。本品在三氯甲烷中易溶，在二甲基甲酰胺中略溶，在甲醇中微溶，在水中极微溶解；在氢氧化钠试液中微溶。

【药物配伍】①本品与氨基糖苷类或广谱青霉素类合用，有协同作用。②Ca^{2+}、Mg^{2+}、Fe^{3+}和Ab^{3+}等重金属离子可与本品螯合，影响吸收。③与茶碱、咖啡因合用时，由于蛋白结合率改变，血浆蛋白结合率降低，血中茶碱、咖啡因的浓度异常升高，甚至出现茶碱中毒症状。④本品有抑制肝药酶作用，可使主要在肝脏中代谢的药物的清除率降低，血药浓度升高。

【不良反应】本品毒性较小，临床使用安全。其主要不良反应：①使幼龄动物软骨发生变性，影响骨骼发育并引起跛行及疼痛；②消化系统的反应有呕吐、食欲缺乏、腹泻等；③皮肤反应有红斑、瘙痒、荨麻疹及光敏反应等。

【制剂】恩诺沙星注射液。

恩诺沙星注射液

本品为恩诺沙星的灭菌水溶液。

【性状】本品为无色至淡黄色的澄明液体。

【适应证】用于牛细菌性疾病和支原体感染。

【用法与用量】肌内注射，一次量，牛每千克体重2.5毫克，每天1～2次，连用2～3天。

【注意】本品不适用于马。肌内注射有一过性刺激性。

【休药期】牛14天。

乳酸环丙沙星

【性状】本品为类白色或微黄色结晶性粉末；无臭，味苦；有引湿性。本品在水中易溶，在冰醋酸中略溶，在三氯甲烷中几乎不溶。

【药物配伍】与【不良反应】参见恩诺沙星。

【制剂】乳酸环丙沙星注射液。

乳酸环丙沙星注射液

本品为乳酸环丙沙星的灭菌水溶液，其中加有氯化钠调节等渗。

【性状】本品为无色或几乎无色的澄明液体。

【适应证】用于牛细菌性疾病和支原体感染。

【用法与用量】以环丙沙星计。肌内注射，一次量，牛每千克体重2.5毫克，每天2次，连用2～3天；静脉注射，牛2毫克，每天2次，连用2～3天。

【注意】本品遇光易变色分解，应避光保存。其他参见恩诺沙星注射液。

【休药期】牛14天；弃奶期84小时。

盐酸环丙沙星

【性状】本品为白色或微黄色结晶性粉末；几乎无臭，味苦。本品在水中溶解，在甲醇中微溶，在乙醇中极微溶解，在三氯甲烷中几乎不溶，在氢氧化钠试液中易溶。

【药物配伍】与**【不良反应】**参见恩诺沙星。

【制剂】盐酸环丙沙星注射液。

盐酸环丙沙星注射液

本品为盐酸环丙沙星与葡萄糖的灭菌水溶液。

【性状】本品为微黄绿色澄明液体。

【适应证】用于牛细菌性疾病和支原体感染。

【用法与用量】以环丙沙星计。静脉注射、肌内注射，一次量，牛每千克体重2.5～5毫克，每天2次，连用2～3天。

【注意】参见恩诺沙星注射液。

【休药期】牛28天。

氟甲喹

【性状】本品为白色结晶性粉末；无臭。本品在二氯甲烷中略溶，在甲醇中微溶，在水中不溶，在氢氧化钠试液中易溶。

【药物配伍】与**【不良反应】**参见恩诺沙星。

【制剂】氟甲喹可溶性粉。

氟甲喹可溶性粉

本品由氟甲喹与适宜的辅料配制而成。

【性状】本品为白色或类白色粉末。

【适应证】用于牛革兰阴性菌所引起的消化道及呼吸道感染。

【用法与用量】以氟甲喹计。内服，一次量，牛每千克体重1.5～3毫克；首次量加倍，每天2次，连用3～5天。

（十一）抗菌增效剂

抗菌增效剂为人工合成抗菌药，因能增强磺胺类药物和多种抗生素的抗菌作用，故称为抗菌增效剂。到目前为止，本类药物有甲氧苄啶（trimethoprim，TMP）、二甲氧苄啶（diaveridine，DVD）、阿地普林（aditoprim，ADP）、奥美普林（ormetoprim，OMP）、巴喹普林（baquiloprim，BQP）。国内临床常用的有甲氧苄啶和二甲氧苄啶。

甲氧苄啶

【性状】本品为白色或类白色结晶性粉末；无臭，味苦。本品在三氯甲烷中略溶，在乙醇或丙酮中微溶，在水中几乎不溶；在冰醋酸中易溶。

【药物配伍】与磺胺类药物联合应用，可产生协同作用。常以1：5比例与磺胺对甲氧嘧啶、磺胺间甲氧嘧啶、碘胺甲噁唑、磺胺嘧啶等磺胺类药物合用。

【不良反应】毒性低，副作用小，偶尔引起白细胞、血小板减少等。孕畜和初生仔畜应用易引起叶酸摄取障碍，宜慎用。

【注意】①易产生耐药性，故不宜单独应用。②大剂量长期应用会引起骨髓造血功能抑制；实验动物可出现畸胎，妊娠初期的动物最好不用。③甲氧苄啶与磺胺类药物的钠盐制成的注射剂，用于肌内注射时，刺激性较强。宜做深部肌内注射。

【制剂】可与磺胺类药物制成复方制剂。

二甲氧苄啶

【性状】本品为白色或微黄色结晶性粉末；几乎无臭。本品在三氯甲烷中极微溶解，在水、乙醇或乙醚中不溶；在盐酸中溶解，仕稀盐酸中微溶。

【药物配伍】与磺胺类药物合用，有增强其抗菌效果的作用。其他与甲氧苄啶相似。

【不良反应】①大剂量长期应用会引起骨髓造血功能抑制；②妊娠初期的动物不推荐使用。

【制剂】可与磺胺类药物制成复方制剂。

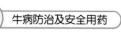

（十二）其他合成抗菌药

合成抗菌药除了磺胺类、喹诺酮类以外，目前兽医应用的品种不多，主要有喹噁啉类的乙酰甲喹、喹乙醇；有机胂类的洛克沙胂和氨苯胂酸。这些药物大部分是抗菌促生长剂，在畜牧业中应用广泛，对动物性食品的生产起着重要作用。另一方面，如果不合理使用则可造成兽药在动物性食品中残留，危害人类健康；同时有机胂制剂还可造成生态环境的污染，因此要十分注意这类药物的合理使用。

（十三）抗真菌药

真菌感染分为浅部真菌感染及深部真菌感染，发病率前者高于后者。浅部真菌病，即皮肤、毛发、甲癣菌感染，其治疗大多采用抗真菌药局部应用，如吡咯类中的克霉唑、咪康唑等均属此类，抗深部真菌感染药物中目前最有效者仍为两性霉素B，但其毒性大，限制了它的应用。近年来研制的抗真菌药有酮康唑、氟康唑等。

目前我国批准在兽医临床上应用的只有水杨酸及其软膏制剂。

水杨酸

【性状】本品为白色细微的针状结晶或白色结晶性粉末；无臭或几乎无臭；水溶液显酸性反应。本品在乙醇或乙醚中易溶，在沸水中溶解，在三氯甲烷中略溶，在水中微溶。

【制剂】水杨酸软膏。

水杨酸软膏

【性状】本品为淡黄色至淡棕黄色软膏。

【适应证】用于皮肤真菌感染。

【用法与用量】外用，适量，涂敷患处。

【注意】①重复涂敷可引起刺激。不可大面积涂敷，以免吸收而中毒。②皮肤破损处禁用。

六、牛场常用的抗寄生虫药

（一）抗螨虫类药物

抗螨虫药是指对动物寄生螨虫具有驱除、杀灭或抑制作用的药物。根据寄生于动物体内的蠕虫类别，抗蠕虫药相应地分为抗线虫药、抗绦虫药、抗吸虫药。但这种分类也是相对的，有些药物兼有多种作用，如吡喹酮具有抗绦虫和抗吸虫作用，苯并咪唑类具有抗线虫、抗吸虫和抗绦虫作用。

1.抗线虫药

感染动物的线虫种类繁多，可以寄生于动物的各种器官和组织。在20世纪初叶以前，兽医是采用天然药物控制线虫感染。自20世纪30年代发现吩噻嗪，50年代出现噻苯咪唑以来，陆续有多种化学合成和抗生素类抗线虫药物应用于兽医临床。

根据抗线虫药的化学结构特点，可将这些药物分为以下几类。①苯并咪唑类，如噻苯达唑、阿苯达唑、甲苯咪唑、芬苯达唑、奥芬达唑、氧阿苯达唑、氟苯达唑、氧苯达唑及苯并咪唑前体（如非班太尔）等。②咪唑并噻唑类，如左旋咪唑。③四氢嘧啶类，如噻嘧啶。④哌嗪类，如哌嗪、乙胺嗪。⑤抗生素类，如阿维菌素、伊维菌素、多拉菌素、越霉素A、潮霉素B。⑥其他，如敌百虫和硝碘酚等。

以上大部分药物均已收入我国兽药典及有关标准中，其中苯并咪唑类和抗生素类是当前应用最多最广的药物。其他类中的药物多数有较强的毒性或作用不确切，目前在兽医临床已很少应用。这里值得注意的是抗线虫药的耐药性问题，许多药物已产生较严重的耐药性。耐药性与频繁使用或不合理使用某类药物有直接关系，如毛首线虫已对包括苯并咪唑类药物在内的多种常用药物产生了耐药性。

（1）苯并咪唑类药物

阿苯达唑

【性状】本品为白色或类白色粉末；无臭，无味。本品在丙酮或三氯甲烷中微溶，在乙醇中几乎不溶，在水中不溶，在冰醋酸中溶解。

【药物配伍】阿苯达唑与吡喹酮合用可提高前者的血药浓度。

【不良反应】牛以推荐剂量用药没有明显的不良反应。

【制剂】阿苯达唑片。

阿苯达唑片

【性状】本品为类白色片。

【适应证】用于牛线虫病、绦虫病和吸虫病。

【用法与用量】内服，一次量，牛每千克体重 10 ~ 15 毫克。

【注意】本品不应用于产奶牛，也不用于妊娠前期45天的牛。

【休药期】牛14天，弃奶期60小时。

氧阿苯达唑（阿苯达唑亚砜）

【性状】本品为白色或类白色粉末；无臭，无味。本品在乙醇中极微溶解，在丙酮中几乎不溶，在水中不溶，在冰醋酸或氢氧化钠试液中易溶。

【不良反应】本品是潜在的皮肤致敏剂，其他参见阿苯达唑。

【制剂】氧阿苯达唑片。

氧阿苯达唑片

【性状】本品为白色或类白色片。

【适应证】用于牛线虫病和绦虫病。

【用法与用量】内服，一次量，牛每千克体重5 ~ 10毫克。

【注意】参见阿苯达唑片。

【休药期】牛14天；弃奶期60小时。

芬苯达唑

【性状】本品为白色或类白色粉末；无臭，无味。本品在二甲基亚砜中溶解，在二甲基甲酰胺中略溶，在甲醇中微溶，在水中不溶；在冰醋酸中溶解。

【不良反应】在推荐剂量下使用，一般不会产生不良反应。用于妊娠动物认为是安全的。由于死亡的寄生虫释放抗原，可继发产生变态反应，特别是在高剂量时。

【制剂】① 芬苯达唑片；② 芬苯达唑粉。

芬苯达唑片

【性状】本品为白色或类白色片。

【适应证】用于牛线虫病和绦虫病。

【用法与用量】内服，一次量，牛每千克体重5～7.5毫克。

【注意】参见阿苯达唑片。

【休药期】牛21天；弃奶期7天。

芬苯达唑粉

【适应证】同芬苯达唑片。

【用法与用量】以芬苯达唑计。内服，一次量，牛每千克体重5～7.5毫克。

【注意】同芬苯达唑片。

【休药期】牛14天；弃奶期5天。

奥芬达唑（芬苯达唑亚砜）

【性状】本品为白色或类白色粉末；有轻微的特殊气味。本品在甲醇、丙酮、三氯甲烷或乙醚中微溶，在水中不溶。

【不良反应】同芬苯达唑。

【制剂】奥芬达唑片。

奥芬达唑片

【性状】本品为白色或类白色片。

【适应证】用于牛线虫病和绦虫病。

【用法与用量】内服，一次量，牛每千克体重5毫克。

【注意】①牛泌乳期禁用。②其他参见阿苯达唑片。

【休药期】牛7天。

氧苯达唑

【性状】本品为白色或类白色结晶性粉末；无臭、无味。本品在甲醇、乙醇、二氧六环或三氯甲烷中极微溶解，在水中不溶，在冰醋酸中溶解。

【不良反应】参见阿苯达唑。

【制剂】氧苯达唑片。

氧苯达唑片

【性状】本品为白色片。

【适应证】用于牛胃肠道线虫病。

【用法与用量】内服，一次量，牛每千克体重10～15毫克。

【**注意**】参见阿苯达唑片。

噻苯达唑

【**性状**】本品为白色或类白色粉末；味微苦，无臭。本品在水中微溶，在三氯甲烷或苯中几乎不溶，在稀盐酸中溶解。

【**药物配伍**】噻苯达唑与氨茶碱等共用时，可竞争肝中的代谢位点，因而增加后者在血中的浓度。

【**不良反应**】按推荐剂量用药，多数动物通常可以耐受。

非班太尔

【**性状**】本品为白色或类白色结晶性粉末。本品在三氯甲烷中易溶，在丙酮中溶解，在甲醇中极微溶解，在水中不溶。

【**药物配伍**】与吡喹酮合用，可增加早期流产频率。

【**不良反应**】参见芬苯达唑。

【**制剂**】①非班太尔片；②非班太尔颗粒；③复方非班太尔片。

非班太尔片

【**性状**】本品为白色或类白色片。

【**适应证**】用于驱除牛胃肠道线虫及肺线虫。

【**用法与用量**】内服，一次量，牛每千克体重5毫克。

【**注意**】禁止与吡喹酮合用于妊娠动物。其他参见阿苯达唑片。

【**休药期**】牛14天；弃奶期48小时。

（2）咪唑并噻唑类药物

盐酸左旋咪唑

【**性状**】本品为白色或类白色的针状结晶或结晶性粉末；无臭，味苦。本品在水中极易溶解，在乙醇中易溶，在三氯甲烷中微溶，在丙酮中极微溶解。

【**药物配伍**】①具有烟碱一样作用的药物（如噻嘧啶、甲噻嘧啶、乙胺嗪），胆碱酯酶抑制药（如有机磷、新斯的明）可增加左旋咪唑的毒性；②左旋咪唑可增强布氏杆菌疫苗等的免疫反应和效果。

【**不良反应**】牛用本品可出现副交感神经兴奋症状，口鼻出现泡沫或流涎、兴奋或颤抖、舔唇和摇头等不良反应。症状一般在2小时内减退。注射部位发生肿胀，通常在7～14天减轻。

【制剂】①盐酸左旋咪唑片；②盐酸左旋咪唑注射液。

<h3 align="center">盐酸左旋咪唑片</h3>

【性状】本品为白色片。

【适应证】用于牛胃肠道线虫病、肺丝虫病和猪肾虫病。

【用法与用量】内服，一次量，牛每千克体重7.5毫克。

【注意】①泌乳期禁用；②在动物极度衰弱或有明显的肝肾损伤时，牛因免疫、去角、阉割等发生应激时，应慎用或推迟使用；③本品中毒时可用阿托品解毒和其他对症治疗。

【休药期】牛2天。

<h3 align="center">盐酸左旋咪唑注射液</h3>

本品为盐酸左旋咪唑的灭菌水溶液。

【性状】本品为无色的澄明液体。

【适应证】用于牛胃肠道线虫病、肺丝虫病和猪肾虫病。

【用法与用量】皮下注射、肌内注射，一次量，牛每千克体重7.5毫克。

【注意】①禁用于静脉注射；②泌乳期禁用；③其他参见盐酸左旋咪唑片。

【休药期】牛14天。

（3）哌嗪类药物

<h3 align="center">枸橼酸哌嗪</h3>

【性状】本品为白色结晶性粉末或半透明结晶性颗粒；无臭，味酸；微有引湿性。本品在水中易溶，在甲醇中极微溶解，在乙醇、三氯甲烷、乙醚或石油醚中不溶。

【药物配伍】①哌嗪与噻嘧啶或甲噻嘧啶产生拮抗作用，不应同时使用。②因泻药会加速哌嗪从胃肠道排出，使其达不到最大效应，所以不能同时使用。③哌嗪与氯丙嗪合用可诱发癫痫。

【不良反应】在推荐剂量时，罕见不良反应。

【制剂】枸橼酸哌嗪片。

<h3 align="center">枸橼酸哌嗪片</h3>

【性状】本品为白色片。

【适应证】主要用于牛蛔虫病，亦用于牛食道口线虫病。

【用法与用量】内服，一次量，牛每千克体重0.25克。

【注意】慢性肝、肾疾病以及胃肠蠕动减弱的患畜慎用。

【休药期】牛28天。

枸橼酸乙胺嗪

【性状】本品为白色结晶性粉末；无臭，味酸苦；微有引湿性。本品在水中易溶，在乙醇中略溶，在丙酮、三氯甲烷或乙醚中不溶。

【药物配伍】与其他具有烟碱一样作用的药物（如噻嘧啶、甲噻嘧啶、左旋咪唑等）合用，可使彼此的毒性加强。

【不良反应】按推荐剂量使用时，很少发生不良反应。

【制剂】枸橼酸乙胺嗪片。

枸橼酸乙胺嗪片

【性状】本品为白色片。

【适应证】用于牛肺丝虫病。

【用法与用量】内服，一次量，牛每千克体重20毫克。

【休药期】牛28天，弃奶期7天。

（4）抗生素类药物

伊维菌素

本品为伊维菌素 H_2B_{1a} 和伊维菌素 H_2B_{1b} 的混合物。

【性状】本品为白色结晶性粉末；微有引湿性。本品在甲醇、乙酸乙酯或三氯甲烷中易溶，在乙醇或丙酮中溶解，在水中几乎不溶。

【药物配伍】与乙胺嗪同时使用，可能产生严重的或致死性脑病。

【不良反应】①用于治疗牛皮蝇蛆病时，如杀死的幼虫在关键部位，将会引起严重的不良反应。②注射时，注射部位有不适或暂时性水肿。

【制剂】伊维菌素注射液。

伊维菌素注射液

本品为伊维菌素与适宜溶剂配制而成的无菌溶液。

【性状】本品为无色或几乎无色的澄明液体，略黏稠。

【适应证】用于防治牛线虫病、螨病及其他寄生性昆虫病。

【用法与用量】皮下注射，一次量，牛每千克体重0.2毫克。

【注意】①仅限于皮下注射，因肌内注射、静脉注射易引起中毒反应。每个皮下注射点不宜超过10毫升。②含甘油缩甲醛和丙二醇的伊维菌素注射剂，仅适用于牛、羊、猪和驯鹿，用于其他动物，特别是犬和马时易引起严重的局部反应。③伊维菌素对虾、鱼及水生生物有剧毒，残存药物的包装切勿污染水源。

【休药期】牛21天；弃奶期20天。

阿维菌素

【性状】本品为白色和淡黄色粉末；无味。本品在乙酸乙酯、丙酮或三氯甲烷中易溶，在甲醇或乙醇中略溶，在正己烷或石油醚中微溶，在水中几乎不溶。

【药物配伍】参见伊维菌素。

【不良反应】参见伊维菌素。

【制剂】阿维菌素透皮溶液。

阿维菌素透皮溶液

本品由阿维菌素与氮酮等配制而成。

【性状】本品为无色至微黄色略黏稠的透明液体。

【适应证】用于治疗牛的线虫病、螨病和寄生性昆虫病。

【用法与用量】浇注或涂擦，一次量，牛每千克体重0.1毫升，由肩部向后，沿背中线浇注。

【注意】阿维菌素毒性较强，慎用；对光线敏感，可迅速氧化灭活，应注意储存和使用条件；泌乳期牛禁用。

【休药期】牛42天。

乙酰氨基阿维菌素

【性状】本品为白色或类白色或淡黄色结晶性粉末；无味，有引湿性。本品在甲醇、乙醇、乙酸乙酯、乙酸异丙酯、二氯甲烷或丙酮中易溶，在正己烷中微溶，在水中几乎不溶。

【药物配伍】与乙胺嗪同时使用，可能产生严重的或致死性脑病。

【不良反应】本品毒性小，据报道，应用10倍剂量仅有1头牛出现瞳孔散大。

【制剂】乙酰氨基阿维菌素注射液。

乙酰氨基阿维菌素注射液

本品为乙酰氨基阿维菌素与适宜溶剂配制而成的灭菌溶液。

【性状】本品为无色或淡黄色澄明液体，略黏稠。

【适应证】主要用于治疗牛体内线虫和虱、螨、蜱、蝇蛆等外寄生虫病。

【用法与用量】皮下注射，一次量，牛每千克体重0.2毫克。

【注意】①本品只作为皮下注射，不用于肌内注射或静脉注射。②乙酰氨基阿维菌素对虾、鱼及水生生物有剧毒，残存药物的包装切勿污染水源。

【休药期】牛1天；弃奶期24小时。

多拉菌素

【性状】本品为白色或类白色结晶性粉末；无臭，有引湿性。本品在三氯甲烷、甲醇中溶解，在水中极微溶解。

【药物配伍】与乙胺嗪同时使用，可能产生严重的或致死性脑病。

【不良反应】不良反应少，其他参见伊维菌素。

【制剂】多拉菌素注射液。

多拉菌素注射液

本品为多拉菌素无菌油溶液。

【性状】本品为无色或微黄色澄明油状液体。

【适应证】用于治疗牛线虫病和螨病等体内外寄生虫病。

【用法与用量】肌内注射，一次量，牛每千克体重0.2毫克。

【注意】①多拉菌素对鱼类及水生生物有毒，残存药物的包装切勿污染水源。②在阳光照射下本品迅速分解灭活，应避光保存。

（5）其他药物

精制敌百虫

【性状】本品为白色结晶或结晶性粉末；在空气中易吸湿、结块或潮解；稀水溶液易水解，遇碱迅速变质。本品在水、乙醇、醚、酮或苯中溶解，在煤油或汽油中微溶。

【药物配伍】①本品与其他有机磷杀虫剂、胆碱酯酶抑制剂

（毒扁豆碱、新斯的明）和肌松药合用时，可增强对宿主的毒性。②碱性物质能使敌百虫迅速分解成毒性更大的敌敌畏，因此忌用碱性水配制药液，并禁与碱性药物合用。

【不良反应】敌百虫安全范围较窄，治疗量可使动物出现轻度副交感神经兴奋反应，过量使用可出现中毒症状，主要表现为流涎、腹痛、缩瞳、呼吸困难、骨骼肌痉挛、昏迷甚至死亡。其毒性有明显种属差异，对马、猪、犬较安全，反刍动物较敏感，常出现中毒反应，应慎用。

【制剂】精制敌百虫片。

精制敌百虫片

【性状】本品为白色片；在空气中易吸湿。

【适应证】用于驱除牛胃肠道线虫、牛皮蝇蛆等。

【用法与用量】内服，一次量，牛每千克体重20～40毫克。

极量：内服，一次量，牛15克。

【注意】①禁与碱性药物合用。②孕畜及心脏病、胃肠炎的患畜禁用。③中毒时，用阿托品与解磷定等解救。

【休药期】牛28天。

2.抗绦虫药

抗绦虫药根据其作用可分为杀绦虫药和驱绦虫药。能使绦虫在寄生部位死亡的药物称为杀绦虫药，促使绦虫排出体外的药物称为驱绦虫药。驱绦虫药通常是干扰绦虫的头节吸附于胃肠黏膜，并干扰虫体的蠕动，使其不能保持在胃肠道中。很多天然有机化合物都属于驱绦虫药，能暂时麻痹虫体，需借助催泻作用将虫体排出体外，否则，绦虫可能再次吸附于肠壁。现代合成药物大多具有杀绦虫作用，能在原寄生部位将虫体杀死。

早期的天然有机化合物类抗绦虫药都是从植物中提取的，如南瓜子氨酸、雄性威类植物提取物、卡马拉、槟榔碱和烟碱等；合成的抗绦虫药有氯硝柳胺等。

氯硝柳胺

【性状】本品为淡黄色粉末；无味。本品在乙醇、三氯甲烷或乙醚中微溶，在水中几乎不溶。

【药物配伍】①本品可以与左旋咪唑合用，治疗犊牛的绦虫与线虫混合感染。②与普鲁卡因合用，可提高氯硝柳胺对小白鼠绦虫的疗效。

【制剂】氯硝柳胺片。

氯硝柳胺片

【性状】本品为淡黄色片。

【适应证】用于牛绦虫病、同盘吸虫感染。

【用法与用量】内服，一次量，牛每千克体重40～60毫克。

【注意】动物在给药前，应禁食12小时。

【休药期】牛28天。

3.抗吸虫药

片形吸虫病是动物特别是家畜最常见的重要吸虫病之一。牛摄入囊蚴后，4天内蚴虫从囊中脱出，穿过小肠壁，经腹腔进入肝脏。随后几周内，幼虫在肝组织中穿行、摄食并迅速长大。对肝脏的严重损害可导致肝出血，通常在感染后6～8周出现急性片形吸虫病的临床症状，这期间常常导致动物死亡。在感染后第8周，吸虫开始穿过主胆管，到感染后10～12周，虫体在此达到性成熟，此时的虫体对抗吸虫药最敏感。

根据化学结构的不同，抗吸虫药可分为以下几类。①卤代烃类，如四氯化碳、六氯乙烷、四氯二氟乙烷和六氯对二甲苯。②二酚类，如六氯酚、硫双二氯酚、硫双二氯酚亚砜、羟氯扎胺和氯碘沙尼。③硝基酚类，如碘硝酚、硝氯酚和硝碘酚腈。④水杨酰苯胺类，如氯氰碘柳胺和碘醚柳胺。⑤磺胺类，如氯舒隆。⑥苯并咪唑类，如阿苯达唑和三氯苯达唑。⑦其他，如溴酚磷等。以上药物，①类药物由于毒性强已经不用，②类也已很少应用。其他大多数药物主要对成虫具有活性。对吸虫幼虫具有活性的药物有三氯苯达唑、阿苯达唑、氯舒隆、羟氯扎胺、碘醚柳胺和氯氰碘柳胺等。

硝氯酚

【性状】本品为黄色结晶性粉末；无臭。本品在丙酮、三氯甲烷或二甲基甲酰胺中溶解，在乙醚中略溶，在乙醇中微溶，在水中不溶；在氢氧化钠试液中溶解，在冰醋酸中略溶。

【药物配伍】①硝氯酚配成溶液给牛灌服前，若先灌服浓氯化钠溶液，能反射性使食道沟关闭，使药物直接进入皱胃，可增强驱虫效果。若采用此方法必须适当减少剂量，以免发生不良反应。②硝氯酚中毒时，静脉注射钙剂可增强本品毒性。

【不良反应】过量用药动物可出现发热、呼吸急促和出汗，持续2～3天，偶见死亡。

【制剂】硝氯酚片。

硝氯酚片

【性状】本品为黄色片。

【适应证】用于片形吸虫病。

【用法与用量】内服，一次量，每千克体重，黄牛3～7毫克，水牛1～3毫克。

【注意】治疗量对动物比较安全，过量引起的中毒症状（如发热、呼吸困难、窒息）可根据症状选用尼可刹米、毒毛花苷K、维生素C等对症治疗，但禁用钙剂静脉注射。

【休药期】牛28天。

碘醚柳胺

【性状】本品为灰白色至淡棕色粉末。本品在丙酮中溶解，在乙酸乙酯或三氯甲烷中略溶，在甲醇中微溶，在水中不溶。

【药物配伍】与阿苯达唑合用，治疗牛的肝吸虫病和胃肠道线虫病，并不改变两者的安全指数。

【不良反应】按推荐剂量，未见不良反应。超量（150～450毫克/千克）时，可见失明、瞳孔散大。

【制剂】碘醚柳胺混悬液。

碘醚柳胺混悬液

【性状】本品为灰白色混悬液；久置可分为两层，上层为无色液体，下层为灰白色至淡棕色沉淀。

【适应证】用于治疗牛肝片吸虫病。

【用法与用量】内服，一次量，牛每千克体重7～12毫克。

【注意】①泌乳期禁用。②不得超量使用。

【休药期】牛60天。

氯氰碘柳胺钠

【性状】本品为浅黄色粉末；无臭。本品在乙醇或丙酮中易溶，在甲醇中溶解，在水或三氯甲烷中不溶。

【药物配伍】氯氰碘柳胺可与苯并咪唑类合用，也可与左旋咪唑合用。

【制剂】①氯氰碘柳胺钠片；②氯氰碘柳胺钠注射液；③氯氰碘柳胺钠混悬液。

氯氰碘柳胺钠片

【性状】本品为淡黄色片。

【适应证】用于防治牛肝片吸虫、胃肠道线虫病等。

【用法与用量】内服，一次量，牛每千克体重5毫克。

【休药期】牛28天；弃奶期28天。

氯氰碘柳胺钠注射液

本品为氯氰碘柳胺钠的丙二醇灭菌水溶液。

【性状】本品为淡黄色或黄色的澄明液体。

【适应证】用于防治牛肝片吸虫、胃肠道线虫病等。

【用法与用量】皮下注射或肌内注射，一次量，牛每千克体重2.5～5毫克。

【注意】对局部组织有一定的刺激性。

【休药期】牛28天；弃奶期28天。

氯氰碘柳胺钠混悬液

【性状】本品为微黄色混悬液。

【适应证】、【用法与用量】与【休药期】同氯氰碘柳胺钠片。

硝碘酚腈

【性状】本品为淡黄色粉末；无臭或几乎无臭。本品在乙醚中略溶，在乙醇中微溶，在水中不溶，在氢氧化钠试液中易溶。

【不良反应】按推荐剂量未见不良反应，高剂量（＞20毫克/千克）

时，可见体温升高、呼吸加快，甚至死亡。

【制剂】硝碘酚腈注射液。

硝碘酚腈注射液

本品为硝碘酚腈与 N- 甲基葡萄糖胺制成的灭菌水溶液。

【性状】本品为杏红色澄明液体。

【适应证】主要用于牛肝片吸虫病、胃肠道线虫病。

【用法与用量】皮下注射，一次量，牛每千克体重10毫克。

【注意】①重复用药应间隔4周以上。②不能与其他药液混合注射。

【休药期】牛30天；弃奶期5天。

三氯苯达唑

【性状】本品为白色或类白色粉末；微有臭味。本品在丙酮中易溶，在甲醇中溶解，在二氯甲烷中略溶，在三氯甲烷或乙酸乙酯中微溶，在水中不溶。

【药物配伍】与左旋咪唑合用安全有效。

【制剂】①三氯苯达唑片；②三氯苯达唑颗粒；③三氯苯达唑混悬液。

三氯苯达唑片

【性状】本品为类白色片。

【适应证】用于治疗牛肝片吸虫病。

【用法与用量】内服，一次量，牛每千克体重12毫克。

【注意】泌乳期禁用。

【休药期】牛56天。

三氯苯达唑颗粒

【性状】本品为类白色颗粒。

【适应证】用于治疗牛肝片吸虫病。

【用法与用量】内服，一次量，牛每千克体重12毫克。

【注意】泌乳期禁用。

【休药期】牛56天。

三氯苯达唑混悬液

本品为三氯苯唑加适量悬浮剂配制而成。

【性状】本品为白色或类白色糊状混悬液；略有酚味。

【适应证】用于治疗牛肝片吸虫病。

【用法与用量】内服，一次量，牛每千克体重6～12毫克。

【注意】①本品对鱼类毒性较大，残留药物及容器切勿污染水源。②治疗急性肝片吸虫病，5周后应重复用药1次。③泌乳期禁用。

【休药期】牛56天。

溴酚磷

【性状】本品为白色或类白色结晶性粉末。本品在甲醇或丙酮中易溶，在水、三氯甲烷、乙醚或苯中几乎不溶，在冰醋酸或氢氧化钠试液中溶解。

【药物配伍】本品与胆碱酯酶抑制剂合用时，使毒性增强。

【不良反应】少数动物可出现食欲减退、粪便变稀甚至腹泻，但通常能自行耐过。本品可减少奶产量长达11天。

【制剂】①溴酚磷片；②溴酚磷粉。

溴酚磷片

【性状】本品为白色或类白色片。

【适应证】用于防治牛肝片吸虫病。

【用法与用量】内服，一次量，每千克体重，牛12毫克。

【休药期】牛21天；弃奶期5天。

溴酚磷粉

本品由溴酚磷加淀粉及稳定剂配制而成。

【性状】本品为白色或类白色粉末；无臭，无味。

【适应证】用于防治牛肝片吸虫病。

【用法与用量】以溴酚磷计。内服，一次量，牛每千克体重12毫克。

【休药期】牛21天；弃奶期5天。

硫双二氯酚

【性状】本品为白色或类白色粉末；无臭或微带酚臭。本品在乙醇、丙酮或乙醚中易溶，在三氯甲烷中溶解，在水中不溶，在稀碱溶液中溶解。

【不良反应】治疗剂量可使牛发生暂时性腹泻。

【制剂】硫双二氯酚片。

硫双二氯酚片

【性状】本品为白色片；无臭或微带酚臭。

【适应证】用于治疗肝片吸虫病、同盘吸虫病、姜片吸虫病和绦虫病。

【用法与用量】内服，一次量，牛每千克体重40～60毫克。

【注意】①乙醇等能促进硫双二氯酚的吸收，可加强毒性反应，忌同时使用。②衰弱、下痢动物不宜使用。③为减轻不良反应，可减少剂量，连用2～3次。

4.抗血吸虫药

家畜血吸虫病是由分体属吸虫和东毕属吸虫引起的。在我国流行的日本分体血吸虫病是一种人畜共患寄生虫病。酒石酸锑钾曾是传统应用的特效药，但它有毒性大、疗程长、必须静脉注射等缺点，已逐渐被其他药物所取代。吡喹酮具有高效、低毒、疗程短、口服有效等特点，是血吸虫病防治的首选药物之一。其他具有抗血吸虫作用的药物主要有硝硫氰胺、硝硫氰醚、没食子酸锑钠、敌百虫等。

吡喹酮

【性状】本品为白色或类白色结晶性粉末；味苦。本品在三氯甲烷中易溶，在乙醇中溶解，在乙醚或水中不溶。

【药物配伍】与阿苯达唑、地塞米松合用时，可降低吡喹酮的血药浓度。

【不良反应】高剂量时，牛偶见血清谷丙转氨酶轻度升高，部分牛会出现体温升高、肌肉震颤、臌气等。

【制剂】吡喹酮片。

吡喹酮片

【性状】本品为白色片。

【适应证】主要用于动物血吸虫病，也用于绦虫病和囊尾蚴病。

【用法与用量】内服，一次量，牛每千克体重10～35毫克。

【休药期】牛28天；弃奶期7天。

（二）抗原虫药

畜禽原虫病是由单细胞原生动物所引起的一类寄生虫病，包括球虫病、锥虫病和梨形虫病。其中，鸡、兔、牛和羊的球虫病危害最大，不仅流行广，而且可致大批畜禽死亡。抗原虫药可分为抗球虫药、抗锥虫药和抗梨形虫药。

1.抗球虫药

抗球虫药的种类很多，作用峰期（指药物对球虫发育起作用的主要阶段）各不相同。作用于第一代无性增殖的药物，如氯羟吡啶、离子载体抗生素等，预防性强，但不利于动物形成对球虫的免疫力。作用于第二代裂殖体的药物，如磺胺喹噁啉、磺胺氯吡嗪、尼卡巴嗪、托曲珠利、二硝托胺，既有治疗作用，又对动物抗球虫免疫力的形成影响不大。

不论何种抗球虫药，长期反复使用均可诱发明显的耐药性。为了避免或减少耐药性的产生，抗球虫药通常采用轮换用药、穿梭用药或联合用药等方式。

莫能菌素钠

【性状】本品为白色或类白色结晶性粉末；稍有特殊臭味。本品在甲醇、乙醇或三氯甲烷等有机溶剂中易溶，在丙酮或石油醚中微溶，在水中几乎不溶。

【药物配伍】①本品通常不宜与其他抗球虫药合用，因合用后常使药物的毒性增强。②泰妙菌素可影响本品的代谢。

【不良反应】对哺乳动物的毒性较大，有明显种属差异，马最敏感，内服可致死，故禁用。

【制剂】莫能菌素预混剂。

莫能菌素预混剂

本品由莫能菌素钠与脱脂米糠、玉米粉、稻壳粉、碳酸钙配制而成。

【适应证】用于预防球虫病，促进肉牛生长，辅助缓解奶牛酮病症状，提高产奶量。

【用法与用量】以莫能菌素计。混饲，一日量，每1000千克饲料，肉牛每头0.2～0.36克，奶牛（泌乳期添加）每头0.15～0.45克。

【注意】①禁止与泰妙菌素合用，否则有中毒的危险。②搅拌配料时，防止与使用者的皮肤、眼睛接触。

【休药期】牛5天。

盐霉素钠

【性状】本品为白色或淡黄色结晶性粉末；微有特臭。本品在甲醇、乙醇、丙酮、三氯甲烷或乙醚中易溶，在正己烷中微溶，在水中不溶。

【药物配伍】盐霉素禁与泰妙菌素合用，因后者能阻止盐霉素代谢而导致体重减轻，甚至死亡。必须应用时，至少应间隔7天。

盐霉素钠预混剂

【适应证】用于预防球虫病，促进牛生长。

【用法与用量】以盐霉素计。混饲，每1000千克饲料，牛10～30克。

【注意】①本品安全范围较窄，应严格控制混饲浓度。②禁与泰妙菌素及其他抗球虫药合用。

【休药期】牛5天。

拉沙洛西钠

【性状】本品为白色或类白色粉末；有特臭。本品在三氯甲烷、四氢呋喃、甲醇或乙酸乙酯中溶解，在水中极微溶解。

【制剂】拉沙洛西钠预混剂。

拉沙洛西钠预混剂

本品由拉沙洛西钠与玉米芯、豆油、卵磷脂等辅料配制而成。

【适应证】用于预防球虫病；提高肉牛的增重速度和饲料转化率。

【用法与用量】以拉沙洛西钠计。混饲，每1000千克饲料，肉牛10～30克（肉牛每头每天100～300毫克，草原放牧牛每头每天 60 ～ 300 毫克）。

【注意】①应根据球虫感染严重程度和疗效及时调整用药浓度。②拌料时应注意防护，避免本品与眼、皮肤接触。

【休药期】肉牛 3 天。

2. 抗锥虫药

家畜锥虫病是由寄生于血液和组织细胞间的锥虫引起的一类疾病。危害牛的锥虫主要有伊氏锥虫及马媾疫锥虫。防控本类疾病，除应用抗锥虫药消灭虫体外，杀灭蜱及其他吸血昆虫等中间宿主也是重要的综合防控措施之一。应用本类药物治疗锥虫病时应注意：①剂量要充足，用量不足会导致未被杀死的锥虫逐渐产生耐药性；②防止动物过早使役，以免引起锥虫病复发；③治疗伊氏锥虫病可同时配合使用两种以上药物，或者一年内轮换使用不同药物，以避免产生耐药虫株。

三氮脒

【性状】本品为黄色或橙色结晶性粉末；无臭；遇光、遇热变为橙红色。本品在水中溶解，在乙醇中几乎不溶，在三氯甲烷或乙醚中不溶。

【不良反应】①三氮脒毒性较大，可引起副交感神经兴奋样反应。用药后常出现不安、起卧、频繁排尿、肌肉震颤等反应。过量使用可引起死亡。②本品对局部组织有较强的刺激性。

【制剂】注射用三氮脒。

注射用三氮脒

本品为三氮脒的无菌粉末。

【性状】本品为黄色或橙色结晶性粉末。

【适应证】用于牛巴贝斯梨形虫病、泰勒梨形虫病、伊氏锥虫病和媾疫锥虫病。

【用法与用量】肌内注射，一次量，牛每千克体重 3 ～ 5 毫克。临用前配成 5% ～ 7% 的溶液。

【注意】①本品毒性大、安全范围较小。应严格掌握用药剂量，不得超量使用。②水牛不宜连用， 次即可；其他家畜必要时可连用，但须间隔24小时，不得超过3次。③局部肌内注射有刺激性，可引起肿胀，应分点深层肌内注射。

【休药期】牛28天；弃奶期7天。

注射用喹嘧胺

本品为喹嘧氯胺与甲硫喹嘧胺（4：3）混合的无菌粉末。

【性状】本品为白色或微黄色结晶性粉末。

【适应证】用于牛锥虫病。

【用法与用量】肌内注射、皮下注射，一次量，牛每千克体重4～5毫克。临用前配成10%的水悬液。

【注意】肌内注射或皮下注射时可引起注射部位肿胀和硬结。

氯化氮氨菲啶盐酸盐

【性状】本品为深棕色粉末；无臭。本品在水中易溶。

【不良反应】①本品对局部组织刺激性较强，可引起注射部位形成硬结。②牛给药后常出现胆碱能神经兴奋效应，表现为兴奋不安、流涎、腹痛和呼吸加速，继而出现食欲减退和精神沉郁等全身症状，但通常自行消失。

【适应证】防治牛伊氏锥虫病。

【用法与用量】肌内注射，牛每千克体重1毫克。临用前配成2%的溶液。

【注意】①部分牛注射部位可形成硬结，通常要10多天才会消失。故应作深层肌内注射，并防止药液注入皮下。②临用前配成2%的溶液，现配现用。③用药前后，应加强对动物护理，以减少不良反应的发生。反应较严重时可肌内注射阿托品作对症治疗。

注射用新胂凡纳明

本品为新胂凡纳明的灭菌粉末。

【性状】本品为黄色的干燥粉末或颗粒；无臭；在玻璃容器中转动时，一般不附着于玻璃壁上，如有细粉附着时，轻叩后，即能落下；在空气中易氧化，颜色变深，毒性增强，遇高温，氧化更速；水溶液显中性或弱碱性反应。本品在水中易溶，在乙醇中微溶，在无水乙醇、乙醚、三氯甲烷或丙酮中几乎不溶。

【适应证】主要用于牛锥虫病。

【用法与用量】静脉注射，一次量，牛每千克体重10毫克（极量4克）。重复使用应间隔3～5天。临用时用灭菌生理盐水或注射用水配成10%的溶液。

【注意】①为了减轻不良反应，可在用药前30分钟注射强心药，同时还应加强饲养管理。若发生中毒，可用二巯基丙醇、二巯基丙磺酸钠等解毒。②注射时勿漏出血管。③本品易氧化，高温时氧化加速，应现用现配，禁止加温或振荡；变色禁用。

3. 抗梨形虫药

牛常见的梨形虫主要有双芽巴贝斯虫、牛巴贝斯虫、分歧巴贝斯虫、牛泰勒虫、羊泰勒虫等。除了在抗锥虫药中介绍的三氮脒具有抗梨形虫作用外，硫酸喹啉脲等也可用于防治梨形虫病。

硫酸喹啉脲

【性状】本品为淡绿黄色或黄色粉末。本品在水中易溶，在乙醚、三氯甲烷或苯中几乎不溶。

【不良反应】本品毒性较大，应用大剂量时牛可发生血压骤降，导致休克而死亡。治疗量可出现胆碱能神经兴奋症状，如站立不安、流涎、出汗、肌颤、疝痛、血压下降、脉搏加快和呼吸困难等副作用，一般持续30～40分钟逐渐消失。为减轻或防止副作用，可将总剂量分成2～3份，间隔几小时应用，也可在用药前注射小剂量硫酸阿托品或肾上腺素。

【制剂】硫酸喹啉脲注射液。

硫酸喹啉脲注射液

本品为硫酸喹啉脲的灭菌水溶液。

【性状】本品为淡黄色澄明溶液。

【适应证】主要用于牛巴贝斯虫病。

【用法与用量】肌内注射或皮下注射，一次量，牛每千克体重1毫克。

【注意】①本品有较强的胆碱能神经兴奋效应，故给药同时宜肌内注射阿托品，以防发生副作用。②禁止静脉注射。

青蒿琥酯

【性状】本品为白色结晶性粉末；无臭，几乎无味。本品在乙醇、丙酮或三氯甲烷中易溶，在水中略溶。

【制剂】青蒿琥酯片。

青蒿琥酯片

【性状】本品为白色片。

【适应证】主要用于牛泰勒梨形虫病。

【用法与用量】内服，一次量，牛每千克体重5毫克。每天2次，首次剂量加倍，连用2～4天。

【注意】本品对实验动物有明显的胚胎毒性作用，孕畜慎用。

盐酸吖啶黄

【性状】本品为红棕色或橙红色结晶性粉末；无臭、味酸。本品在水中易溶，在乙醇中溶解，在三氯甲烷、乙醚、液体石蜡或油类中几乎不溶。

【不良反应】①毒性较强，注射后常出现心跳加快、不安、呼吸迫促、肠蠕动增强等不良反应。②对组织有强烈刺激性。

【制剂】盐酸吖啶黄注射液。

盐酸吖啶黄注射液

【性状】本品为橙红色澄明液体。

【适应证】用于牛梨形虫病。

【用法与用量】静脉注射，一次量，牛每千克体重3～4毫克（极量：2克）。

【注意】缓慢注射，勿漏出血管；重复使用应间隔24～48小时。

（三）杀虫药

杀虫药是指能杀灭动物体外寄生虫，从而防治由这些外寄生虫所引起的畜禽皮肤病的一类药物。控制外寄生虫感染的杀虫剂很多，目前国内应用的主要是有机磷类、拟除虫菊酯等。另外，阿维菌素类亦广泛用于驱除动物体表寄生虫。一般说来，所有杀虫药对哺乳动物都有一定的毒性，选择性较低，甚至按推荐剂量使用也会出现程度不同的不良反应。因此，在选用杀虫药时，尤应注意其安全性，不可直接将农药用作杀虫药。应用时，除严格掌握剂量、浓度和使用方法外，还需要加强动物的饲养管理，注意人、畜的防护，并妥善处理包装杀虫药的容器及残存药液。

1.有机磷化合物

有机磷化合物是传统的杀虫药，包括有机磷酸酯类和硫代有机磷酸酯类。有机磷杀虫药的作用特点是杀虫效力强，杀虫谱广，残效期短，对人、畜毒性一般较大。由于有机磷化合物对人、畜毒性较大，因此用于杀灭畜禽体表寄生虫时应严格注意用药浓度、使用范围、用药方法，以免造成人畜中毒。如遇有中毒迹象，应立即采取抢救措施。中毒时宜选用阿托品和胆碱酯酶复活剂解救。兽用有机磷杀虫药有二嗪农、蝇毒磷、倍硫磷、马拉硫磷、敌敌畏、辛硫磷等。除蝇毒磷外，其他有机磷杀虫剂一般不适用于泌乳奶牛。

二嗪农

【性状】本品为无色油状液体，有淡酯香味。本品在乙醇、丙酮或二甲苯中易溶，在水中难溶；在水和酸溶液中均迅速分解。

【药物配伍】与其他有机磷化合物以及胆碱酯酶抑制剂有协同作用，同时应用毒性增强。

【不良反应】过量使用动物可产生胆碱能神经兴奋症状的不良反应。

【制剂】二嗪农溶液。

二嗪农溶液

本品为二嗪农加乳化剂和溶剂制成的溶液。

【性状】本品为黄色或黄棕色澄明液体。

【适应证】用于驱杀寄生于牛体表的疥螨、痒螨、蜱和虱等。

【用法与用量】以二嗪农计。药浴，每升水，牛初液0.6～0.625克，补充液1.5克。

【注意】①畜禽中毒时可用阿托品解毒。②药浴时必须精确计量药液浓度，动物全身浸泡时间以1分钟为宜。③禁止与其他有机磷化合物及胆碱酯酶抑制剂合用。

【休药期】牛14天；弃奶期72小时。

蝇毒磷

【性状】本品为微棕色粉末。本品在水中不溶；干燥品在丙酮、丁酮、三氯甲烷、苯或甲苯中易溶，在乙醇或玉米油中略溶。

【药物配伍】与其他有机磷化合物以及胆碱酯酶抑制剂有协同作用，同时应用毒性增强。

【不良反应】参见二嗪农。

【制剂】蝇毒磷溶液。

蝇毒磷溶液

本品由蝇毒磷加乳化剂和溶剂配制而成。

【性状】本品为黄褐色透明液体。

【适应证】用于防治牛皮蝇蛆、蜱、螨、虱和蝇等外寄生虫病。

【用法与用量】以蝇毒磷计。外用，配成0.02%～0.05%的乳剂。

【注意】禁止与其他有机磷化合物和胆碱酯酶抑制剂合用。

【休药期】28天。

倍硫磷

【性状】本品为淡黄色澄明油状液体；对光、热和碱较稳定。本品在甲醇、乙醇、丙酮、橄榄油或花生油中溶解，在水或石油醚中微溶。

【适应证】用于杀灭牛皮蝇蛆。

【用法与用量】肌内注射，一次量，牛每100千克体重0.4～0.6毫升（相当于每千克体重4～6毫克）；外用，配成2%液状石蜡溶液。

【注意】外用喷洒应间隔14天，连用2～3次。

精制马拉硫磷

【性状】本品为无色或浅黄色油状液体；对光稳定；在酸性、碱性介质中易水解。本品在酯、醇、酮、芳烃或植物油中溶解，在水或石油醚中微溶。

【不良反应】参见二嗪农。

【制剂】精制马拉硫磷溶液。

精制马拉硫磷溶液

本品由精制马拉硫磷与乳化剂等配制而成。

【性状】本品为浅黄色透明液体。本品与水混合得乳白色乳状剂。

【适应证】用于杀灭牛体外寄生虫。

【用法与用量】以马拉硫磷计。药浴或喷雾，配成0.2% ～ 0.3%的水溶液。

【注意】①本品不可与碱性物质或氧化物接触。②本品对眼睛、皮肤有刺激性；对蜜蜂有剧毒，对鱼类毒性也较大。畜禽中毒时可用阿托品解毒。③禁用于1月龄以内的动物。④家畜体表用马拉硫磷后数小时内应避日光照射和风吹；必要时隔2 ～ 3周可再药浴或喷雾一次。

【休药期】28天。

敌敌畏溶液

本品为敌敌畏加适宜的乳化剂和溶剂制成的澄明液体。

【性状】本品为淡黄色至淡黄棕色澄明液体。

【适应证】用于灭杀蜱、螨、虱等体外寄生虫。

【用法与用量】以敌敌畏计。喷洒、涂擦，配成0.2% ～ 0.4%的溶液。

【注意】①孕畜及心脏病、胃肠炎患畜禁用。②家畜敏感，慎用。③中毒时用阿托品与碘解磷定等解救。

浓辛硫磷溶液

本品为辛硫磷的正丁醇溶液（82% ～ 91%）。

【性状】本品为黄色澄清液体；有特臭。

【不良反应】参见二嗪农。

【制剂】辛硫磷浇泼溶液。

辛硫磷浇泼溶液

本品为辛硫磷的异丙醇溶液。

【性状】本品为蓝色澄清溶液；有特臭。

【适应证】用于驱杀牛螨、虱、蜱等体外寄生虫。

【用法与用量】外用，牛每千克体重30毫克。

【**注意**】发生中毒时可用阿托品解毒。

【**休药期**】14天。

2.拟除虫菊酯类化合物

除虫菊酯为菊科植物除虫菊干燥花絮的有效成分，具有杀灭各种昆虫的作用，击倒力甚强，对各种害虫有高效速杀作用。人工栽培除虫菊产量有限，加之天然除虫菊酯性质不稳定，遇光、热易被氧化而失效，杀灭害虫力度不强，且不能彻底杀死害虫。为此，在天然除虫菊酯结构基础上，合成了一系列除虫菊酯拟似物，即拟除虫菊酯类。这类药物具有高效、速效、对人和畜毒性低、性质稳定、残效期较长等特点。长期使用易产生耐药性。兽医临床使用的拟除虫菊酯类有氰戊菊酯、溴氰菊酯、氟氰胺菊酯和氟氯苯氰菊酯等。

氰戊菊酯

【**性状**】本品为淡黄色结晶性粉末。本品在丙酮或乙酸乙酯中易溶，在甲醇中溶解，在石油醚中略溶，在水中几乎不溶。

【**制剂**】氰戊菊酯溶液。

氰戊菊酯溶液

本品为氰戊菊酯加适量的乳化剂制成的澄明液体。

【**性状**】本品为淡黄色澄明液体。

【**适应证**】主要用于驱杀牛体表寄生虫，如螨、虱和蚤等。

【**用法与用量**】喷雾，加水以1∶（1000～2000）稀释。

【**注意**】①配制溶液时，水温以12℃为宜，如水温超过25℃会降低药效，水温超过50℃时则失效。②避免使用碱性水，并忌与碱性药物合用，以防药液分解失效。③本品对蜜蜂、鱼、虾、家蚕毒性较强，使用时不要污染河流、池塘、桑园、养蜂场所。

【**休药期**】28天。

溴氰菊酯溶液

本品为溴氰菊酯加乳化剂与稳定剂配制而成的溶液。

【**性状**】本品为黄色澄清黏稠液体。

【适应证】用于防治牛体外寄生虫病。

【用法与用量】以溴氰菊酯计。药浴，牛每升水5～15毫克。

【注意】①本品对人、畜毒性小，但对皮肤、黏膜、眼睛、呼吸道有较强的刺激性，特别对大面积皮肤病或组织损伤者有严重影响，用时注意防护。②本品急性中毒无特效解救药，主要以对症治疗为主，阿托品能阻止中毒时的流涎症状，镇静剂巴比妥能拮抗其中枢兴奋症状。误服中毒时可用4%碳酸氢钠溶液洗胃。③本品对鱼类及其他冷血动物毒性较大，使用时切勿将残余药液倾入鱼塘。蜜蜂、家禽对本品也较敏感。④对塑料制品有腐蚀性。⑤0℃以下易析出结晶。

【休药期】28天。

3.其他

兽医临床上常用的其他体外杀虫药有双甲脒、升华硫等药物及其制剂。

双甲脒

【性状】本品为白色或浅黄色结晶性粉末。本品在丙酮中易溶，在水中几乎不溶；在乙醇中缓慢分解。

【不良反应】①本品毒性较低，但马属动物敏感。②对皮肤和黏膜有一定刺激性。

【制剂】双甲脒溶液。

双甲脒溶液

本品由双甲脒加适宜的乳化剂和溶剂等制成。

【性状】本品为微黄色澄清液体。

【适应证】主要用于杀螨，也用于杀灭蜱、虱等体外寄生虫。

【用法与用量】以双甲脒计。药浴、喷洒或涂擦，对牛配成0.025%～0.05%的溶液。

【注意】①对皮肤有刺激作用，使用时防止药液沾污皮肤和眼睛。②对鱼有剧毒，禁用。勿让药液污染鱼塘、河流。③产奶期禁用。

【休药期】牛21天；弃奶期48小时。

升华硫

【性状】本品为黄色结晶性粉末；有微臭。本品在水或乙醇中几乎不溶。

【药物配伍】①硫制剂配制与储存过程中勿与铜制品、铁制品接触，以防变色。②本品与药用肥皂或清洁剂、含酒精制剂共用时，可增加对皮肤的刺激及干燥感。③与汞制剂共用可引起化学反应，释放有臭味的硫化氢，对皮肤有刺激性。

【不良反应】长期大量局部用药，具有刺激性，可引起接触性皮炎，但很少引起全身反应。

七、牛场常用的中成药

1.解表剂

清肺止咳散

【成分】桑白皮、知母、苦杏仁、前胡、金银花等。

【性状】本品为黄褐色粉末；气微香，味苦、甘。

【功能】清泄肺热、化痰止痛、通利咽喉、抗菌消炎、平喘等。

【主治】肺热咳喘，咽喉肿痛。适用于积寒化热引起的呼吸道疾病。

证见咳声洪亮，气促喘粗，鼻翼翕动，鼻涕黄而黏稠，咽喉肿痛，粪便干燥，尿短赤，口渴贪饮，口色赤红，舌苔黄燥，脉象洪数。

【用法与用量】内服，马、牛200～300克；混饲，本品500克拌1000千克饲料，连用3～5天，重症时加倍用药。

银翘散

【成分】金银花60克，连翘45克，荆芥30克，薄荷30克，桔梗25克，牛蒡子45克，淡竹叶20克，甘草20克，芦根30克。

【性状】棕褐色粗粉，气芳香，味微甘、苦、辛。

【功能】辛凉解表，清热解毒。

【主治】防治风热感冒，咽喉肿痛，疮痈初起。

【用法与用量】家畜内服，牛、马250～400克，羊、猪50～80克。

桑菊散

【成分】桑叶45克，菊花45克，连翘45克，薄荷30克，苦杏仁20克，桔梗30克，甘草15克，芦根30克。

【性状】棕褐色粉末，气微香，味微苦。

【功能】疏风清热，宣肺止咳。

【主治】外感风热、咳嗽。

【用法与用量】畜类内服，牛200～300克。

柴胡注射液

【成分】柴胡。

【性状】本品为无色或微乳白色的澄明液体；气芳香。

【功能】解热。

【主治】感冒发热。

【用法与用量】肌内注射，马、牛20～40毫升，羊、猪5～10毫升，犬、猫1～3毫升。

2.清热剂

清瘟败毒散

【成分】生石膏120克，生地黄30克，水牛角60克，黄连20克，栀子30克，牡丹皮20克，黄芩20克，赤芍25克，玄参25克，知母30克，连翘30克，桔梗25克，甘草15克，淡竹叶25克。

【性状】灰黄色粗粉，气微香，味苦。

【功能】泻火解毒，凉血养阴。

【主治】牛羊出败、乳腺炎、畜禽败血症等。

【用法与用量】马、牛300～450克，羊、猪50～100克。

洗心散

【成分】天花粉、木通、黄芩、黄连、连翘等。

【性状】本品为棕黄色粉末；气微香，味苦。

【功能】① 抗菌消炎。黄连和黄芩等有明显的抗菌作用，对大肠杆菌、铜绿假单胞菌和金黄色葡萄球菌等多种细菌及部分病毒有较强的抑制作用，黄芩还有一定的抗炎镇痛作用。

② 调节心率，抗心律失常。小檗碱在一定剂量范围内对动物离

体心脏及整体心脏均显示出正性肌力作用；黄柏成分药根碱对心律失常有对抗作用。

③ 降压作用。黄芩水浸液和小檗碱均能产生明显的降压作用，在后负荷和心率下降的同时，伴有左心室收缩力的加强。

④ 抗缺氧。黄芩茎叶能增强动物整体的抗缺氧能力，延长动物常压缺氧的存活时间。

【功能】清心泻火，祛暑消湿，凉血解毒，抗菌消炎，增强机体免疫力。

【主治】心经积热，口舌生疮。

【用法与用量】马、牛250～350克，羊、猪40～60克。

白头翁散

【成分】白头翁、黄连、黄柏、秦皮。

【性状】本品为浅灰黄色粉末；气香，味苦。

【功能】清热解毒，凉血止痢。

【主治】湿热泄泻，下痢脓血。

证见精神沉郁，体温升高，食欲缺乏或废绝，口渴多饮，有时轻微腹痛，排粪次数明显增多，频频努责。里急后重，泻粪稀薄或呈水样，混有黏脓血液，腥臭甚至恶臭，尿短赤，口色红，舌苔黄厚，口臭，脉象沉数。

【用法与用量】马、牛150～250克，羊、猪30～45克，兔、禽2～3克。

【注意事项】脾胃虚寒者禁用。

苍术香连散

【成分】黄连、木香、苍术。

【性状】本品为棕黄色的粉末；气香，味苦。

【功能】① 抗菌作用。黄连中所含的小檗碱对多种致病性细菌（痢疾杆菌、大肠埃希菌、金黄色葡萄球菌、痢疾志贺菌和铜绿假单胞菌等）有较强的抗菌作用。苍术对结核杆菌、金黄色葡萄球菌、大肠杆菌等有明显的灭菌作用。木香对链球菌、金黄色葡萄球菌、副伤寒杆菌有抑制作用。

②抗炎作用。苍术所含的苍术烯内酯具有抗炎作用；黄连所含的小檗碱有抗炎作用；黄连甲醇提取物有抑制肉芽组织增生的作用。

③抗腹泻作用。黄连所含的小檗碱有抗腹泻作用，如对抗蓖麻油或番泻叶引起的小鼠腹泻等；苍术煎剂能抑制脾虚模型大鼠的小肠推进作用，对抗泄泻，增加体重。

【功能】清热燥湿，抗菌抗炎。

【主治】下痢，湿热泄泻。

下痢证见蜷腰卧地，食欲减退甚至废绝，反刍动物反刍减少或停止，鼻镜干燥；弓腰努责，泻粪不爽，里急后重，下痢稀糊，赤白相杂，或呈白色胶冻状，口色赤红，舌苔黄腻，脉数。

湿热泄泻证见发热，精神沉郁，食欲减退或废绝，口渴多饮，有时轻微腹痛，蜷腰卧地，泻粪稀薄，黏腻腥臭，尿赤短，口色赤红，舌苔黄腻，口臭，脉象沉数。

本品适用于防治猪传染性胃肠炎、流行性腹泻，致病细菌引起的腹泻及脾虚、伤食湿滞引起的泄泻等。

【用法与用量】内服，马、牛90～120克，羊、猪15～30克；混饲，猪，500克拌300～400千克饲料。连用5～7天，重症可适当加大剂量。

3.泻下剂

大承气散

【成分】大黄60克，厚朴30克，枳实30克，玄明粉180克。

【性状】棕褐色粗粉，气微香，味咸、涩。

【功能】峻下热结，破结通肠。

【主治】结证、便秘。

【用法与用量】内服，牛、马300～500克，羊、猪60～120克。

当归苁蓉散

【成分】当归180克，肉苁蓉90克，番泻叶45克，瞿麦15克，六神曲60克，木香12克，厚朴45克，枳壳30克，香附45克，通草12克。

【性状】黄棕色粉末，气香，味甘。

【功能】润燥滑肠，理气通便。

【主治】老、弱、孕畜结证。

【用法与用量】内服，牛、马350～500克，加麻油250克。

大戟散

【成分】京大戟30克，滑石90克，甘遂30克，牵牛子60克，黄芪45克，玄明粉200克，大黄60克。

【性状】黄色粗粉，气辛香，味咸、涩。

【功能】泻下逐水。

【主治】牛水草肚胀，宿草不转。

【用法与用量】牛150～300克，加猪油250克，内服。

4.和解剂

小柴胡散

【成分】柴胡45克，黄芩45克，半夏30克，党参45克，甘草15克。

【性状】黄色粗粉，气微香，味甘。

【功能】和解少阳，扶正祛邪，解热。

【主治】少阳证，寒热往来，不欲饮食，口津少，反胃呕吐。

【用法与用量】内服，牛、马100～250克，羊、猪30～60克。

5.消导剂

木香槟榔散

【成分】木香15克，槟榔15克，枳壳15克，陈皮15克，青皮50克，香附30克，三棱15克，黄连15克，黄柏30克，大黄30克，牵牛子30克，玄明粉60克。

【性状】灰棕色粗粉，气香，味苦、微咸。

【功能】行气导滞，泄热通便。

【主治】痢疾腹痛，胃肠积滞。

【用法与用量】内服，牛、马300～450克，羊、猪60～90克。

促反刍散

【成分】马钱子、龙胆、干姜、碳酸氢钠。

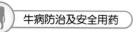

【性状】本品为淡棕褐色粉末；气香，味微苦、辛。

【功能】健胃，消食，促反刍。

【主治】前胃弛缓，瘤胃积食，反刍减少。

【用法与用量】牛80～100克，羊15～30克。

【注意事项】不宜多服、久服，孕畜禁用。

前胃活散

【成分】槟榔20克，牵牛子15克，木香45克，神曲45克，麦芽60克，黄芩30克，甘草20克。

【性状】黄棕色粗粉，气清香，味辛。

【功能】消食导滞，行气宽肠，健脾益胃，升清降浊。

【主治】牛、羊前胃弛缓。

【用法与用量】牛250～450克，羊80～100克。

清热健胃散

【成分】龙胆、黄柏、知母、陈皮、厚朴、麦芽、六神曲等。

【性状】本品为黄棕色粉末；气香，味苦。

【功能】清热燥湿，消食下气，开胃宽肠，生津止渴。

【主治】胃热不食，宿食不化。适用于畜禽因各种原因引起的伤食积滞、消化不良、食欲减少、口渴嗜饮、胃肠胀气、粪便燥结、尿少色黄、生长迟缓等症。

胃热不食证见耳鼻温热，精神不振，口干舌燥，口腔腐臭，齿龈肿痛，口渴贪饮，粪球干小、色黑而硬，小便短赤，口色鲜红，舌有黄苔，脉象洪数。牛反刍减少，或仅食草而拒食料，甚至食欲废绝。

宿食不化证见不食，肚腹胀满，嗳气酸臭，腹痛起卧，粪干，矢气酸臭，口色深红而燥，苔厚腻，脉象滑实。

【用法与用量】内服，鸡3～5克，猪30～60克，马、牛200～300克。混饲，本品500克拌100千克饲料，充分混匀后饲喂，连用4～6天，重症适当加量。

复方大黄酊

【成分】大黄粗粉100克，橙皮粗粉20克，草豆蔻粗粉20克，60%乙醇适量。

【性状】黄棕色液体，气香，味苦。

【功能】健脾消食，理气开胃。

【主治】慢草不食，消化不良，食滞不化。

【用法与用量】牛、马50～100毫升，羊、猪10～20毫升。

6.理气剂

藿香正气散

【成分】广藿香、紫苏叶、茯苓、白芷、大腹皮等。

【性状】本品为灰黄色粉末；气香，味甘、微苦。

【药理作用】本方有调节胃肠蠕动、镇吐、镇痛和抗菌等药理作用。

【功能】解表化湿，理气和中，通调水道，调节胃肠蠕动，抗菌消炎，抗病毒，提高免疫力。

【主治】外感风寒，内伤食滞，泄泻腹胀。

外感风寒证见恶寒发热，皮紧腰硬，精神不振，食欲减退，口色青白或微红，脉象浮紧或浮数。

内伤食滞证见精神倦怠，食欲减退或废绝，肚腹胀满，常伴有轻微腹痛。粪便粗糙或稀软，有酸臭气味，有时带有未完全消化的食物。口内酸臭，口腔黏滑，舌苔厚腻，口色红，脉数或滑数。牛瘤胃触诊胃内食物呈面团状，反刍停止。犬、猫常伴有呕吐。

泄泻腹胀证见精神倦怠，泄泻似水或稀薄，小便不利，耳鼻俱凉，反刍减少，口色青白，脉象沉迟。

【用法与用量】内服，马、牛300～450克，羊、猪60～90克，犬、猫3～10克。混饲，鸡本品500克拌100～200千克饲料，连用3～5天。

厚朴散

【成分】厚朴30克，陈皮30克，麦芽30克，五味子30克，肉桂30克，砂仁30克，牵牛子15克，青皮30克。

【性状】深灰黄色粗粉，气辛香，味微苦。

【功能】行气消食，温中散寒。

【主治】脾虚气滞，胃寒少食。

【用法与用量】马、牛200～250克，羊、猪30～60克。

7.理血剂

十黑散

【成分】知母30克，黄柏25克，栀子25克，地榆炭25克，槐花20克，蒲黄25克，侧柏叶20克，棕榈炭25克，杜仲25克，血余炭15克。

【性状】深褐色粗粉，味焦苦。

【功能】凉血止血。

【主治】膀胱积热，尿血、便血。

【用法与用量】牛、马200～250克，羊、猪60～90克。

跛行镇痛散

【成分】当归80克，红花60克，桃仁70克，丹参80克，桂枝70克，牛膝80克，土鳖虫20克，乳香20克，没药20克。

【性状】黄褐色粗粉，气香窜，味微苦。

【功能】活血，散瘀，止痛。

【主治】跌打损伤，腰肢疼痛。

【用法与用量】内服，牛、马200～400克。

【注意事项】孕畜忌服。

8.治风剂

五虎追风散

【成分】僵蚕15克，天麻30克，全蝎15克，蝉蜕15克，天南星（炮）30克。

【性状】黑棕色粗粉，味辛、咸、微苦。

【功能】息风解痉。

【主治】破伤风。

【用法与用量】牛、马180～240克，羊、猪30～60克。

9.祛寒剂

健脾散

【成分】当归20克，白术30克，青皮20克，陈皮25克，厚朴

30克，肉桂30克，干姜30克，茯苓30克，五味子25克，石菖蒲25克，砂仁20克，泽泻30克，甘草20克。

【**性状**】浅红棕色粗粉，气香，味辛。

【**功能**】温中健脾，利水止泻。

【**主治**】胃寒草少，冷肠泄泻。

【**用法与用量**】牛、马250～350克，羊、猪45～60克。

理中散

【**成分**】党参60克，干姜30克，甘草30克，白术60克。

【**性状**】灰黄色粗粉，气香，味辛。

【**功能**】温中散寒，补气健脾。

【**主治**】脾胃虚寒，食少，泄泻，腹痛。

【**用法与用量**】牛、马200～300克，羊、猪30～60克。

10.祛湿剂

五苓散

【**成分**】茯苓100克，泽泻200克，猪苓100克，肉桂50克，白术100克。

【**性状**】淡黄色粗粉，气微香，味甘。

【**功能**】温阳化气，利湿行水。

【**主治**】水湿内停，排尿不利、泄泻、水肿。

【**用法与用量**】牛、马150～250克，羊、猪30～60克。

滑石散

【**成分**】滑石60克，泽泻45克，灯心草15克，茵陈30克，知母25克，黄柏30克，猪苓25克，瞿麦25克。

【**性状**】淡黄色粗粉，气辛香，味淡、微苦。

【**功能**】清热利湿通淋。

【**主治**】膀胱热结，排尿不利。

【**用法与用量**】牛、马120～240克，羊、猪45～60克。

五皮散

【**成分**】桑白皮30克，陈皮30克，大腹皮30克，生姜皮15克，茯苓皮30克。

【**性状**】褐黄色粗粉，气微香，味辛。

【**功能**】行气，化湿，利水。

【**主治**】水肿。

【**用法与用量**】牛、马120～240克，羊、猪45～60克。

11.止咳平喘剂

止咳散

【**成分**】知母25克，枳壳20克，麻黄15克，桔梗30克，苦杏仁25克，桑白皮25克，陈皮25克，生石膏30克，前胡25克，射干25克，枇杷叶20克，甘草15克。

【**性状**】棕褐色粗粉，气清香，味甘。

【**功能**】清肺化痰，止咳平喘。

【**主治**】肺热咳嗽。

【**用法与用量**】牛、马250～300克，羊、猪45～60克。

清肺散

【**成分**】板蓝根90克，葶苈子30克，浙贝母30克，桔梗30克，甘草25克。

【**性状**】灰黄色粗粉，气清香，味甘。

【**功能**】清肺平喘，化痰止咳。

【**主治**】肺热咳喘，咽喉肿痛。

【**用法与用量**】牛、马200～300克，羊、猪30～50克。

定喘散

【**成分**】桑白皮25克，苦杏仁20克，莱菔子30克，葶苈子30克，紫苏子20克，党参30克，白术20克，木通20克，大黄30克，郁金25克，黄芩25克，栀子25克。

【**性状**】黄褐色粗粉，气微香，味甘。

【**功能**】清肺，止咳，定喘。

【**主治**】肺热咳嗽，气喘。

【**用法与用量**】牛、马200～350克，羊、猪30～50克。

12.补益剂

六味地黄散

【**成分**】熟地黄70克，山茱萸35克，山药35克，牡丹皮30克，茯苓30克，泽泻30克。

【**性状**】灰棕色粗粉，味甜而酸。

【**功能**】滋阴补肾，清肝利胆，涩精养血。

【**主治**】肝肾阴虚，腰胯无力，盗汗，滑精，阴虚发热。

【**用法与用量**】牛、马100～200克，羊、猪15～50克。

四君子散

【**成分**】党参60克，白术60克，茯苓60克，甘草30克。

【**性状**】黄棕色粗粉，味辛、甘、微苦。

【**功能**】补中益气，升阳举陷。

【**主治**】脾胃气虚，食少，体虚。

【**用法与用量**】牛、马200～300克，羊、猪30～45克。

补中益气散

【**成分**】黄芪75克，党参60克，白术60克，甘草30克，当归30克，陈皮20克，升麻20克，柴胡20克。

【**性状**】黄棕色粗粉，味辛、甘。

【**功能**】补中益气，升阳举陷。

【**主治**】脾胃气虚，久泻，脱肛，子宫脱垂。

【**用法与用量**】牛、马250～400克，羊、猪45～60克。

百合固金散

【**成分**】百合45克，白芍25克，当归25克，甘草20克，玄参30克，川贝母30克，生地黄30克，熟地黄30克，桔梗25克，麦冬30克。

【**性状**】黑褐色粉末，味甘。

【**功能**】养阴清热，润肺化痰。

【**主治**】阴虚火旺，肺虚咳嗽，咽喉肿痛。

【**用法与用量**】牛、马250～300克，羊、猪45～60克。

13. 胎产剂

生乳散

【主要成分】黄芪、党参、当归、通草、川芎、白术、王不留行等。

【性状】本品为淡棕褐色粉末；气香，味甘、苦。

【药理作用】① 促进泌乳。王不留行黄酮苷具有促进泌乳的作用，对未成熟小鼠乳腺发育具有促进作用，使乳腺分支数、乳腺腺泡数明显增多。灌服王不留行提取物可显著提高大鼠的泌乳量，增加大鼠的催乳素水平。王不留行还有抗炎、抗氧化、促进血液循环等作用。

② 补充营养。当归含有大量挥发油、当归多糖、氨基酸、无机元素（Ca、P、Zn、Cu、Fe等）及维生素等。黄芪含有黄芪多糖、皂苷类、氨基酸、多种必需微量元素、叶酸、胆碱、和B族维生素等成分。

③ 促进造血。黄芪、当归与党参能促进骨髓造血功能，提高血红蛋白与红细胞含量。

④ 抗组织细胞损伤。当归能加强红细胞膜的稳定性，保护多种因素所致的心肌、肝脏与脑组织损伤。黄芪可促进小鼠血清和肝脏蛋白质更新，使再生肝细胞DNA含量明显增加，加速肝细胞的分化增殖，保护肝细胞粗面内质网结构与功能，使细胞内rRNA和mRNA含量增加，促进其蛋白质合成。

【功能】补气养血，通经下乳。促进泌乳、促进乳腺发育、促进造血和补充营养等作用，提高产奶量，延长产奶期。

【主治】气血不足引起的缺乳症和乳少症。

【用法与用量】内服，马、牛250～300克，羊、猪60～90克。混饲，猪，本品500克拌150～200千克饲料，连用3～5天，预防量减半。

保胎无忧散

【主要成分】当归、川芎、熟地黄、白芍、黄芪、党参等。

【性状】本品为淡黄色粉末；气香，味甘、微苦。

【药理作用】① 增强免疫功能。黄芪所含的黄芪多糖、皂苷类（黄芪甲苷等）、黄酮类、氨基酸类等，有增强和调节机体免疫功能、促进机体代谢、促进血清和肝脏蛋白质的更新、保护心肌等作用；党参所含的党参多糖、党参苷等有增强免疫功能、升高红细胞和血红蛋白等作用。

② 安胎作用。白术所含的白术三醇、挥发油等对未孕小鼠离体子宫的自发性收缩及催产素、益母草引起的子宫兴奋性收缩呈显著的抑制作用，白术醇提取物能完全拮抗催产素对豚鼠妊娠子宫的紧张性收缩；黄芩所含的黄芩苷依赖性上调孕酮的水平，有利于胚胎着床和妊娠维持。

③ 调节心血管作用。党参所含的党参苷对兴奋和抑制两种神经过程都有影响，既对动物有短暂的降压作用，又对垂体后叶素引起的家兔实验性急性心肌缺血有明显的抑制作用。

【功能】养血，补气，安胎。

【主治】胎动不安，预防早产、流产等。

证见站立不安，回头顾腹，弓腰努责，频频排出少量尿液，阴道流出带血水浊液，间有起卧，胎动增加。

【用法与用量】内服，马、牛200～300克，羊、猪30～60克。混饲，猪，本品500克拌250千克饲料，连用5～7天。

银藿散

【主要成分】蒲公英、忍冬藤、淫羊藿、黄芪、党参等。

【性状】本品为灰褐色粉末；气香，味微甘。

【功能与主治】益气活血，通经下乳。主治奶牛隐性乳腺炎。

【用法与用量】牛250克，连用10～15天。

【不良反应】尚未见不良反应。

补益清宫散

【主要成分】党参、黄芪、当归、川芎、桃仁等。

【性状】本品为灰棕色粉末；气清香，味辛。

【功能】补气养血，活血化瘀。

【主治】主治产后气血不足，胎衣不下，恶露不尽，血瘀腹痛。

【用法与用量】马、牛300～500克，羊、猪30～100克。

【注意事项】妊娠奶牛禁用。

14.驱虫剂

驱虫散

【成分】使君子30克，槟榔30克，雷丸30克，贯众60克，干姜15克，附子15克，乌梅30克，大黄30克，百部30克，木香15克。

【性状】褐色粗粉。

【功能】驱虫。

【主治】胃肠道寄生虫。

【用法与用量】牛、马250～300克，羊、猪30～60克。

15.疮黄剂

公英散

【成分】蒲公英60克，金银花60克，连翘60克，丝瓜络30克，通草25克，木芙蓉25克，浙贝母30克。

【性状】黄棕色粗粉，味甘。

【功能】清热解毒，消肿散痈。

【主治】乳痈初起，红肿热痛。

证见乳汁分泌不畅，泌乳减少或停止，乳汁稀薄或呈水样，并含有絮状物；患侧乳房肿胀、变硬、增温、疼痛，不愿或拒绝哺乳；体温升高，精神不振，食欲减退，站立时两后肢开张，行走缓慢；口红干燥，舌苔黄，脉象洪数。

【用法与用量】牛、马250～300克，羊、猪30～60克。

八、牛场常用的解热镇痛抗炎药

解热镇痛抗炎药是一类具有退热、减轻局部疼痛，多数还有抗炎和抗风湿作用的药物。

在兽医临床上广泛使用的解热镇痛抗炎药物有阿司匹林、辛可芬、保泰松、安乃近等，最近20年来在兽医临床上广泛使用美洛昔康、氟尼辛葡甲胺和甲氯芬酸等新型解热镇痛抗炎药物。自20世纪末起，许多国家开始关注动物福利，再加上经济利益的驱动、市场的需求等因素，解热镇痛抗炎药物得到了越来越广泛的应用。目前，在兽医临床上使用的解热镇痛抗炎药物有20种左右。按照化学结构分类，可分为水杨酸类、苯胺类、吡唑酮类、吲哚乙酸类、丙酸类、芬那酸类（邻氨基苯甲酸类）和昔康类等八类。各类药物均有一定程度的镇痛作用，对于炎症疼痛，吲哚乙酸类和芬那酸类的效果最好，吡唑酮类和水杨酸类次之；在解热和抗炎效果上，苯胺类、吡唑酮类和水杨酸类解热效果较好；阿司匹林、吡唑酮类和吲哚乙酸类的抗炎、抗风湿作用较强，其中阿司匹林疗效确实，不良反应少，是抗风湿的首选药物。

（一）水杨酸类

本类药物有较强的解热、镇痛和抗风湿作用。其代表药物有水杨酸钠、阿司匹林（乙酰水杨酸）等，生物活性部分为水杨酸阴离子。

水杨酸钠

【理化性质】白色或微红色细微结晶或鳞片，或为白色无晶性粉末，味甜、咸。易溶于水和乙醇，水溶液呈酸性（pH值5～6）。

【作用与用途】本品有解热、镇痛、消炎和抗风湿作用，但抗风湿作用强，解热镇痛作用比阿司匹林弱。临床上一般不作解热药，主要用作抗风湿药，治疗急性风湿性关节炎，用药数小时后关节疼痛显著减轻、肿胀消退、风湿热降低等。

【用法与用量】内服，一次量，牛15～75克。静脉注射，一次量，马、牛50～100毫升。

【制剂与规格】片剂，每片0.3克或0.5克；复方水杨酸钠注射液，含水杨酸钠10%、氨基比林1.43%、巴比妥0.57%、95%乙醇10%、葡萄糖10%的无菌水溶液，每只牛20毫升或50毫升或100毫升。

【注意事项】① 本品经口给予，受胃酸作用分解出水杨酸，对胃有较强刺激，同时经口给予碳酸氢钠可减轻本品对胃的刺激，但同时也会降低水杨酸钠的吸收和加速其排泄。

② 大剂量长期经口给予，可损害听觉神经引起耳聋；同时影响肾脏功能引起肾炎。

③ 严禁与抗凝血药合用，否则可使血液中凝血酶原的活性降低。

④ 长期经口给予本品能抑制体内凝血酶原的合成而造成出血倾向。

【休药期】水杨酸钠注射液，牛0天，弃奶期2天；复方水杨酸钠注射液，牛28天，弃奶期7天。

阿司匹林（乙酰水杨酸）

【理化性质】白色结晶性粉末。难溶于水，易溶于乙醇。在湿空气中分解成醋酸及水杨酸，刺激性增强。

【作用与用途】① 具有优良的解热镇痛和抗炎、抗风湿作用，对急性风湿有特效，抗风湿疗效确实；还有抗血栓和促进尿酸排泄的作用。在临床上主要用于发热、风湿、神经肌肉痛和痛风的治疗。

② 其他水杨酸类解热镇痛抗炎药、双香豆素类抗凝血药、巴比妥类等药物与阿司匹林合用时，作用效果增强，但毒性也增加。

【用法与用量】经口给予，一次量，牛、马15～30克，羊、猪1～3克。

【制剂】阿司匹林片，每片0.5克；复方阿司匹林片，每片含阿司匹林0.2268克、非西那丁0.162克、咖啡因0.032克。

【注意事项】① 酸性大，长期经口给予可引起胃肠溃疡等损伤。

② 本品能抑制凝血酶原合成，连用可造成出血倾向。

③ 对胃肠刺激大，剂量较大可引起食欲缺乏、恶心、呕吐、消化道出血等症状。不宜空腹经口给予；有胃炎、胃溃疡、出血、肾功能不全的患畜慎用。

④ 治疗痛风时，可同服等量碳酸氢钠，以防尿酸在肾小管内沉积。

（二）苯胺类

苯胺类药物解热效果较好，与阿司匹林相当，作用持久，但无抗风湿作用。代表性药物有非那西丁（对乙酰氨基苯乙醚）与扑热

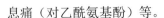

息痛（对乙酰氨基酚）等。

非那西丁（对乙酰氨基苯乙醚）

【**作用与用途**】① 非那西丁本身无作用，在体内脱去乙基转变为扑热息痛后产生药理作用。

② 非那西丁对下丘脑前列腺素 E（PGE）的合成与释放有较强的抑制作用，对外周前列腺素 E（PGE）的合成和释放抑制作用较弱。故解热作用强，镇痛和消炎作用弱，无抗风湿作用。

③ 主要用作中小动物的解热镇痛药。

【**用法与用量**】经口给予，一次量，马、牛 10～20 克，猪、羊 1～4 克。

【**制剂**】非那西丁片。

【**注意事项**】① 非那西丁是中小动物安全有效的解热镇痛药物，但禁用于猫，因为会造成严重毒性反应。

② 非那西丁中毒后可用维生素 C 或乙酰半胱氨酸解毒。

③ 长期应用或过大剂量服用非那西丁可致高铁血红蛋白血症、溶血，损害肝、肾功能。

扑热息痛（对乙酰氨基酚）

【**理化性质**】白色结晶性粉末。易溶于热水和乙醇，略溶于水。

【**作用与用途**】解热镇痛药，作用持久，副作用小。无抗炎、抗风湿作用，主要用作小动物的解热镇痛药。

【**用法与用量**】内服，一次量，马、牛 10～20 克。

【**制剂**】片剂，每片 0.5 克。

【**注意事项**】猫、猪不宜用，可引起严重的中毒反应。

（三）吡唑酮类

吡唑酮类代表性药物有氨基比林、安替比林、安乃近、雷米那酮、保泰松和羟布宗（羟基保泰松）等，氨基比林、安替比林和安乃近解热作用强，而保泰松消炎作用较好。动物病毒性感染时尽量不要用此类药物，因为会抑制免疫反应，进而降低机体免疫防御功能，造成病情恶化并继发感染。

氨基比林

【理化性质】白色结晶或晶状粉末。无臭,味微苦。易溶于水,水溶液呈碱性。遇光易变质,易氧化,应避光密封保存。

【作用与用途】解热镇痛作用强而持久,起效快。与巴比妥类药物合用,镇痛效果明显,有利于缓解疼痛症状。也有抗风湿和抗炎作用,可治疗急性风湿性关节炎,疗效与水杨酸类似。临床上广泛用于动物的发热、急性风湿性关节炎、肌肉痛、关节痛和神经痛等。

【用法与用量】片剂,内服,经口给予,一次量,马、牛8～20克,猪、羊2～5克。复方氨基比林注射液,肌内注射或皮下注射,一次量,马、牛20～50毫升,猪、羊5～10毫升。

【制剂】氨基比林片,每片0.5克;复方氨基比林注射液,每支10毫升或20毫升。

【注意事项】本品长期连续使用,可引起粒细胞减少症。

【休药期】复方氨基比林注射液,28天,弃奶期7天。

安乃近

【理化性质】白色或黄白色结晶性粉末。易溶于水,略溶于乙醇。

【作用与用途】解热镇痛作用强,起效快,药效可持续3～4小时,并具有一定的抗炎和抗风湿作用。对胃肠蠕动无明显影响。兽医临床上常用于猪、马、牛的发热性疾病、肌肉痛、疝痛、风湿痛等。

【用法与用量】经口给予,一次量,马、牛4～12克,猪、羊2～5克;肌内注射,一次量,马、牛3～10克,猪、羊1～2克。

【制剂】安乃近片,每片0.5克;安乃近注射液,每支5毫升或10毫升或20毫升。

【注意事项】① 安乃近禁与氯丙嗪联合使用,以免引成体温急剧下降。

② 不应与巴比妥类、保泰松合用,否则相互作用影响肝微粒体酶活性。

③ 本品可引起粒细胞数量减少和再生障碍性贫血、免疫抑制等,在临床上应当尽量少用。

【休药期】片剂、注射液，牛、羊、猪28天，弃奶期7天。

保泰松

【理化性质】白色或微黄色结晶性粉末，味微苦。不溶于水，能溶于乙醇和碱性溶液，性质较稳定。

【作用与用途】本品有较强的抗炎、抗风湿作用，解热镇痛效果较差。临床上主要用于风湿症、关节炎、腱鞘炎以及睾丸炎等。此外，本品还有轻度排除尿酸的作用，可用于痛风。

【用法与用量】经口给予，一次量，马、牛每千克体重2.2毫克，首日加倍。

【制剂】保泰松片，每片0.1克。

【注意事项】本品毒性较大，故严禁用于有心脏、肝肾疾病的动物，血象异常、胃肠有溃疡的动物及用于食品生产的动物禁用。

羟保泰松

【理化性质】白色结晶或结晶性粉末，溶于乙醇，几乎不溶于水。

【作用与用途】同保泰松相似，不同的是其作用强，毒性较低，主要用于关节炎和风湿病。

【用法与用量】内服，一次量，牛、马每千克体重12毫克，2天后减半，维持5天。

【制剂】片剂，每片0.1克。

【注意事项】同保泰松。

（四）吲哚乙酸类

吲哚乙酸类药物抗炎作用强，临床上主要用于炎症的辅助治疗（如手术后），因其对胃肠刺激性较大，而且同时影响造血功能等，故在临床上主要是外用。代表性药物主要有消炎痛、炎痛静等。

消炎痛（吲哚美辛）

【理化性质】白色结晶性粉末，不溶于水，易溶于乙醇。

【作用与用途】消炎作用强大，其作用比保泰松和氢化可的松都要强，与这两者合用可减少用量及副作用，对炎性疼痛的效果要优于保泰松、安乃近和水杨酸类；对痛风性关节炎和骨关节炎的疗效最好。其次具有解热作用，但其镇痛效果稍弱。临床上主要用于慢性风湿性关节炎、腱鞘炎、神经痛和肌肉损伤等。

【用法与用量】经口给予，一次量，马、牛每千克体重1毫克，羊、猪2毫克。

【制剂】消炎痛片，每片25毫克。

【注意事项】长期应用可出现消化道溃疡，甚至可以导致肝及造血功能损害；肾病及胃肠溃疡的患畜慎用。

苄达明（炎痛净）

【理化性质】其盐酸盐为白色结晶性粉末，味辛辣，易溶于水。

【作用与用途】有解热镇痛抗炎作用。其抗炎作用强度与保泰松相似，止痛作用则强于消炎痛，临床上常与抗生素（如四环素、氯霉素等）合用，用于治疗乳腺炎、支气管炎、支气管肺炎，本品能加速疾病的康复，也可用于治疗关节炎、手术伤、外伤等炎性疼痛。

【用法与用量】经口给予，一次量，马、牛每千克体重1毫克，羊、猪2毫克；软膏，外用敷于炎症部位，每天2次。

【制剂】炎痛净片，每片含主药25毫克；含量为5%的苄达明软膏。

【注意事项】① 有食欲缺乏的副作用，偶见恶心、呕吐等症状。

② 连续用药可产生轻微的消化功能障碍和白细胞减少。

③ 对湿疹性耳炎及齿龈炎无效。

（五）丙酸类

丙酸类代表性药物有布洛芬（芬必得、异丁苯丙酸）、卡洛芬、酮洛芬（优洛芬）和萘普生等。布洛芬是较为新型的解热镇痛抗炎和抗风湿药，有较强的消炎、止痛、退热和消肿等功效。副作用较小，在临床上广泛用于家畜的发热、疼痛性炎症疾病。

萘普生（消痛灵）

【理化性质】白色结晶性粉末，不溶于水，在乙醇中溶解。

【作用与用途】抗炎效果突出，同时还具有镇痛和解热作用，对类风湿关节炎、骨关节炎、脊椎炎、痛风、运动系统方面的慢性疾病和轻中度疼痛等均有明显疗效，其药效要强于保泰松。主要用于解除肌炎和软组织炎症的疼痛、跛行及关节炎等。

【用法与用量】经口给予，一次量，马、牛每千克体重10毫克，每天2次，连用14天，犬2毫克，首量加倍。

【制剂】片剂，每片0.25克。

【注意事项】① 本品可增强双香豆素等的抗凝血作用，影响凝血时间，容易引起中毒和出血反应。

② 本品与利尿药（如呋塞米、氢氧噻嗪等）合用时，会降低排钠利尿。

③ 与丙磺舒合用可以增加萘普生血药浓度且延长本品的血浆半衰期。

④ 与阿司匹林合用可以加速本品的排出。

⑤ 长期使用会引起胃肠道反应，造成胃肠道溃疡和出血以及黄疸、血管性水肿和肾功能下降。

酮洛芬

【理化性质】白色结晶性粉末，无臭或几乎无臭。极易溶于甲醇，易溶于乙醇、丙酮、乙醚，几乎不溶于水。

【作用与用途】酮洛芬对环氧酶具有强效抑制作用，同时也能有效抑制白三烯、缓激肽和某些脂氧酶的作用。抗炎、镇痛和解热效果都比较好，与保泰松相比，酮洛芬的副作用极小。主要用于风湿病、关节炎、强直性脊椎炎、痛风，还可用于马的慢性蹄叶炎、跛足，手术后镇痛。

【用法与用量】静脉注射，马、牛每千克体重2.2毫克，每天1次，连用5天。用药后2小时内生效，12小时后效果明显。

【制剂】肠溶胶囊，每个胶囊25毫克或50毫克；注射液，50毫升、100毫升。

【注意事项】① 避免与抗凝药同时使用，不宜与阿司匹林、甲氨蝶呤合用。

② 避免与皮质激素药联用，以免加重对肠道的损伤。

③ 有消化道溃疡、肝肾疾病的病畜慎用。

卡洛芬

【理化性质】白色或类白色结晶性粉末，易溶于乙醇，几乎不溶于水。

【作用与用途】可以抑制前列腺素的合成，阻断炎性介质而起作用，具有较强的消炎、镇痛、解热作用。其抗炎作用与吲哚美辛、吡罗昔康、双氯芬酸相当，较阿司匹林、保泰松、布洛芬强；其镇痛和解热作用与吲哚美辛相近，较保泰松和阿司匹林强。临床用于风湿和类风湿关节炎、骨关节炎、肌肉疼痛、滑膜炎、跛足、乳腺炎等，也可用于去势或断尾等手术后或外伤引起的急性疼痛。

【用法与用量】静脉注射，一次量，牛、马、羊每千克体重0.7～4毫克。

【制剂】片剂，每片25毫克或75毫克或100毫克；注射液，每10毫升0.5克。

【注意事项】① 有消化道溃疡、肝脏疾病患畜慎用。
② 用药后避免阳光直晒，以免发生光敏反应。

布洛芬

【理化性质】白色结晶性粉末，稍有特异臭味。难溶于水，易溶于乙醇，在氢氧化钠或碳酸钠溶液中易溶。

【作用与用途】消炎解热镇痛作用与阿司匹林、保泰松相似，不能耐受阿司匹林、保泰松时，可用布洛芬替代。用于风湿性关节炎及类风湿关节炎、痛风，还可用于内毒素引起的发热辅助治疗。牛胚胎移植前肌内注射本品能提高受孕率等。

【用法与用量】肌内注射，一次量，牛每千克体重5毫克，肉鸡25毫克。

【制剂】片剂，每片0.1克或0.2克。

【注意事项】胃肠道溃疡及肝肾功能不全的患畜慎用。

（六）芬那酸类

芬那酸类药又称为灭酸类或者邻氨基苯甲酸类，是邻苯甲酸的衍生物，包括甲芬那酸、氯芬那酸、甲氯芬酸、氟芬那酸和氟尼辛葡甲胺等，其特点是消炎与镇痛作用强，但对于肝肾毒性大，甚至可能有抑制骨髓功能。本类药物在临床上主要用于牛、马、猪的乳腺炎、子宫内膜炎等局部炎症的治疗，且应该与抗生素合用。

甲芬那酸（扑湿痛）

【理化性质】白色或淡黄色粉末，味略苦，不溶于水，微溶于乙醇，久置光线下颜色会变暗。

【作用与用途】有强大的镇痛作用和消炎作用，都强于阿司匹林和氨基比林；具有比较好的抗风湿作用。主要用于治疗风湿性关节炎、痛风及其他炎性疼痛。

【用法与用量】内服，一次量，牛、马1.25～2.5克，首量加倍。每天3～4次，用药不宜超过1周。

【制剂】甲芬那酸片，每片0.25克。

【注意事项】① 长期服用偶有嗜睡、恶心和腹泻等症状。

② 对胃肠道有刺激性，可加重哮喘症状，禁用于哮喘病畜。

③ 肾功能不全及溃疡患畜慎用，孕畜禁用。

甲氯芬酸（抗炎酸）

【理化性质】白色或类白色结晶性粉末，无臭，难溶于水，其钠盐可溶于水。

【作用与用途】有较强的消炎作用（要强于阿司匹林、氨基比林、保泰松和消炎痛等）和中等程度镇痛解热作用，其镇痛效果类似于阿司匹林。甲氯芬酸主要用于治疗风湿性关节炎和类风湿关节炎。

【用法与用量】内服，一次量，马每千克体重2.2毫克，犬1毫克，奶牛10毫克；肌内注射，一次量，奶牛每千克体重20毫克；真胃注入，一次量，奶牛每千克体重10毫克。

【制剂】甲氯芬酸片，每片0.25克

【注意事项】本品不宜与阿司匹林合用。

氟尼辛葡甲胺

【理化性质】白色结晶性粉末，易溶于水和乙醇，难溶于氯仿。

【作用与用途】本品是一种强效环氧化酶抑制剂，具有良好的解热、镇痛、抗炎、抗风湿、抗内毒素休克的作用。临床上主要用于缓解马的内脏绞痛、筋骨疼痛，治疗马、牛的蹄叶炎与关节炎。可多途径给药，如经口给予、肌内注射、静脉注射等，可缓解或消除病毒性、细菌性等各种因素引起的发炎发热症状，再配合抗生素治疗效果更好。

广泛应用于治疗家畜及小动物的发热性炎性疾病、肌肉和软组织疼痛及内毒素血症所致的高热等。

【用法与用量】以氟尼辛计算，肌内注射、静脉注射，一次量，牛、猪每千克体重2毫克。每天1～2次，连用不超过2天。

【制剂】氟尼辛葡甲胺颗粒，以氟尼辛计算，每颗粒0.5克。

【注意事项】不可长期或大剂量使用，否则会导致口腔和胃肠道溃疡的发生，或出现便血及血尿等。

氟芬那酸（氟灭酸）

【理化性质】淡黄色或淡黄绿色结晶性粉末，味苦。几乎不溶于水，溶于乙醇。

【作用与用途】解热消炎作用比氨基比林、阿司匹林、保泰松强，镇痛作用较差，不良反应小。

【用法与用量】内服，一次量，猪、羊0.4克，马、牛1～2克。

【制剂】片剂，每片0.2克。

【注意事项】本品有胃肠道反应，哮喘患畜慎用。

氯芬那酸（抗风湿灵）

【理化性质】白色结晶性粉末，无臭，难溶于水。

【作用与用途】有消肿、解热、镇痛作用。对关节肿胀有明显的消炎消肿作用。可恢复关节活动，使血沉恢复正常。不良反应较小，疗程可长达2～3个月。

【用法与用量】内服，一次量，猪、羊0.4～0.8克，马、牛1～4克，每天2～3次。

【制剂】片剂，每片0.2克。

（七）昔康类

昔康类代表性药物有吡罗昔康、替诺昔康和美洛昔康等，是一种新型的非甾体抗炎药物。有抗炎、抗内毒素血症、防治急性渗出、镇痛和解热的效果。目前在牛、马、猪等动物中已经广泛应用，具有良好的安全性能。

美洛昔康

【理化性质】淡黄色粉末，有甜味，易溶于氯仿，不溶于水，微溶于甲醇。

【作用与用途】为昔康类非甾体抗炎药，具有消炎镇痛和解热作用。镇痛作用同布洛芬、酮洛芬、阿司匹林。由于能选择性地抑制环氧化酶-2，因此消化系统的不良反应少。

在生产中，美洛昔康主要用于包括呼吸系统疾病、腹泻、乳腺炎、子宫炎等炎症控制及产后镇痛等。

【制剂】片剂，每片7.5毫克或15毫克。内服混悬液，每毫升0.5毫克或1.5毫克。注射液，每毫升5毫克。

【注意事项】① 妊娠期、泌乳期动物慎用。

② 有消化道溃疡、肝肾疾病的动物禁用。

③ 不宜与类固醇激素，如强的松、地塞米松联用，不与抗凝药、利尿药、阿司匹林、苯巴比妥合用。

九、牛场常用的消毒防腐药物

消毒药物是指能够杀灭病原微生物的化学药物，其主要用于环境、动物圈舍、动物自身及其排泄物、设备用具等消毒。防腐药物是指抑制病原微生物生长繁殖的化学药物，其主要用于抑制生物体表，主要包括皮肤、黏膜和创面等的微生物感染。消毒药物和防腐药物统称为消毒防腐药物。消毒和防腐在概念上区别很大，但在实际临床应用上却无明显的界限，因为同一种化学药品往往在低浓度时，呈现防腐作用，而在高浓度时，却呈现消毒作用。消毒防腐药物一般只供外用。在使用的同时，应当严格注意使用浓度、作用时间、作用对象，以免影响动物的正常发育或损害器具。

（一）酚类

煤酚皂溶液（甲酚、来苏儿）

【理化性质】黄棕色或红棕色黏稠澄清液体，有甲酚的臭味，能溶于水和醇类，含甲酚50%。

【适用范围】用于环境、器械消毒和处理排泄物。杀菌力强，是苯酚的2倍，对大多数病原菌有强大的杀灭作用，但对细菌的芽孢无效，对机体毒性作用比苯酚小。

【制剂与用法】50%的煤酚皂溶液，用其1%～5%的水溶液浸泡、喷洒或擦抹污染物体表面，作用时间为30～50分钟；对结核杆菌使用5%浓度，作用1～2小时。将药液加热至40～50℃，可增强药液的杀菌作用。皮肤消毒浓度为1%～2%，对器械、排泄物等消毒可用5%～10%的水溶液。

【药物相互作用】对皮肤有一定的刺激作用和腐蚀作用。

【注意事项】甲酚有特别的臭味，因此不宜用于肉或肉品库的消毒；有颜色，因此不宜用于棉毛制品的消毒。

复合酚（菌毒敌、畜禽灵）

【理化性质】菌毒敌是酚和酸类复合型消毒剂，是深红褐色黏稠液体，有特异臭味，是广谱、高效、新型的消毒剂。

【适用范围】主要用于畜禽栏舍、饲养场地、运输工具和动物排泄物的消毒。可杀灭细菌、霉菌和病毒，对多种寄生虫卵也有杀灭作用。还能抑制蚊、蝇等昆虫的滋生。通常用药后，药效可维持1周。

【制剂与用法】菌毒敌是由苯酚（41%～49%）和醋酸（22%～26%）再加十二烷基苯磺酸等配制而成的水溶性混合物。喷洒消毒时用0.35%～1%的水溶液，浸洗消毒时用1.6%～2%的水溶液。稀释用水的温度应不低于8℃。在环境较脏，污染较严重时，可适当增加药物浓度和用药次数。

【药物相互作用】应避免与其他消毒药或碱性药物混合使用，以免降低消毒效果。

【注意事项】① 严禁使用喷洒过农药的喷雾器械喷洒本品，以免引起畜禽意外中毒。

② 菌毒敌对皮肤、黏膜有刺激性和腐蚀性，接触部位可用50%的酒精或水、甘油清洗。动物意外吞服导致中毒时，可用植物油洗

胃，内服硫酸镁导泻。

<h2 style="text-align:center">复方煤焦油酸溶液（农福、农富）</h2>

【理化性质】本品为淡紫红色或淡黑色黏稠状液体，含煤焦油酸39%～43%、醋酸18.5%～20.5%、十二烷基苯磺酸23.5%～25.5%，具有煤焦油和醋酸的特异性酸臭味。

【适用范围】用于畜禽栏舍及器械消毒。主要用于畜禽栏舍、笼具、饲养场地、运输工具及动物排泄物的消毒。可杀灭细菌、真菌和病毒，对多种寄生虫卵也有杀灭作用。还能抑制蚊、蝇等昆虫的滋生。

【制剂与用法】以喷雾应用和浸洗应用为主。1%～1.5%的水溶液用于喷洒畜禽栏舍的墙壁和地面，1.5%～2%的水溶液用于器具和车辆的浸洗。

【药物相互作用】本品与碱类物质混合使用会降低药效，对皮肤有刺激作用。

【注意事项】同复合酚。

（二）酸类

酸类消毒药包括有机酸和无机酸两类。无机酸的杀菌作用取决于离解的氢离子，包括硝酸、硼酸、盐酸等；有机酸的杀菌作用是不电离的分子透过细菌的细菌膜而对细菌起杀灭作用。

<h2 style="text-align:center">硼酸</h2>

【理化性质】无色微带珍珠光泽的结晶或白色疏松的粉末，无臭，易溶于水、醇、甘油等，水溶液呈酸性。

【作用与用途】能够抑制细菌生长，无杀菌作用。因刺激性较小，又不损伤组织，临床上常用于冲洗消毒较敏感的组织（如眼结膜、口腔黏膜等）。

【制剂与用法】2%～4%的溶液，冲洗眼、口腔黏膜等；3%～5%的溶液，冲洗新鲜未化脓的伤口。也可用硼酸甘油（31：100）治疗口鼻黏膜炎症；硼酸软膏（5%）治疗皮肤创伤、溃疡等。

【药物相互作用】不能与碱类药物配伍；外用毒性不大，但用于大面积损害时，吸收后可发生急性中毒，早期症状为呕吐、腹泻、中枢神经系统先兴奋后抑制，严重时发生循环衰竭或休克。

过氧乙酸

【**理化性质**】为无色透明的液体，具有很强的醋酸臭味，易溶于水、酒精和硫酸。易挥发，有腐蚀性。当过热、遇有机物或杂质时本品容易分解。急剧分解时可发生爆炸，但浓度在40%以下时，于室温储存不易爆炸。

【**适用范围**】具有高效、速效、广谱抑菌和灭菌作用。对细菌的繁殖体、芽孢、真菌和病毒均具有杀死作用。作为消毒防腐剂，其作用范围广、毒性低、使用方便，对畜禽刺激性小，除金属制品外，可用于大多数器具和物品的消毒，常用于带畜消毒，也可用于饲养人员手臂消毒。

【**制剂与用法**】溶液：500毫升/瓶。市售消毒用过氧乙酸有20%浓度的制剂和AB二元包装消毒液。

浸泡消毒：0.04%～0.2%溶液，用于饲养用具和饲养人员手臂消毒。

空气消毒：可直接用20%成品，每立方米空间1～3毫升，最好将20%成品稀释成4%～5%溶液后，加热熏蒸。

喷雾消毒：用5%浓度，用于实验室、无菌室或仓库消毒，每立方米空间2～5毫升。

喷洒消毒：用0.5%浓度，对室内空气和墙壁、地面、门窗、笼具等表面进行喷洒消毒。

饮水消毒：每升饮水加20%过氧乙酸溶液1毫升，让畜禽饮用，半小时内用完。

【**注意事项**】① 因本品不稳定，容易自然分解，因此水溶液应新鲜配制，一般配制后可使用3天。

② 增加湿度可增强本品的杀菌效果，当温度为15℃时以60%～80%的相对湿度为宜；当温度为0～5℃时，相对湿度以90%～100%为宜。

③ 本品对金属有腐蚀性，不能用于对金属器具的消毒。

④ 置于阴凉、通风、干燥处保存。

（三）碱类

碱类对微生物有较强的杀灭作用，尤其是对病毒和革兰阴性菌的杀灭作用更强，预防病毒性传染病较为常用。

氢氧化钠

【理化性质】白色块状、棒状或片状结晶，吸湿性强，容易吸收空气中的二氧化碳形成碳酸钠或者碳酸氢钠。极易溶于水，易溶于酒精，应密封保存。

【适用范围】对细菌的繁殖体、芽孢和病毒都有很强的杀灭作用，对寄生虫卵也有杀灭作用。浓度增加和温度升高可明显增强杀灭效果，但低浓度时对组织有刺激性，高浓度时有腐蚀性。常用于预防病毒或细菌性传染病的环境消毒或污染畜禽场地的消毒。

【制剂与用法】粗制烧碱或固体碱含氢氧化钠94%左右。2%的热溶液用于被病毒和细菌污染的栏舍、饲槽和运输工具的消毒。3%～5%溶液用于炭疽杆菌的消毒。50%的溶液也可用于腐蚀牛的皮肤上的赘生物及新生角质等。

【药物相互作用】高浓度氢氧化钠溶液可灼伤组织，对铝制品、棉织物、毛织物等具有损坏作用。

【注意事项】一般用工业碱代替氢氧化钠作消毒剂使用，价格低廉，效果良好。

氧化钙

【理化性质】白色或灰白色粉末或块状，无臭味，易吸水，吸水后变成氢氧化钙，吸收空气中的二氧化碳后变成碳酸钙会失去消毒作用。

【适用范围】对大多数细菌的繁殖体有效，但对细菌的芽孢和部分细菌（如结核杆菌）无效。常用于地面、墙壁、粪池、排污水沟等处的消毒。

【制剂与用法】一般加水配制成10%～20%的石灰乳来涂刷栏舍墙壁和地面消毒。每千克氧化钙加水350毫升，可散布在湿潮地面、粪池周围及污水沟等处来进行消毒。

【注意事项】氧化钙应干燥保存，以免潮解失效。石灰乳应现用现配，当天用完，否则会吸收空气中的二氧化碳转化为碳酸钙而失效。

（四）醇类

醇类具有杀菌作用，而且随分子量的增加，其杀菌作用增强。但随着醇类分子量的增加，其水溶性降低而难以使用。因此，在实际生活中应用最广泛的是乙醇。

乙醇（酒精）

【理化性质】无色透明液体，易挥发、易燃，故应在冷暗处避火保存。能与水、醚类、甘油、氯仿、挥发油等任意比例混合，无水乙醇含量不低于99%。工业乙醇含量不低于95%。

【适用范围】75%左右的乙醇杀菌作用最强，可杀死一般病原菌的繁殖体，但对细菌芽孢无效。

【制剂与用法】75%的乙醇常用于皮肤、手臂、注射部位、注射针头以及小件医疗器械的消毒，不仅能够迅速杀灭细菌，还具有清洁局部皮肤、溶解皮脂的作用。

【药物相互作用】偶见有皮肤刺激性。

【注意事项】乙醇可使蛋白质沉淀，将乙醇涂于皮肤，短时间内不会造成损伤，但如果时间过久，则会刺激皮肤。将乙醇涂于伤口或破损的皮面，不仅会加剧损伤，而且会形成凝块，结果凝块下面的细菌繁殖起来，故不能用于无感染的暴露伤口。

（五）醛类

醛类的作用与醇类相似，也是通过使蛋白质变性而发挥杀菌作用，但其杀菌作用比醇类更强。其中甲醛的杀菌效果最强。

甲醛溶液（福尔马林）

【理化性质】纯甲醛为无色气体，易溶于水，40%的甲醛溶液（即福尔马林）有刺激性臭味，与水或乙醇能任意混合。

【适用范围】甲醛对细菌繁殖体及芽孢、病毒和真菌均有杀灭作用。主要用于畜禽栏舍、用具、仓库及器械的消毒，还有硬化组织的作用，可用于固定生物标本、保存尸体。可用于胃肠道制酵。

【制剂与用法】2% ～ 5%的甲醛溶液可用于器具消毒；40%的

甲醛溶液可用于浸泡消毒或熏蒸消毒。甲醛的熏蒸消毒法是密闭畜舍，室温不低于12～15℃，相对湿度为60%～80%，熏蒸消毒时间为24～48小时，然后打开畜舍逸出甲醛气体。

【药物相互作用】皮肤接触甲醛会引起刺激、灼伤、腐蚀及变态反应。此外，对黏膜有刺激性；可致癌，尤其是肺癌。

【注意事项】① 皮肤污染甲醛溶液，应立即用肥皂和水清洗；动物误服大量甲醛溶液，应迅速灌服稀氨水解毒。

② 进行熏蒸时栏舍内不能有家畜，用甲醛熏蒸消毒时，与高锰酸钾混合立即发生反应，沸腾并产生大量气泡，所以使用的容器容积应比加入的甲醛容积大10倍以上；使用时应先加入高锰酸钾，再加入甲醛溶液，而不要把高锰酸钾加入到甲醛溶液中。熏蒸时工作人员应当离开消毒场所，将消毒场所密封。消毒栏舍内温度应保持在25℃左右，湿度保持在60%～80%。

聚甲醛

【理化性质】聚甲醛为甲醛的聚合物，带有甲醛的臭味，为白色粉末，不溶或难溶于水，但可溶于稀的酸性或碱性溶液。

【适用范围】聚甲醛本身并没有消毒作用，但是在常温下可以缓慢释放出甲醛分子来呈现出其杀菌作用。如将其加热到80～100℃时即可释放大量的甲醛分子，具有强大的杀菌作用。由于本品使用方便，近年来应用较为广泛，常用于杀灭细菌、真菌和病毒。

【制剂与用法】多用于熏蒸消毒，常用量为每立方米空间3～5克，消毒时间为10小时。

【药物相互作用】同甲醛。

【注意事项】用聚甲醛消毒时，室内温度最好在18℃以上，空气湿度最好在80%～90%，最低不应低于50%。

戊二醛癸甲溴铵溶液

【理化性质】本品为淡黄色澄清液体，有刺激性特臭。

【药理作用】消毒药。戊二醛为醛类消毒药，可杀灭细菌的繁殖体和芽孢、真菌、病毒。癸甲溴铵为双长链阳离子表面活性剂，其季铵阳离子能主动吸引带负电荷的细菌和病毒并覆盖其表面，阻碍细菌代谢，导致膜的通透性改变，协同戊二醛更易进入细菌、病毒内部，破坏蛋白质和酶活性，达到快速高效的消毒作用。

【适用范围】用于养殖场、公共场所、设备器械及种蛋等的消毒。

【制剂与用法】临用前用水按一定比例稀释。喷洒，常规环境消毒，1∶（2000～4000）稀释；疫病发生时环境消毒，1∶（500～1000）。浸泡，器械、设备等消毒，1∶（1500～3000）。

【不良反应】按推荐剂量使用，未发现不良反应。

【注意事项】禁与阴离子表面活性剂混合使用。

（六）氧化剂

氧化剂是一些含有不稳定的结合氧的化合物，遇到有机物或者酶就会释放出初生态氧，破坏菌体蛋白质或酶，从而呈现出杀菌作用。

氧化氢溶液（双氧水）

【理化性质】本品为含有3%的过氧化氢的无色透明液体。味道微酸，遇到有机物可以迅速分解发生泡沫，加热或者遇光即分解变质，故应密封避光保存于阴凉处。通常保存的双氧水溶液的浓度为27.5%～31%，使用时再稀释为3%的浓度即可。

【适用范围】过氧化氢与组织中过氧化氢酶接触后即可分解释放出生态氧而呈现出杀菌作用，具有消毒、防腐和除臭的功能，但作用时间较短，穿透力较弱，容易受到有机物的影响。因此可用于清洗创面、窦道和瘘管等。

【制剂与用法】通常为2.5%～3.5%的过氧化氢溶液或27.5%～31%的过氧化氢溶液。1%～3%的过氧化氢溶液可用于清洗创面；0.3%～1%的过氧化氢溶液可以用于冲洗口腔黏膜，3%以上的高浓度溶液对组织有刺激性和腐蚀性。

【药物相互作用】过氧化氢溶液与有机物、碱、生物碱、碘化物、高锰酸钾或其他较强氧化剂有配伍禁忌。

【注意事项】应避免用手直接触及高浓度的过氧化氢溶液，因为会产生刺激性灼伤。

高锰酸钾

【理化性质】高锰酸钾为紫黑色结晶，易溶于水，无臭无味，其溶液颜色因浓度不同而深浅程度不同。与还原剂（如甘油）共同研合时会发生爆炸或燃烧。应密封避光保存。

【适用范围】高锰酸钾是强氧化剂，遇有机物时即可放出初生态氧而呈杀菌作用。高锰酸钾的抗菌作用比过氧化氢溶液要强而持久，但其作用极易由于有机物的存在而减弱。

低浓度高锰酸钾溶液（0.1%）可杀死多数细菌的繁殖体，高浓度（2%～5%）时可在24小时内杀死细菌芽孢。可用于饮水、用具消毒和冲洗伤口。

【制剂与用法】0.1%的高锰酸钾溶液可用于畜禽的饮水消毒，可杀灭肠道病原微生物；与福尔马林合用可用于畜禽栏舍的空气熏蒸消毒；2%～5%的高锰酸钾溶液可用于冲洗食槽、饮水器、浸泡器械以及消毒被污染的器具等；0.1%的高锰酸钾溶液外用于冲洗黏膜及皮肤创伤、溃疡等。可用0.01%～0.05%的高锰酸钾溶液洗胃，用于某些有机物中毒。

【药物相互作用】在酸性环境下杀菌作用增强，遇到有机物（如酒精等）容易失效。遇到氨水及其制剂可产生沉淀。高锰酸钾粉末遇福尔马林、甘油等容易发生剧烈燃烧，与活性炭或碘等还原型物质共同研合时可发生爆炸；高浓度时对皮肤和组织具有刺激性和腐蚀性作用。

【注意事项】高锰酸钾水溶液应现用现配，注意避光保存。内服中毒时，应用温水或添加3%的过氧化氢溶液洗胃，并服用牛奶、豆浆、氢氧化铝凝胶等加以缓解吸收。

（七）卤素类

卤素类作为消毒防腐药的主要是氯和碘，以及能够释放出氯和碘的化合物。它们能够氧化细菌原浆蛋白质活性基团，并能够和蛋白质的氨基酸结合而使其变性。

聚维酮碘溶液

【理化性质】碘。本品为红棕色液体。

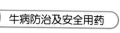

【药理作用】本品通过不断释放游离碘，破坏病原微生物的新陈代谢而使之死亡。是一种高效低毒的消毒药物，对细菌、病毒和真菌均有良好的杀灭作用。

【作用与用途】用于手术部位、皮肤和黏膜消毒。

【用法与用量】皮肤消毒及治疗皮肤病，配成5%溶液；奶牛乳头浸泡，配成0.5%～1%溶液；黏膜及创面冲洗，配成0.1%溶液。

【注意事项】① 当溶液变为白色或淡黄色即失去消毒活性。

② 对碘过敏的动物禁用。

③ 不应与含汞药物配伍。

复合碘溶液（雅好生）

【理化性质】是碘、碘化钾、硫酸、磷酸等配成的水溶液。棕红色液体，含有效碘2.7%～3.3%。

【作用与用途】杀菌作用持久，能杀死病毒、细菌和各种芽孢、真菌、原虫等。含有效碘50毫克/升时，10分钟能杀死各种细菌；含有效碘150毫克/升时，90分钟可杀死芽孢和病毒。可用于畜禽舍、饲槽、饮水、皮肤和器械等的消毒。

【制剂与用法】5%的溶液喷洒消毒栏舍，每立方米用药3～9毫升；5%～10%的溶液刷洗或浸泡消毒室内用具、手术器械、孵化用具等。

【药物相互作用】不能与强碱性药物及肥皂水混合使用；不应与含汞药物配伍。

【注意事项】本品在低温时，消毒效果显著，使用温度不能超过40℃。

漂白粉

【理化性质】是次氯酸钙、氯化钙、氢氧化钙的混合物，为白色颗粒状粉末，微溶于水和乙醇，遇酸分解，外露在空气中能吸收水和二氧化碳而分解失效，故应密闭保存。

【适用范围】漂白粉水解后产生次氯酸，而次氯酸又可以放出活性氯和初生态氯，呈现出抗菌作用，对细菌、芽孢、病毒和真菌都有杀灭作用。漂白粉的杀菌作用强，但不持久，在酸性环境下杀菌作用强于碱性环境。升高温度能够增强杀菌作用。主要用于畜禽栏舍、饮水、用具、车辆和排泄物的消毒和水生生物、细菌性疾病的防治。

【制剂与用法】饮水消毒，每1000升水加粉剂6～10克拌匀，30分钟后可喂服；喷洒消毒，1%～3%的澄清液可用于饲槽和其他非金属物品的消毒；10%～20%的乳剂可用于栏舍和排泄物的消毒。

【药物相互作用】本品禁止与酸、铵盐、硫黄和许多有机化合物配伍，遇盐酸释放氯气（有毒）。

【注意事项】密闭储存于阴凉干燥处，不可与易燃易爆物品放在一起；使用时应现用现配，避免接触眼睛和皮肤，避免使用金属器具。

消毒威（二氯异氰尿酸钠）

【理化性质】白色结晶性粉末，有氯臭味，含有效氯约60%，性质稳定，易溶于水，其水溶液不稳定。

【适用范围】是新型高效的消毒药，对细菌繁殖体、芽孢、病毒、真菌孢子均有较强的杀灭作用。可用于水、食品厂的加工器具以及畜禽栏舍、用具、运输车辆的消毒。

【制剂与用法】饮水消毒，每立方米饮水用干粉10克，作用30分钟。喷洒、浸泡消毒，杀灭一般细菌用0.5%～1%的溶液，杀灭细菌芽孢用5%～10%的溶液。

【药物相互作用】溅入眼睛内要立即冲洗，对金属有腐蚀作用，对织物有漂白作用。

【注意事项】吸潮性强，储存时间过久应测定有效氯的含量。

次氯酸钠

【理化性质】澄明微黄的水溶液，性质不稳定，见光易分解，应避光密闭保存。

【适用范围】有强大的杀菌作用，对组织有较大的刺激性，故不用作创伤消毒剂，常用于畜禽用具、栏舍及环境消毒。

【制剂与用法】0.01%～0.02%水溶液用于畜禽用具、器械的消毒，时间为5～10分钟。1%水溶液每立方米空间200毫升，用于畜禽栏舍及周围环境的喷洒消毒。

【药物相互作用】次氯酸钠对金属等有腐蚀作用。

【注意事项】① 使用次氯酸钠消毒要选用合适的杀菌浓度，浓度过高，加上高温可使其迅速衰减，影响消毒效果。

② 使用次氯酸钠消毒受水 pH 值的影响，水的 pH 值越高，其消毒效果越差。

③ 次氯酸钠不宜长时间保存，受光照、温度等因素影响，有效氯容易挥发。

使用次氯酸钠消毒，要清除物件表面上的有机物质，因为有机物可能消耗有效氯，降低消毒效果。

（八）染料类

染料可分为碱性染料和酸性染料两大类。它们的阳离子或阴离子，能分别与细菌蛋白质的羧基和氨基相结合，从而影响其代谢，呈抗菌作用。常用的碱性染料对革兰阳性菌有效，而一般酸性染料的抗菌作用则微弱。

甲紫（龙胆紫）

【理化性质】龙胆紫是碱性染料，为氯化四甲基副玫瑰苯胺、氯化五甲基副玫瑰苯胺、氯化六甲基副玫瑰苯胺的混合物，为暗绿色带金属光泽的粉末，微臭，可溶于水及醇。

【适用范围】对革兰阳性菌有选择性抑制作用，对霉菌也有作用。其毒性很小，对组织无刺激性，有收敛作用。可治疗皮肤、黏膜创伤、溃疡及烧伤。

【制剂与用法】常用1% ～ 3%溶液，是取龙胆紫（甲紫或结晶紫）1 ～ 3克于适量乙醇中，待其溶解后加蒸馏水至100毫升。1%水溶液可用于治疗烧伤；2% ～ 10%软膏剂，是取甲紫（龙胆紫、结晶紫）2 ～ 10克，加90 ～ 98克凡士林均匀混合后而成，主要用于治疗皮肤、黏膜创伤及溃疡。

【药物相互作用（不良反应）】对黏膜可能有刺激或引起接触性皮炎。

【注意事项】面部有溃疡性损害时应慎用，不然可造成皮肤着色。大面积破损皮肤不宜使用。本品不宜长期使用。

利凡诺（雷佛奴尔、乳酸依沙吖啶）

【理化性质】鲜黄色结晶性粉末，无臭，味苦，略溶于水，易溶于热水。水溶液呈黄色，对光观察，可见绿色荧光，且水溶液不稳定，遇光渐变色，难溶于乙醇。应置褐色玻璃瓶中，密闭，阴凉处保存。

【适用范围】为外用杀菌防腐剂，属于碱性染料，是染料类中最有效的防腐药。本品对各种化脓菌均有强大的抑菌作用，其中魏氏核状芽孢杆菌和化脓链球菌对本品最敏感。抗菌活性与溶液的pH值和药物的解离常数有关。在治疗浓度时对组织无刺激性，毒性低，穿透力较强，且作用持续时间可达24小时，当有机物存在时，本品的抗菌活性增强。

【制剂与用法】可用0.1%～0.3%水溶液冲洗或湿敷感染创面；1%软膏用于小面积化脓创面。

【药物相互作用（不良反应）】本品与碱类或碘液混合易析出沉淀。

【注意事项】① 水溶液在保存过程中，尤其曝光下，可分解生成剧毒产物，若肉眼观察溶液呈褐绿色，则证实已分解。

② 长期使用本品可能延缓伤口愈合。

③ 本品与碱类或碘液混合易析出沉淀。

（九）表面活性剂

表面活性剂是一类降低水褐油的表面张力的物质，又称除污剂或清洁剂。此外，此类物质能吸附于细菌表面，改变菌体细胞膜的通透性，使菌体内的酶、辅酶和代谢中间产物逸出，因而呈杀菌作用。

新洁尔灭（苯扎溴铵）

【理化性质】为季铵盐消毒剂，是溴化二甲基苄基铵的混合物。为无色或淡黄色胶状液体，低温时可逐渐形成蜡状固体，味极苦，易溶于水，水溶液为碱性，振荡水溶液会产生大量泡沫。易溶于乙醇，微溶于丙酮，不溶于乙醚和苯。耐加热加压，性质稳定，可保存较长时间效力不变。对金属、橡胶、塑料制品无腐蚀作用。

【适用范围】有较强的消毒作用，对多数革兰阳性和革兰阴性菌接触数分钟即能将其杀死。对病毒效力差，不能杀死结核杆菌、真菌和炭疽芽孢。可应用于术前手臂皮肤、黏膜、器械、用具等的消毒。

【制剂与用法】有3种制剂，浓度分别为1%、5%和10%，瓶装分为500毫升和1000毫升两种。0.1%溶液消毒手臂、手指，应将手浸泡5分钟，亦可浸泡消毒手术器械、玻璃及搪瓷物品等，浸泡时间为30分钟；0.01%～0.05%溶液用于黏膜（阴道、膀胱等）及深部感染伤口的冲洗。

【药物相互作用（不良反应）】忌与碘、碘化钾、过氧化物盐类消毒药及其他阴离子活性剂等配伍应用。不可与普通肥皂配伍，术者用肥皂洗手后，务必用水冲洗干净后再用本品。

【注意事项】浸泡器械时应加入0.5%亚硝酸钠，以防生锈。不适用于消毒粪便、污水、皮革等，其水溶液不得储存于聚乙烯制成的容器内，以避免药物失效。本品有时会引起人体药物过敏。

洗必泰（氯苯胍亭）

【理化性质】有醋酸洗必泰和盐酸洗必泰两种，均为白色结晶性粉末，无臭，有苦味，微溶于水（1∶400）及酒精，水溶液呈强碱性。

【适用范围】有广谱抑菌、杀菌作用，对革兰阳性菌和革兰阴性菌及真菌均有杀灭作用，毒性低，无局部刺激性。用于手术前消毒、创伤冲洗、烧伤感染，也可用于食品厂器具、畜禽舍、手术室等环境消毒，本品与新洁尔灭联用对大肠杆菌有协同杀菌作用，两药的混合液呈相加消毒效力。

【制剂与用法】醋酸或盐酸洗必泰粉剂，每瓶50克；片剂，每片5毫克。0.02%溶液用于术前泡手，3分钟即可达到消毒目的；0.05%溶液用于冲洗创伤；0.05%酒精溶液用于术前皮肤消毒；0.1%溶液浸泡器械（其中应加入0.1%亚硝酸钠），一般浸泡10分钟以上；0.5%溶液喷雾或涂擦无菌室、手术室、用具等。

【药物相互作用（不良反应）】本品遇肥皂、碱、金属物质和某些阴离子药物能降低活性，并忌与碘、甲醛、重碳酸盐、碳酸盐、氯化物、硼酸盐、枸橼酸盐、磷酸盐和硫酸配伍，因可能生成低溶解度的盐类而沉淀。浓溶液对结膜、黏膜等敏感组织有刺激性。

【注意事项】药液使用过程中效力可减弱，一般应每2周更换1次。长时间加热可发生分解。其他注意事项同新洁尔灭。本品水溶液应储存于中性玻璃容器中。

百毒杀（葵甲溴铵溶液）

【理化性质】主要成分是溴化二甲基二葵基羟胺，为无色或微黄色的黏稠液体，振摇时产生泡沫，味极苦。

【适用范围】是一种双链季铵盐类消毒剂，对多数细菌、真菌、病毒和藻类有杀灭作用。广泛应用于厩舍、饲喂器具、饮水和环境等的消毒。

【制剂与用法】用于厩舍、奶牛场、运输车辆、器具的常规消毒时，每升水中加入0.5毫升百毒杀，完全浸湿需消毒的物件；用于饮水消毒时，每100升水中加入10毫升百毒杀，连用3天。

【药物相互作用（不良反应）】原液对皮肤、眼睛有刺激性，避免与眼睛、皮肤和衣服直接接触。

【注意事项】① 不可口服。一旦误服，饮用大量水或牛奶，并尽快就医。

② 使用时小心操作，原液如溅及眼部和皮肤立即以大量清水冲洗至少15分钟。

③ 内服有毒性。如误服立即用大量清水或牛奶洗胃。

十、牛场常用的疫苗

（一）牛口蹄疫疫苗

牛口蹄疫O型、A型双价灭活疫苗

【主要成分与含量】含灭活的口蹄疫O型、A型病毒，灭活前的病毒含量分别至少为$10^{7.0}TCID_{50}$。

【性状】乳白色或淡粉红色黏滞性均匀乳状液。

【作用与用途】用于预防牛和羊 O 型、A 型口蹄疫。

【用法与用量】肌内注射。6 月龄以上牛，每头 4 毫升；6 月龄以下牛和 1 岁以上羊，每头（只）2 毫升；1 岁以下羊，每只 1 毫升。

【不良反应】一般不良反应，注射部位肿胀，体温升高，减食 1～2 天。随着时间延长，反应逐渐减轻，直至消失。严重反应，因品种、个体的差异，少数牛、羊可能出现急性变态反应，如焦躁不安、呼吸加快、肌肉震颤、口角出现白沫、鼻腔出血等，甚至因抢救不及时而死亡，部分妊娠母畜可能出现流产。建议及时使用肾上腺素等药物治疗，同时采用适当的辅助治疗措施，以减少损失。

【注意事项】① 疫苗应冷藏运输，但不得冻结。运输和使用过程中避免日光直射。

② 疫苗在使用前和使用过程中，均应充分摇匀。疫苗瓶开启后，限当日用完。

③ 注射器具和注射部位应严格消毒，每注射一头（只）牛（羊），应更换一个针头。注射时，进针应达到适当深度（肌肉内），以免影响免疫效果。

④ 不得使用无标签、疫苗瓶有裂纹或封口不严、疫苗中有异物或变质的疫苗。

⑤ 接种前，应对牛、羊进行检查，患病、瘦弱或临产畜不予注射。

⑥ 本疫苗适用于接种疫区、受威胁区、安全区的牛、羊。接种时，应从安全区到受威胁区，最后再接种疫区内安全群和受威胁群。

⑦ 非疫区的牛、羊，接种疫苗 21 天后方可移动或调运。

⑧ 接种时，应严格遵守操作规程，接种人员在更换衣服、鞋、帽和进行必要的消毒之后，方可参与疫苗的接种。

⑨ 接种时，须有专人做好记录，写明省（区）、县、乡（镇）、自然村、畜主姓名、家畜种类、大小、性别、接种头数和未接种头数等。在安全区接种后，观察 7～10 天，并详细记载有关情况。

⑩ 接种后的用具、疫苗瓶、包装物和未用完的疫苗等应集中进行消毒，不得乱弃，以防污染环境。

⑪ 由于口蹄疫的特殊性，特别忠告：接种疫苗只是消灭和预防该病的多项措施之一，在接种疫苗的同时还应对疫区采取封锁、隔离、消毒等综合防治措施，对非疫区也应进行综合防治。

【储藏与有效期】在2～8℃下保存，有效期为12个月。

口蹄疫病毒O型、亚洲Ⅰ型二价灭活疫苗

【主要成分与含量】含灭活的口蹄疫O型病毒（ONXC株）及亚洲Ⅰ型病毒（JSL株），灭活前每0.1毫升病毒含量应至少为 $10^{7.0}TCID_{50}$/毫升或0.2毫升病毒含量应至少为 $10^{7.0}LD_{50}$。

【性状】淡粉红色略带黏滞性乳状液。

【作用与用途】用于预防牛和羊O型、亚洲Ⅰ型口蹄疫。免疫期为4～6个月。

【用法与用量】牛颈部肌内注射，每头2毫升；羊后肢肌内注射，每只1毫升。

【不良反应】一般不良反应，注射部位肿胀，一过性体温反应，减食或停食1～2天，奶牛可出现一过性泌乳量减少，随着时间延长，症状逐渐减轻，直至消失。因品种、个体的差异，个别牛接种后可能出现急性变态反应，如焦躁不安、呼吸加快、肌肉震颤、可视黏膜充血、瘤胃臌气、鼻腔出血等，甚至因抢救不及时而死亡；少数妊娠母畜可能出现流产。

【注意事项】参见牛口蹄疫O型、A型双价灭活疫苗。

【储藏与有效期】2～8℃保存，有效期为12个月。

口蹄疫O型灭活疫苗（O/MYA98/BY/2010株）

【主要成分与含量】含灭活的口蹄疫O型病毒（O/MYA98/BY/2010株），灭活前的病毒含量至少为 $10^{7.5}TCID_{50}$/毫升或0.2毫升病毒含量至少为 $10^{7.5}LD_{50}$。

【性状】淡粉红色略带黏滞性乳状液。

【作用与用途】用于预防猪和牛O型口蹄疫，免疫期暂定为6个月。

【用法与用量】体重25千克以上的猪，耳根后肌内注射，每头注射2毫升；体重15～25千克仔猪，耳根后分点肌内注射，每头

注射1毫升。牛颈部肌内注射，每头注射2毫升。

【不良反应】一般不良反应，注射部位肿胀，一过性体温反应，减食或停食1～2天，奶牛可出现一过性泌乳量减少，一般在注射疫苗后3～5天，症状减轻，逐渐恢复正常。严重不良反应，因品种、个体的差异，个别动物接种后可能出现急性变态反应，如焦躁不安、呼吸加快、肌肉震颤、可视黏膜充血、瘤胃臌气、鼻腔出血等，抢救不及时可导致死亡；少数妊娠牲畜可能出现流产。

【注意事项】① 疫苗应在2～8℃条件下冷藏运输。运输和使用过程中避免日光直接照射。

② 使用前应仔细检查疫苗。疫苗中若有异物、瓶体有裂纹或封口不严、破乳、变质、已过有效期或未在规定条件下保存的，均不能使用。使用时应将疫苗恢复至室温并充分摇匀。疫苗瓶开启后限当日用完。

③ 本疫苗仅接种健康猪、牛。对病畜，瘦弱、妊娠后期母畜，断奶前幼畜及长途运输的牲畜暂不注射，待牲畜恢复正常后方可注射。

④ 严格遵守免疫注射操作规程。注射器具和注射部位应严格消毒，每头（只）更换一个针头。曾接触过病畜的人员，在更换衣、帽、鞋和进行必要消毒之后，方可参与疫苗注射。

⑤ 应由经过培训的专业人员进行免疫注射。注射入针深度要适中，注射剂量要准确。

⑥ 疫苗对安全区、受威胁区、疫区的猪、牛均可使用。必须先注射安全区的牲畜，然后注射受威胁区的牲畜，最后再注射疫区的牲畜。

⑦ 在非疫区，接种疫苗21天后，方可移动或调运牲畜。

⑧ 注射疫苗后应注意观察注苗动物的反应，个别动物出现严重变态反应时，应及时使用肾上腺素等药物进行抢救，同时采用适当的辅助治疗措施。

⑨ 对用过的疫苗瓶、器具和未用完的疫苗等收集后进行无害化处理，不得随意丢弃，避免污染环境。

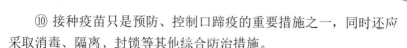

⑩ 接种疫苗只是预防、控制口蹄疫的重要措施之一，同时还应采取消毒、隔离、封锁等其他综合防治措施。

【储藏与有效期】 $2 \sim 8℃$保存，有效期暂定为12个月。

口蹄疫A型灭活疫苗（AF/72株）

【主要成分与含量】 含灭活的口蹄疫A型病毒（AF/72株），灭活前的病毒含量至少为$10^{7.0}TCID_{50}$/毫升。

【性状】 乳白色或淡红色黏滞性均匀乳状液。

【作用与用途】 预防牛A型口蹄疫，免疫期为6个月。

【用法与用量】 肌内注射，6月龄以上成年牛每头2毫升，6月龄以下犊牛每头1毫升。

【不良反应】 一般反应，注射部位肿胀，体温升高，减食$1 \sim 2$天。随着时间的延长，反应逐渐减轻，直至消失。严重反应，因品种、个体的差异，少数牛可能出现急性变态反应，如焦躁不安、呼吸加快、肌肉震颤、口角出现白沫、鼻腔出血等，甚至因抢救不及时而死亡，部分妊娠母畜可能出现流产。建议及时使用肾上腺素等药物治疗，同时采用适当的辅助治疗措施，以减少损失。

【注意事项】 ① 本品仅用于接种健康牛。接种前，应对牛进行检查，患病、瘦弱或临产畜不予注射。

② 在使用本品前应仔细检查，如发现疫苗瓶破损、封口不严、无标签或标签不清楚、疫苗有异物或变质、已过有效期或未在规定条件下保存的，均不能使用。

③ 疫苗应冷藏运输，但不得冻结。运输和使用过程中应避免日光直射。

④ 预防接种最好安排在气候适宜的季节，如需在炎热季节接种，应在清晨或傍晚进行。

⑤ 首次使用本疫苗的地区，应选择一定数量（约50头）的牛，进行小范围试用观察。确认无不良反应后，方可扩大接种面。接种后，应加强饲养管理并详细观察。

⑥ 本疫苗适用于接种疫区、受威胁区、安全区的牛。接种时，

应从安全区到受威胁区，最后再接种疫区内安全群和受威胁群。

⑦ 非疫区的牛，接种疫苗21天后，方可移动或调运。

⑧ 接种妊娠母牛时，保定和注射动作应轻柔，以免影响胎儿，防止因粗暴操作导致母畜流产。

⑨ 注射器具和注射部位应严格消毒。接种时，应执行常规无菌操作，一畜一针头。

⑩ 注射疫苗时，进针应达到适当的深度（肌肉内）。勿注入皮下或脂肪层，以免影响免疫效果。

⑪ 接种时，严格遵守操作规程，接种人员在更换衣服、鞋、帽和进行必要的消毒之后，方可参与疫苗的接种。

⑫ 接种时，须有专人做好记录，写明省（区）、县、乡（镇）、自然村、畜主姓名、家畜种类、大小、性别、接种头数和未接种头数等。在安全区接种后，观察7～10天，并详细记载有关情况。

⑬ 疫苗在使用前和使用过程中，均应充分摇匀。疫苗瓶开封后，限当日用完。

⑭ 接种后的用具、疫苗瓶、包装物和未用完的疫苗等应集中进行消毒、销毁，不得乱弃，以免影响环境。

⑮ 由于口蹄疫的特殊性，特别忠告：接种疫苗只是消灭和预防这种病的多项措施之一，在接种疫苗的同时还应对疫区采取封锁、隔离、消毒等综合防治措施，对非疫区也应进行综合防治。

【储藏与有效期】在2～8℃下保存，有效期为12个月。

（二）牛流行热疫苗

牛流行热是由弹状病毒科暂时热病毒属牛暂时热病毒引起的牛的一种急性、热性免疫病理性传染病。感染牛表现为急性发热、呼吸道和消化道功能障碍、跛行和肢体僵硬。发病率高，死亡率低，但可造成较严重的经济损失。种公牛感染后，精子畸形率可高达70%以上。奶牛的产奶量降低，牛乳质量下降，长期不能恢复正常。使役牛多因跛行或瘫痪而不能使役。

牛流行热弱毒疫苗

本品是将传代适应BHK-21细胞的牛流行热YHL弱毒株接种细

胞培养，待细胞产生合格病变后收集培养物，加入等量的聚乙烯吡咯烷酮乳糖保护剂，混匀分装，经冷冻真空干燥后制成。疫苗安全，免疫牛无异常反应，并产生中和抗体，免疫效果较为理想。

【作用与用途】用于预防牛流行热。用于各品种不同年龄的牛。

【用法与用量】使用时用氢氧化铝胶稀释，间隔4周皮下接种疫苗2次，每次注射5毫升。

【保存】4～8℃保存，有效期为6个月。疫苗应冷藏运输，防止高温和阳光直射。

（三）牛病毒性腹泻疫苗（BVDV疫苗）

牛病毒性腹泻是由牛病毒性腹泻病毒（BVDV）引起的一种极为复杂，呈多临床类型表现的疾病。其临床症状表现为高热、白细胞减少、沉郁、停止反刍、减食或废食、腹泻、结膜炎、口腔黏膜充血或发生溃疡；奶牛产奶量下降或停止。孕牛流产或胎儿发育不全；新生犊牛常发生致死性腹泻。死亡率很高。

牛病毒性腹泻/黏膜病、传染性鼻气管炎二联灭活疫苗（NMG株+LY株）

【主要成分】含灭活的牛病毒性腹泻/黏膜病病毒NMG株和传染性鼻气管炎病毒LY株。

【用法与用量】肌内注射，2月龄以上牛每头2.0毫升，首免后21天加强免疫1次，以后每隔4个月免疫1次，每头牛2.0毫升。

【免疫期】4个月。

Rispoval 4多联疫苗

【疫苗类型】灭活致细胞病变BVD毒株C86。

【用法与用量】8月龄首次免疫接种，4周后第二次免疫；胎儿保护至少在孕前4周首次免疫。

【免疫力持续时间】每年加强免疫一次。

（四）布鲁菌疫苗

布鲁菌病是由布鲁菌引起的人畜共患传染病。临床上主要表现为波状热、流产、关节炎等。布鲁菌病危害十分严重，牛、羊、猪等主要家畜感染布鲁菌病后，可造成大量流产、不孕不育、死胎等致使牲畜数量锐减。

布鲁菌可从多种途径传播。经口感染是本病的主要传播途径，也可经过皮肤伤口或眼结膜感染。

布氏杆菌病活疫苗（S2株）

本疫苗是用羊种布氏杆菌弱毒S2株接种适宜培养基，收获培养物加适当稳定剂经冷冻真空干燥制成。

【性状】为淡黄色疏松团块，加入稀释液后迅速溶解。

【作用与用途】供预防山羊、绵羊、猪和牛布氏杆菌病。

【用法与用量】口服或注射。怀孕母畜口服后不受影响，畜群每年接种1次，长期使用不会导致血清学的持续阳性反应。口服剂量，山羊、绵羊，不论年龄大小，饮服或喂服，每头$100×10^8$CFU活菌；牛为$500×10^8$CFU活菌；猪服2次，每次$200×10^8$CFU活菌，间隔1个月。皮下注射或肌内注射，只限于非怀孕的羊和猪。孕畜不得采用注射法。

【免疫期】免疫期为24个月。

【保存】$2 \sim 8℃$保存，有效期为24个月。

【注意事项】① 疫苗稀释后要当天用完。

② 拌入饲料时，应避免使用加有抗生素药物添加剂的饲料、发酵饲料或热饲料。

③ 本疫苗对人有一定的致病力，使用时需要注意个人防护。

④ 采用注射时，应作局部消毒处理。

⑤ 接种后其注射用具、剩余疫苗必须消毒处理。

布氏杆菌病活疫苗（M5或M5-90株）

本疫苗是用布氏杆菌羊型（弱毒M5或M5-90株）接种适宜培养基培养，取培养物加适当稳定剂经冷冻真空干燥而成。

【性状】为淡黄色疏松团块，加入稀释液后迅速溶解。

【作用与用途】供预防山羊、绵羊和牛布氏杆菌病。

【用法与用量】可采用皮下注射、滴鼻或口服接种。稀释液为生理盐水或缓冲生理盐水。牛皮下注射，每头 250×10^8 CFU 活菌。

【免疫期】36 个月。

【保存】2 ～ 8℃保存，有效期为 12 个月。

【注意事项】① 妊娠期的动物及种公畜不预防接种。

② 母畜宜在配种前 1 ～ 2 个月进行接种。仅对 3 ～ 8 月龄奶牛接种，成年奶牛一般不接种。

③ 接种时，应作局部消毒处理。

④ 接种后注射用具、盛苗容器及稀释后剩余的疫苗必须消毒处理。

⑤ 本疫苗对人具有一定的致病力，使用时要注意个人防护。

（五）牛巴氏杆菌病疫苗

牛巴氏杆菌病是由巴氏杆菌引起的一种接触性传染病。动物发病后常呈急性、亚急性和慢性经过。急性型呈败血症变化，黏膜和浆膜下组织血管扩张，破裂出血等；亚急性型表现为黏膜和关节部位呈现出血和浆膜-纤维素炎症等变化；慢性型表现为皮下组织、关节、各脏器的局限性化脓性炎症。

牛巴氏杆菌病铝胶灭活疫苗

【性状】本品静置后，上层为黄色透明液体，下层为灰白色沉淀，经充分振摇后，为均匀混合液体。

【作用与用途】用于健康牛的免疫接种，预防牛巴氏杆菌病。

【用法与用量】皮下注射或肌内注射。体重 100 千克以下的牛，每头注射 4 毫升；体重 100 千克以上的牛，每头注射 6 毫升。

【免疫期】注射疫苗 21 天后产生免疫力，免疫期为 9 个月。

【不良反应】疫苗安全性不高，免疫牛常出现不良反应。注射疫苗后，个别牛可能出现变态反应，应注意观察，以便采取抢救措施。轻微反应，在注射局部可能出现肿胀，体温升高，呼吸加快，流涎，哀鸣，减食或停食，随时间的推移症状会逐渐减轻至消失。严重反应，包括呼吸急促、卧地不起、肌肉震颤、废食等，应及时应用 0.1% 肾上腺素 4 ～ 8 毫升急救。

【保存】2～8℃冷暗处保存，有效期为12个月；28℃以下暗处储存，有效期为9个月。疫苗应冷藏运输。

【注意事项】① 免疫前应详细了解动物的品种、健康状况、免疫史及病史。患病、瘦弱、妊娠后期的母畜（产前1.5个月）、断乳前幼畜禁用。

② 使用疫苗前应将疫苗摇匀，注射时应消毒和更换针头。

③ 因为疫苗含有氢氧化铝胶，注入机体后，可能经数月不能完全吸收而成硬结，但不影响免疫牛健康。

④ 首次使用本疫苗的地区，应选择一定数量（30头）进行小范围试验，确认无不良反应后，方可扩大接种面积，接种后应加强对动物的饲养管理，并仔细观察。

⑤ 面临疫病暴发时，免疫接种应先从安全区到受威胁区，然后到疫区。

⑥ 应注意保定，动作应轻微，以免影响胎儿，防止造成机械性流产。

⑦ 疫苗启封后最好当天用完，未用完的疫苗封好后放2～8℃下保存，超过24小时的疫苗不能再使用。

⑧ 严寒季节，应注意防冻，因疫苗含有氢氧化铝胶，冻结后影响疫苗效力。

⑨ 接种疫苗的同时，应防止出现拥挤等应激因素，注意通风。

牛巴氏杆菌病油乳剂疫苗

本品采用的菌液培养与铝胶苗相同。制苗时取等容积的矿物油与菌液混匀，加入5%羊毛脂乳化，乳化10分钟后过夜，第2天再搅拌乳化1次，然后分装即可。免疫效果较好。

【性状】本品静置后，上层为黄色透明液，下层为灰白色沉淀，经充分振摇，为均匀混悬液。

【作用与用途】用于健康牛的免疫接种，预防牛巴氏杆菌病。

【用法与用量】肌内注射，犊牛4～6月龄初免，3～6个月后再免疫1次，每头注射3毫升。

【免疫期】免疫期较长，在注射疫苗21天后产生免疫力，免疫期为9个月。

【不良反应】有时疫苗可引起个别免疫牛出现变态反应，应注意观察。

【保存】2～8℃冷暗处保存，有效期为6个月，疫苗应冷藏运输。

【注意事项】① 免疫前应了解动物的健康状况。

② 使用疫苗前应将疫苗摇匀，注射疫苗时应消毒和更换针头。

③ 妊娠母畜注射疫苗时，应注意保定，防止造成机械性流产。

④ 疫苗启封后最好当天用完，未用完的疫苗可用蜡封住针孔后2～8℃保存，超过24小时的疫苗不能再使用。

牛巴氏杆菌病弱毒菌苗

本品是用牛巴氏杆菌弱毒菌种的新鲜培养物经真空冻干而制成的。

【性状】本品为乳白色或淡黄色的疏松固体，加入稀释液后，迅速溶解成均匀的混悬液。

【作用与用途】用于预防牛出血性败血病（牛巴氏杆菌病）。

【用法与用量】本疫苗注射时用20%氢氧化铝胶生理盐水稀释，气雾免疫时用蒸馏水稀释，稀释后应充分振摇均匀。注射免疫时每头周岁以上牛，皮下注射或肌内注射1毫升（含2亿活菌），周岁以下犊牛减半注射；室内气雾免疫，不论大小牛每头8亿活菌（每平方米面积用苗量按1头份计算）。

【免疫期】接种后21天产生免疫力，免疫期为1年。

【保存】本疫苗应低温保存，切忌高温和阳光照射。在–15℃以下保存有效期可达1年。

【注意事项】① 本疫苗只限于健康牛的免疫。

② 疫苗稀释后必须当天用完。

③ 个别牛使用本疫苗后可能会有变态反应，应小心使用，特别是从未使用过此疫苗的地区更应注意。

（六）伪狂犬病灭活疫苗

本品是用伪狂犬病毒A株（CVCCAV1211株）病毒接种于SPF

鸡胚纤维细胞培养，收获病毒培养物，经甲醛溶液灭活后制成。

【性状】淡红色混悬液，久置后，下层有淡乳白色沉淀。

【作用与用途】用于预防牛、羊伪狂犬病。

【用法与用量】颈部皮下注射。成年牛，每头10.0毫升；犊牛，每头8.0毫升；山羊，每只5.0毫升。

【免疫期】牛为12个月，山羊为6个月。

【保存】2～8℃保存，有效期为24个月。

【注意事项】① 切忌冻结，冻结后严禁使用。

② 使用前，应将疫苗恢复至室温，并充分摇匀。

③ 接种时，应作局部消毒处理。

④ 主要用于疫区、疫点及受威胁地区。

⑤ 用过的疫苗瓶、器具和未用完的疫苗等应进行消毒处理。

十一、牛场常用的药物类添加剂

为满足饲养动物的需要向饲料中添加的少量或微量物质称为饲料添加剂，按照其用途可分为营养性添加剂和非营养性添加剂两种。营养性添加剂包括氨基酸添加剂、矿物质添加剂和维生素添加剂等，它是平衡与完善畜禽日粮营养、提高饲料利用率的重要物质；非营养性添加剂包括药物添加剂、饲料保存剂和其他添加剂等。

农业部在《饲料药物添加剂使用规范》中，将饲料药物添加剂分为两类进行管理：一类是具体预防动物疾病、促进动物生长作用、可在饲料中长时间添加使用的饲料药物添加剂；另一类是用于防治动物疾病，并规定疗程，仅是通过混饲给药的饲料药物添加剂。前者属于"非处方药"，纳入"药添字"管理，后者属"处方药"，纳入"兽药字"管理。抗生素类饲料药物添加剂长期使用会对人类健康和公共卫生构成直接的危害。例如饲用β-兴奋剂导致食品残留，多次造成人员中毒。其次，饲料药物添加剂以原形或代谢物的形式随动物排泄物排放于环境中，也会直接导致环境微生态的改变，并污染水源和土壤。因此，世界各国对抗生素类药物添加剂使用要求越来越严格，比如欧盟，欧盟委员会立法从1999年7月1日起禁止在饲料中添加杆菌肽锌、螺旋霉素、维吉尼亚霉素、泰乐菌素4种抗生素。2003年欧盟公布的《饲料添加剂准则》规定，除球虫抑制剂和滴虫抑制剂以外的药物都于2006年1月1日起停止使用。

尽管目前除了欧盟成员国以外的大部分国家仍然尚未完全禁用饲料药物添加剂，但在采取改善饲养管理、改进饲料营养、使用新型饲料添加剂等综合措施的前提下，实现禁用抗生素促生长剂的"软着陆"，将是包括我国在内的诸多欠发达国家的必然选择。因此，在可预期的未来，抗生素类饲料药物添加剂必将彻底退出市场，无抗生素饲料的时代必然来临。

（一）维生素类添加剂

维生素K_3

【主要成分】维生素K_3、无水葡萄糖等。

【产品成分分析保证值】每1000克含量维生素$K_3 \geqslant 180$克，水分$\leqslant 10\%$。

【产品特点】维生素K_3参与蛋白质的合成。本品能有效防止维生素K_3缺乏症及其缺乏引起的出血症，如胃肠炎、肝炎、阻塞性黄疸等导致的维生素K缺乏。

【用法与用量】本品为白色或类白色易溶于水的粉末。本品50克可混料40千克或兑水100千克。

【注意事项】本品遇碱或还原剂易失效；不能与巴比妥类药物合用；长期应用对肾脏有一定的损害。开封后，尽快用完。

复合维生素B可溶性粉

【主要成分】维生素B_1、维生素B_2、维生素B_6、烟酸、泛酸钙。

【性状】本品为淡黄色粉末，气香，味甜。

【药理作用】维生素类药。能补充和平衡B族维生素，防止B族维生素缺乏。B族维生素是机体生化反应必需的辅酶或是辅基的组成部分，在糖、脂肪、蛋白质代谢过程中起重要作用。

【适应证】用于防治B族维生素缺乏所致的多发性神经炎，消化功能障碍、癞皮病、口腔炎、心肌炎等，如食欲缺乏、胃肠功能障碍；增强动物抗病能力，提高成活率，防止和减轻应激，提高动物的繁殖性能，改善动物肉质。

【用法与用量】混饮，每升水0.5～1.5克，自由饮用，连用3～5天；预防，本品1克混水5～10千克；治疗，本品1克混水1～2千克。

【不良反应】按推荐量使用未见不良反应。

【注意事项】配好药液一次饮完，避免光照、久置。

亚硒酸钠维生素E预混剂

【主要成分】亚硒酸钠、维生素E。

【性状】本品为白色或类白色粉末。

【药理作用】补充维生素E及硒，防治因缺乏维生素E、硒所致的各种疾病。

【用法与用量】混饲，每1000千克饲料，畜禽500～1000克。

【不良反应】用量过大，会出现急性中毒与慢性中毒。

【注意事项】硒毒性较大，不要随意加大剂量。

【休药期】牛、羊、猪28天。

【储藏】遮光，密封，在阴凉、干燥处保存。

复合微量元素维生素预混合饲料

【主要成分】维生素A、维生素D_3、维生素E、钴、铜、碘、铁、锰、锌、硒、稀释剂（硫酸钠等）。

【适用范围】本品可促进奶牛机体代谢，改善乳房内环境，提高乳品质，补充营养需要，缓减奶牛对气候突变、换料等不良因素的影响。

【使用说明】混饲或饮水，奶牛每次300克，每天1次，连用3～5天。或在日粮中按1%～2%添加，连用5～7天。

【注意事项】①混匀使用，现用现配。

②储存、拌料温度不宜太高。

③本品开封后请尽快用完。

（二）生菌剂

生菌剂又叫活菌制剂、微生态制剂，是指在动物的消化道中生长、发育或繁殖，并起有益作用的微生物制剂。它能够调整动物消化道内环境，排斥和抑制有害菌和病原菌，恢复和维持正常微生物区系平衡。

益生素

【主要成分】益生菌、中草药粉等。

【性状】本品为黄棕色粉末；气芳香，味苦。

【药理作用】本品含有益生菌、特效中草药粉。具有消食健胃、提高机体免疫力的作用，是家禽调理胃肠道生理功能与免疫功能的首选保健佳品。

【用法与用量】混饲，按0.3%比例混入饲料，即本品250克可拌80千克饲料，充分混匀，连用3～5天。用于日常保健，每15天服1次，每次2～3天。

【不良反应】常用剂量无明显不良反应。

【注意事项】混料均匀。

畜禽用酶制剂

【主要成分】纤维素酶、木聚糖酶、蛋白酶、淀粉酶等。

【作用与用途】本品能加速营养物质的消化分解和吸收利用，提高饲料报酬，促进生长发育，减少各种肠道炎症的发生。

【使用说明】1000千克饲料加本品1000～2000克，先用少量饲料适当稀释后再混料。

【注意事项】本品可作为家畜保健产品长期使用，对改善家畜肠道酶活性、提高消化率、提高机体免疫力、改善家畜肉质风味有着良好的作用。包装开封后应尽快用完。

益菌干（嗜酸乳酸菌混合型饲料添加剂）

【主要成分】乳酸菌、酿酒酵母、麸皮、松针粉。

【作用机理】乳酸菌与酿酒酵母为互利共生关系，酿酒酵母为兼性厌氧菌，可消耗肠道内氧气形成厌氧环境，并代谢产生乳酸等有机物，进而有利于乳酸菌的生长，使得效果更佳。本品是乳酸菌类微生态活菌制剂，所含益生菌具有天然绿色宿主源性，良好的肠道定植性以及特有的产酸抑菌性、厌氧低耗性。

【作用与用途】可在畜禽动物体内快速建立良好的肠道菌群，防腹泻，抗应激，促进消化吸收与增强机体免疫力，提高饲料利用率，促进生长。促进新生反刍动物瘤胃发育，调节pH值，提早断奶，显著提高日增重。

【用法与用量】混饲，每吨饲料添加本品50～200克，与维生素类同时使用，效果更好。

【注意事项】开封后，尽快用完。

畜禽用酶制剂

【主要成分】纤维素酶、木聚糖酶、蛋白酶、淀粉酶等。

【作用与用途】能加速营养物质的消化分解和吸收利用，提高饲料报酬，促进生长发育。可减少各种肠道炎症的发生。

【使用说明】1000千克饲料加本品1000～2000克，先用少量饲料适当稀释后再混料。

【注意事项】本品可作为家畜保健产品长期使用，对改善家畜肠道酶活性、提高消化率、提高机体免疫力、改善家畜肉质风味有着良好的作用。包装开封后应尽快用完。

益康素（畜禽用微生态制剂）

【主要成分】枯草芽孢杆菌、乳酸菌、酿酒酵母菌等。

【作用与用途】本品含有多种有益精选高酶活特性菌群，能有效调节肠道菌群的平衡，提高机体免疫力与抗应激能力，提高动物的抗病效果，协助机体消除毒素和代谢产物，改善机体代谢，补充机体营养成分，从而提高生产性能。

【用法与用量】0.1%拌料，每千克拌料1吨，逐级混匀。

【注意事项】本品可作为营养性添加剂，可长期使用。包装开封后应尽快用完，以确保效果。

十二、牛场常用的给药途径

1.奶牛用药的给药途径

给药途径是影响药物疗效的因素之一。由于机体的不同组织对于药物的吸收性能不同，对药物的敏感性也就存在差别。因此，给药途径不同，药物在不同组织中的分布、消除情况也就不一样，会影响药物吸收的速度、数量及作用强度。有的药物必须以某种特定途径给药，才能发挥某种作用。同时，药物的给药途径也受制剂的限制，例如片剂、胶囊供内服，注射用混悬剂只能皮下注射、肌内注射，不能作静脉注射。总之，选择给药途径还应考虑疾病类型和用药目的。

（1）口服给药　口服给药是奶牛场常用的给药途径之一，是将药物通过盛器投入口腔，再由动物自行咽下进入胃内的一种临床给药方法，可分为拌食给药和口服给药两种。拌食给药主要适用于还有食欲的动物，需无异常气味、无刺激性、用量又少的药物。给药时，把药物同动物爱吃的食物搅拌均匀，让其自行吃下，为了能让动物顺利吃完拌药的食物，最好吃药前让动物处于饥饿状态。口服给药又称灌服给药，就是强行将药物经口灌入动物胃内。所以无论患病动物有无食欲，只要药物剂量不多，无明显刺激性，都可用口服的方法给药。口服给药是最常用、最安全和最方便的给药途径。但有些药物也不适合口服，如某些药物因本身的物理性质而不能吸收；有些药物对胃黏膜有刺激性可引起呕吐；或被消化酶和胃酸所破坏等。此外，当食物与药物同时存在时，吸收多不恒定。

（2）胃管给药　对于大剂量的液体药物用胃管给药法比较合适。此法操作简单，安全可靠，而且不浪费药物。但此给药途径对操作者有一定的技术要求，需要注意以下几点。

① 投胃管前，先将胃导管消毒、软化、湿润。

② 在给药前应将动物保定确实，尤其要固定好头部。

③ 胃管插入、抽出时应当缓慢，不宜粗暴。

④ 应确保胃管插入食管深部后，再缓慢灌入药液，直至投药结束。

⑤ 病畜伴有呼吸困难或有鼻炎、咽炎、喉炎、高温时，忌用胃导管投药。

⑥ 拔出胃导管前应折叠外端胃导管，以防胃导管内的药液在拔出咽部时流出并进入气管内，引起动物异物性肺炎。

（3）注射给药　常用的注射给药主要有静脉注射、肌内注射和皮下注射，其他还包括关节内、结膜下腔和硬膜外注射等，其中静脉注射可以避开吸收屏障而直接入血，故发挥作用快。但因其以很高的浓度、极快的速度到达靶器官，故也较为危险。

① 静脉注射，就是把药物的水溶液直接注入静脉中，可以准确而迅速地达到一定的血药浓度，作用迅速而可靠，药物排泄也快，作用时间短。这是其他给药途径所无法达到的。但是如此高浓度的药物迅速到达血浆和组织，很容易引起不良反应。反复注射还必须保持静脉通畅，故静脉注射不适用于油性或不溶性药物。

② 皮下注射，是将药液注射于皮下结缔组织内，使药液经毛细血管、淋巴管吸收进入血液循环。只适用于对组织无刺激性的药物，否则会引起动物剧烈疼痛和组织坏死。皮下注射的吸收速率一般均匀而缓慢，所以作用持续较久。牛的注射部位在颈侧或肩胛后方的胸侧皮下。

③ 肌内注射，是将药液注射入肌肉内。肌肉内血管分布较多，药液吸收较皮下注射快，药物水溶液吸收得非常迅速，故适用于油性和某些刺激性药物。大家畜的注射部位主要在臀部、颈部。

（4）呼吸道给药　气体或挥发性液体麻醉药和其他气雾剂型药物可通过呼吸道吸收。患病动物吸入气体或挥发性药物后，由肺上皮细胞和呼吸道黏膜吸收。由于其表面积大，药物经这一途径迅速进入血液循环。对患有肺部疾病的动物，药物可以直接作用于病变部位。此给药途径的主要缺点是药物剂量不好控制，用法较麻烦。呼吸道给药主要适用于治疗家畜呼吸道炎症。

（5）局部给药　药物不经消化道，不受消化液和食物的影响，直接作用于用药部位，在局部形成较高的药物浓度，起效较快，用药量较小。局部给药主要分为皮肤给药和黏膜给药，其中皮肤给药是指将药物以敷剂的形式涂贴于皮肤表面，这类药物可增强皮肤的渗透性，不经注射便可经皮进入血液循环。但是这种途径受到药物在皮肤的通过性快慢的影响。而黏膜给药是使用合适的载体将药物与动物体内的一些黏膜表面紧密接触，通过该处上皮细胞进入循环系统发挥全身作用的给药方式。黏膜给药拓宽了许多药物的给药途径，愈来愈多的药物被发现可通过黏膜吸收，特别是一些多肽类、人分子类药物可通过鼻黏膜、眼黏膜，孕酮、雌二醇等可通过子宫黏膜和阴道黏膜吸收。药物经黏膜吸收避免了首过效应，提高了生物利用度，达到全身治疗的目的。同时黏膜给药有一定的靶向作用。

（6）其他给药方法　除以上常见的给药方法外，还有直肠给药、乳房灌注、瘤胃注射、瓣胃注射、子宫内灌注等给药方法，其中乳房灌注、子宫内灌注是临床常用的治疗奶牛乳腺炎及子宫内膜炎、子宫炎、子宫蓄脓的给药途径。

2.动物群体给药方法

为了预防或治疗动物传染病和寄生虫病以及促进畜禽发育、生长等，在规模化养殖场中，常常对动物群体施用药物，即动物群体给药。动物群体给药主要包括以下2种方法。

（1）混饲给药法　将药物按照一定比例均匀拌入饲料，供动物自由采食。这是最常用的群体给药法，适用于长期给药或不溶于水、适口性差的药物。混饲给药需要注意掌握药物的混饲拌料浓度，拌药的饲料量以当天食用完为宜。一定要将药物与饲料混合均匀，否则就会引起一部分动物摄入药量过多而中毒，另一部分动物因吃不到足量的药物而达不到应有的防治效果。除此之外，还要注意饲料中添加剂与药物的关系，以减轻药物的副作用。

（2）混水给药法　对易溶于水的药物可直接加入水中溶解均匀，对较难溶于水的药物可将药物先加入少量水中，进行加热搅拌或加助溶剂溶解后再混入水中。适用于传染病、寄生虫病的预防及畜群发病时的治疗，特别适用于食欲明显降低而仍然能够饮水的病畜。这种方法在临床中需要注意以下几点。

① 应了解药物的溶解度，易溶于水的药物饮水给药效果较好。

② 应掌握饮水给药时间的长短，凡在水中不易破坏的药物，可让动物全天自由饮用；对在水中容易破坏的药物，要规定在一定时间内饮完，以保证药效。

③ 应掌握药物的浓度。要计算动物群体所需的用药量，并严格按照比例配制符合浓度的药液。

第十一章

疫苗合理使用

chapter eleven

近些年来，在全世界范围内暴发的口蹄疫、禽流感、猪瘟等重大动物疫病虽然很快得到了及时有效的控制，但其所造成的严重危害仍然让我们记忆深刻、心有余悸。在疫病的控制过程当中，疫苗的使用起到了关键性的作用。在历史上，人类曾用牛痘疫苗消灭了天花；在欧洲和美洲，许多国家也依靠动物疫苗成功消灭和控制了口蹄疫和典型猪瘟；在我国，动物传染病，特别是重大动物传染病的预防控制措施，也主要是依靠疫苗的免疫接种。疫苗接种已经成为控制动物疫病，保障动物健康的最有效和最经济的手段。所以，我们必须树立起依靠动物疫苗来预防和控制动物疫病的科学观念。

一、疫苗的种类

疫苗是将病原微生物（如细菌、立克次体、病毒等）及其代谢物，经过人工减毒、灭活或利用基因工程等方法制成的，用于预防传染病的自动免疫制剂。疫苗保留了病原微生物刺激动物体免疫系统的特性。当动物体接触到这种不具致病性的病原微生物后，免疫系统便会产生一定的保护物质，当动物再次接触到这种病原微生物时，动物体的免疫系统便会依循原有的记忆，制造出更多的保护物质来阻止病原微生物的伤害。按照有无增殖力分类，疫苗可分为弱毒疫苗和灭活疫苗；按照免疫保护谱宽窄分类，可分为单疫苗和联疫苗；按照制作工艺分类，可分为冻干疫苗、湿苗和各类佐剂疫苗。任何事物都具有两面性，疫苗也不例外，不同种类的疫苗有各自的优缺点。

1.活疫苗（弱毒疫苗）

活疫苗是将病原微生物经人工传代培养，使其丧失致病力，但仍然保留一定的剩余毒力、免疫原性和繁殖能力。接种动物体后，使机体产生一次亚临床感染而获得免疫力。

活疫苗的优点：①接种次数及用量较少，有的活疫苗只需要接种1次，类似自然感染的过程；②免疫效果好；接种活疫苗后，在动物体内停留一段时期，可增殖产生大量的抗原，从而产生良好的免疫应答效果，机体获得的免疫力较强而持久；③可采取多种途径进行接种，如饮水、口服、滴鼻、点眼、气雾等途径，可刺激机体产生细胞免疫、体液免疫和局部黏膜免疫。

活疫苗的缺点：①可能出现毒力返强，一般来说弱毒疫苗株的遗传性状比较稳定，但由于反复接种传代，可能会出现病毒返祖的现象；②可能会形成潜在的感染或传播；③活疫苗中有可能污染对畜禽不利的因子；④活疫苗需要冷链运输，不易于保存和运输；⑤免疫动物在免疫期间用药，会影响免疫效果。

2.灭活疫苗（死疫苗）

灭活疫苗又称死疫苗，是将病原微生物及其代谢产物用物理或化学的方法使其灭活、丧失毒力，但仍然能保留其免疫原性而制成的疫苗。

灭活疫苗的优点：①制造工艺简单，可以直接通过人工繁殖获得病原微生物，经过灭活后作为抗原，能够杀灭任何可能成为污染物的其他生物性因子，安全性好，一般不存在散毒和毒力返祖的危险；②受母源抗体干扰小；③可以制成多联多价的疫苗；④灭活疫苗性质稳定，便于保存、运输。

灭活疫苗的缺点：①产生免疫保护的时间长，由于灭活疫苗在动物体内不能繁殖，因而接种剂量较大，产生免疫力较慢，通常需要2～3周后才能产生免疫力，所以不适合用作紧急预防免疫；②接种途径较少，主要通过皮下注射或肌内注射进行免疫；③可能产生毒性，或有潜在的对机体不利的免疫反应；④需要多次注射，需要的抗原量较大，成本较高；⑤产生的免疫效果维持时间短，不产生局部抗体；⑥疫苗吸收慢，注射部位容易形成结节，从而影响肉的品质。

3.多价疫苗和联苗

多价疫苗是指用同一种微生物的若干血清型菌株的增殖培养物制备的疫苗，如禽霍乱多价灭活苗、鸡马立克病多价苗、仔猪大肠杆菌病三价灭活疫苗等。联苗是指利用两种或两种以上的不同微生物增殖培养物，按照免疫学原理和方法组合而成的疫苗。如猪瘟-猪丹毒二联灭活疫苗、羊肠毒血症-羊快疫-羊猝狙三联灭活疫苗、新城疫-产蛋下降综合征二联灭活疫苗等。接种动物后能够产生针对相应疾病的免疫保护，具有减少接种次数、免疫效果确定等优点。

二、疫苗的保存与运输

1.疫苗的保存

一般疫苗，特别是活疫苗，都需要低温冷藏。冷冻真空干燥的疫苗，多数要求放在–15℃下保存，温度越低，保存时间越长。如猪瘟兔化弱毒冻干苗，在–15℃下可保存1年以上，但在0～8℃下只能保存6个月，若在常温下保存，最多10天就会失去效力。对于多数的活湿苗，只能现制现用，在0～8℃下仅可短期保存。灭活苗在2～15℃条件下保存较为适宜，不能过热，也不能低于0℃。冻结苗应在–70℃以下的低温条件下保存。在工作中，必须坚持按照规定温度条件下保存，不能随意放置，要防止高温存放或温度忽高忽低，以免损害疫苗活性。

不同类型的疫苗对保存条件的要求也不一样，应分辨清楚，区别对待。一般情况下，灭活油乳剂苗或蜂胶苗要求保存在2～15℃

的阴暗处，绝不能结冰保存；冻干的弱毒疫苗和湿苗应该保存在0～20℃的低温条件的冰箱里，温度越低，保质期越长，免疫效果也越好。弱毒活菌苗最好保存在2～8℃的冰箱里，但不宜结冰保存；对于细胞结合疫苗，应将疫苗原液的安瓿放置于液氮罐中保存，疫苗一旦取出应尽快用完，不能再放回液氮罐中。

总之，不论何种疫苗，都应该尽量保持疫苗抗原的一级结构、二级结构和立体构型，保护其抗原决定簇，才能保持疫苗的良好免疫原性。

2.疫苗的运输

选购疫苗时应注意疫苗的生产厂家、生产日期和有效期，观察疫苗的形状，检查是否密封，是否有破损的现象。不能购入过期和失效变质的疫苗。

在疫苗的运输过程中，应当注意防止高温、暴晒和冻融。在运送时，药品要逐瓶包装，衬以厚纸或软草，然后装箱。如果疫苗需要低温保存，可先将药品装入盛有冰块的保温瓶或保温箱内运送。运送过程中，要避免阳光直射和高温。冬天严寒地区要避免液体疫苗冻结，尤其要避免因温度变化而引起的反复冻结和融化。切忌把疫苗贴身放在衣袋内，以免由于体温较高而降低疫苗的效用。冻干疫苗和非冻干的弱毒性活疫苗应放置在加有冰块的冷藏箱内，油乳剂苗短时间内可在常温下运输，但应避免运输过程中的震荡。细胞结合苗应存放在液氮罐内运输，要以最快的速度运送疫苗。

三、疫苗的使用

1.制定科学的免疫程序

根据本地动物传染病流行种类、流行范围、流行特点（季节、年龄、畜禽种类等）、危害程度、动物用途（肉用、乳用、蛋用、种用等）、存留抗体水平、疫苗性质、动物本身状态（年龄、营养、健康状况等）等因素，来制定出适合本地区实际的免疫程序，有计划、有目的地进行免疫接种。对本地未发生过的传染病，并且没有从外地传入可能性的传染病，就没有必要进行免疫接种，特别是毒力活性较强的弱毒疫苗更不要轻率使用。

2.注意选择相应血清型的疫苗或多价疫苗

有些疫病病原体有多种血清型，如口蹄疫、大肠杆菌、链球菌、禽流感等，各血清型之间交叉保护作用弱，或无交叉保护作用。所以在免疫接种时，一定要选择与所要预防的传染病为同一血清型的疫苗或者多价苗。

3.认真阅读使用说明书

疫苗的种类不同，其性能、用法、用量、不良反应、注意事项等各不相同，所以在使用前要仔细阅读使用说明书，全面了解所用疫苗的性能、用途和用法等。

4.仔细检查核对

使用前应对所用疫苗进行仔细检查，核对疫苗的名称、规格是否与免疫程序一致，如果发现疫苗破损、封口不严、无标签，或标签不清楚、疫苗内有异物或变色、变质、分层，超过有效期，未要求条件下保存等，均不能再使用疫苗。

5.正确稀释疫苗

病毒性活疫苗一般使用灭菌的生理盐水稀释，细菌性活疫苗一般使用20%氢氧化铝胶生理盐水稀释。自来水中含有消毒剂，因而绝对不能用自来水稀释疫苗，万不得已使用，也应将自来水煮沸后放置过夜再使用。稀释过程中应避光、避风、无菌操作。

6.注意无菌操作

在免疫接种前，应将使用的器械（如注射器、针头、疫苗、稀释瓶等）认真清洗、消毒；免疫接种人员应当剪短指甲，用消毒液洗手，穿消毒工作服、工作鞋；吸取疫苗时，先用75%酒精棉球擦拭消毒瓶盖，再用注射器抽取疫苗；如一次吸取不完，不要把插在疫苗瓶上的针头拔出，以便继续吸取疫苗，并用挤干的酒精棉球盖好，严禁用给动物接种疫苗的针头吸取疫苗，以防疫苗被污染；注射部位用2%～5%的碘酊棉球由内向外螺旋式消毒接种部位，最后用挤干的75%酒精棉球脱碘；注射一只更换一次针头，防止疫病交叉感染。

7.接种剂量要准确

要按照规定的接种剂量使用，不要过大或过小。免疫剂量不足，群体产生的低水平抗体无法抵抗病毒的侵袭，会造成免疫失败；免疫剂量过大，应激反应严重，容易造成免疫麻痹。要确保每头牲畜都接种相同剂量的疫苗。

8.防止散毒

使用活疫苗时，要特别注意防止散毒。在吸取疫苗排除注射器内空气及注射疫苗时，严防疫苗外溢，凡疫苗沾染之处，均须严格消毒。在接种完毕后，应将剩余的药液、疫苗瓶及所用过的器械及时煮沸处理。

9.免疫接种时间要求

进行免疫接种最好在早晨，应避免在气候突变、过冷和过热的情况下进行。在接种过程中应避免阳光直射和高温。疫苗瓶开启和稀释后应立即使用，一般弱毒性疫苗应在2～4小时用完，灭活苗从冰箱取出后，不要立刻注射，而是应当将疫苗恢复至常温；在使用前和使用过程中应将疫苗充分摇匀，当天用完。未使用完毕的疫苗应当废弃，并进行无害化处理。

10.免疫前后不要滥用药物

在使用弱毒菌苗前后1周不要使用抗生素及磺胺类药物；使用病毒性活疫苗前后1周不要使用抗病毒性药物、干扰素和免疫抑制剂，以免影响免疫效果。

11.注意自身防护

防疫人员在使用疫苗的过程中，要加强自身防护，特别是使用人畜共患病疫苗和活疫苗时，应谨慎小心，严格遵守操作规范，及时做好自身的消毒和清洁工作。

12. 加注标示，建立防疫档案

免疫接种时，应按照农业部相关要求在猪、牛、羊左耳中部加施二维码电子耳标，实行一畜一标。按要求填写"畜禽养殖场防疫档案"或者"畜禽散养户防疫档案"，做到耳标、免疫证、防疫档案等免疫标识"三对照"。动物一经加挂二维码标识耳标后，防疫人员应及时将标识编码和有关信息输入移动智能设备，并上传至畜禽标识信息数据库。这样，今后在动物的饲养、运输、流通等各个环节通过识读器读取动物的二维码标识耳标，即可获得该动物防疫等相关信息，从而实现对动物及动物产品的有效追踪和溯源。

13. 提高免疫效果

为提高疫苗的免疫效果，在免疫后应加强饲养管理，提供优质饲料，以确保畜禽的营养需要（特别是蛋白质、维生素、微量元素等）。也可加入适量的亚硒酸钠、左旋咪唑、黄芪多糖等有增强免疫效果的药物。

14. 定期检测抗体水平

免疫后要及时采血，到当地的动物疫病预防控制机构实验室进行抗体检测，评价免疫效果，对于抗体水平不合格的动物，要立即进行补免补防。定期检测抗体水平的变化，做到有的放矢，及时修订免疫计划。

15. 做好废弃疫苗的处理

兽用疫苗具有下列情况时应予以废弃：无标签者、无批准文号者；疫苗瓶破损或瓶塞松动者；瓶内有异物者；有腐败气味或已发霉者；颜色等形状异常者；超过有效期者。

对不能使用而需要废弃的疫苗，为了防止散毒，应进行必要的处理，灭活疫苗应倾倒于小口坑内，加上生石灰或注入消毒液，加土掩埋；未用完的活疫苗及用过的活疫苗瓶，应先用高压蒸汽消毒或煮沸的方法消毒，然后再掩埋；凡被活疫苗污染的衣物、物品、用具等，均应当用高压蒸汽灭菌消毒和煮沸消毒；用过的酒精棉球、碘酊棉球等废弃物应收集后焚烧或深埋处理；污染的地方，应用消毒液喷洒消毒。

四、疫苗的免疫途径

疫苗的免疫途径需要根据疫苗的种类、性质、特点以及病原体的侵入门户和它在机体内的定位等因素来确定。不同的疫苗免疫途径不同。合理的免疫途径不仅能够充分发挥全身免疫系统的作用，同时也能大大提高动物机体的局部免疫应答能力。动物的免疫接种途径通常有肌内注射、皮下注射、口服、饮水、滴眼、滴鼻、气雾等，在接种疫苗时，一定要按照说明书的要求，选择正确的免疫接种途径。

1. 滴鼻、滴眼和点眼免疫法

滴鼻、滴眼和点眼免疫法主要用于禽类的免疫接种。

2. 口服法

口服法包括饮水免疫和饮食免疫两种方法。具有省时省力的优点。适用于规模化养殖场的免疫，但由于动物的饮水量和采食量有多有少，因此，进入每头动物体内的疫苗量不同，容易出现免疫后动物的抗体水平不均匀，较离散，免疫效果参差不齐。

3. 皮内注射

皮内注射是一种极为有效的免疫途径，采用皮内注射途径，只需要较小剂量的抗原就可以获得与肌内注射相同的免疫应答。对牛的皮内注射，除在颈侧部位外，也可在尾根部或者肩胛中央部位。注射时左手捏皱动物皮肤，顺褶皱插针注射于皮内。

4. 皮下注射

对马、牛等大家畜进行皮下注射免疫时，应一律在颈侧皮肤松弛的部位进行注射。左手拇指与食指捏取颈侧下或肩胛骨的后方皮肤，使其产生褶皱，右手持注射器针管在褶皱底部倾斜、快速刺入，缓缓推药，注射完毕后将针拔出，立即以药棉揉擦，使药液散开。皮下注射的优点是操作简单，吸收比皮内接种快；缺点是相对于肌内注射，对抗原的吸收较为缓慢。大部分常用的疫苗和免疫血清采用皮下注射免疫接种。

5.肌内注射

选择肌肉发达部位（如颈部、臀部等）进行肌内注射。左手固定注射部位，右手拿注射器，针头垂直刺入肌肉内，然后用左手固定注射器，右手将针芯回抽一下，如无回血，则将药液慢慢注入，若发现回血，应变更针头位置。若动物不安或皮厚不易刺入，可将针头取下，用右手拇指、食指和中指捏紧针尾，对准注射部位迅速刺入肌肉，然后接上注射器，注入药液。肌内注射的优点是药液吸收快，剂量准确，效果确实，注射方法比较简便；缺点是在一个部位不能大量注射，臀部部位如接种不当，容易引起动物跛行。

6.气雾免疫法

气雾免疫对某些呼吸道亲嗜性的疫苗效果最好。省时省力，适用于大群动物的免疫，缺点是需要的疫苗数量多。

五、疫苗注射时的注意事项

1.疫苗注射时的注意事项

① 稀释疫苗应按照使用说明规定，准确无误。对于马立克病疫苗等需要用特殊稀释液的疫苗，一定要用配套的专用稀释液；其他的疫苗最好采用灭菌生理盐水或蒸馏水进行稀释，若无条件，可用煮沸放冷的洁净地下水代替。由于自来水含有消毒剂，因此绝对不能直接使用自来水稀释疫苗，万不得已的情况下，也需要将自来水煮沸后放置过夜再使用。

② 针头、针管、稀释瓶、容器、喷雾器等接种器械，在使用前要进行认真的清洗和严格消毒。

③ 疫苗在稀释过程中应当避光、避风和无菌操作，注射用疫苗尤其应该严格无菌操作，使用灭菌的注射器。

④ 所有疫苗一经开启后应在规定的时间内用完。疫苗在每次抽取使用前都要充分摇匀。严禁使用给动物注射过的针头再抽取疫

苗。稀释好但还未使用的活疫苗应该放在冰箱或浸泡在冰水中，使用前要在室温中预温一段时间，以避免低温注射产生的不良影响。

⑤ 要正确选择注射部位，注射部位需要严格按照程序进行消毒。需要皮内注射的疫苗必须接种在皮内；需要肌内注射的疫苗，注射深浅要适度，没有特殊要求的一般不能过浅或过深。

⑥ 要保证接种剂量准确，不能随意将不同的疫苗混合使用。

⑦ 注射接种要做到注射一头动物更换一个针头；应当根据动物的种类、个体大小来选择合适的注射针头；要注意检查针头的质量，按照正确的方法操作，防止针头折断在动物肌肉组织中。

⑧ 在抓捕和保定动物的过程中应当使用专业器械，避免造成器械性损伤，减少应激反应的发生。保定要切实到位，不能在不加保定的情况下"打飞针"。

⑨ 接种完毕，应立即洗净双手，并消毒。剩余的药液、疫苗瓶以及所有用过的器械应当煮沸处理。

⑩ 注意接种后的观察。动物免疫接种后，不能马上驱赶和使用，要仔细观察10～15分钟，以保证对急性反应的及时救治。

⑪ 认真做好记录备案。应当建立和健全免疫档案，在每次免疫接种过程中详细填写相关内容，以备检查分析。记录内容应当包括动物种类、年龄、特征、数量、状态和疫苗的名称、类型、规格、厂家、批号、有效期以及接种时间、途径、剂量、接种防疫人员姓名等内容。在集中免疫或大群体免疫中，应当将同批次疫苗保留1～2瓶，以备将来一旦出现多发不良反应时方便追查原因。

⑫ 做好出现不良反应时的应对措施。应当在免疫接种前，事先备好备足急救药品，如肾上腺素、地塞米松和抗组胺药物等。以便随时处理可能出现的急性不良反应。在免疫接种后，应当加强饲喂管理。

⑬ 在发生疫情紧急接种时，应按照下面的顺序进行：先注射健康群，再注射可疑群，最后注射发病群。

⑭ 如果操作人员不小心将油乳剂灭活苗注入自己的身体时，可能会引起局部反应，应立即请医生处理。

⑮ 对于用液氮保存的疫苗，其使用操作要求严格，为确保人身安全和疫苗的免疫效果，应由经过专业培训的人员负责管理和使用。

2. 出现不良反应的抢救措施

疫苗反应对牛的存活率和生产性能均有不利的影响。过度的疫苗反应可以引起牛增重缓慢、饲料消耗及死亡率增加，治疗成本昂贵，而且可能有更高的淘汰率。引起疫苗反应的因素很多，比如没有达到最低的疫苗剂量，活苗在接种前被灭活，或在免疫时牛本身具有足够的免疫力等。影响疫苗反应强弱的因素也有很多，包括动物的身体体质、母源抗体水平、疫苗毒株和所接种的剂量、免疫途径、接种时间、免疫抑制和空气质量等。

在注射疫苗前应询问有无疫苗过敏史，以引起注意。在注射疫苗后注意观察，发现问题及时抢救。另外一点是配合辅助治疗，在出现疫苗反应后（如奶牛出现食欲缺乏、反刍停止）可给予一些辅助消化的消食健胃类药物，即可很快痊愈。

（1）孕牛疫苗反应流产的抢救　有些妊娠母牛在注射疫苗后不久会出现流产症状，变得不安、呼吸困难、出汗、回头顾腹、弓腰、努责、阴道流出分泌物等。抢救措施：可注射肾上腺素5毫升、黄体酮100毫克，间隔6小时后，再注射肾上腺素5毫升、黄体酮100毫克，也可皮下注射1%的硫酸阿托品3毫升，可明显缓解症状。

（2）牛疫苗反应出现兴奋症状的抢救　有的牛在注射疫苗后会出现疫苗反应，如突然倒地、角弓反张、瞳孔散大、口吐白沫等，若来不及抢救即死亡。有的牛注射疫苗后过几分钟或十几分钟，全身出汗，全身肌肉震颤，呼吸困难，站立不稳，心率快，似醉酒样，有的牛高度兴奋，向前猛冲，不躲避障碍物，乱冲乱撞，极度兴奋。应及时予以抢救：注射肾上腺素5毫升、地塞米松25毫克，连续注射2次，可见效。

附录1

牛的免疫程序

免疫时间	疫苗种类	使用方法	预防疾病	免疫期
1周龄以上	无毒炭疽芽孢苗、Ⅱ号炭疽芽孢苗、炭疽芽孢氢氧化铝佐剂疫苗等任选一种	皮下注射，每年3～4月免疫1次	牛炭疽	1年
1～2月龄	牛气肿疽灭活疫苗	皮下注射或肌内注射	牛气肿疽病	1年
1月龄	牛副伤寒灭活菌苗	口服或肌内注射	牛副伤寒病	6个月
3～4月龄	牛口蹄疫疫苗（O型，亚洲1型，部分地区使用A型）	加强免疫，皮下注射或肌内注射。以后每4～6月免疫1次或每年3～4月和9～10月各免疫1次，疫区可于冬季加强1次免疫	牛口蹄疫	6个月
4.5～5月龄	牛多杀性巴氏杆菌疫苗	皮下注射或肌内注射	牛出血性败血症	9个月
6～8月龄	布氏杆菌病活疫苗	口服或肌内注射	布病	2年
4～5月龄	牛魏氏梭菌病灭活疫苗	皮下注射或肌内注射，或每年3～4月和9～10月各免疫1次	牛魏氏梭菌（产气荚膜梭菌）病	6个月

续表

免疫时间	疫苗种类	使用方法	预防疾病	免疫期
6月龄	牛气肿疽灭活苗	皮下注射或肌内注射	牛气肿疽	1年
奶牛产前2个月	乳腺炎多联灭活疫苗	肌内注射	乳腺炎	12个月
不同年龄段	牛流行热灭活疫苗	皮下注射	牛流行热	6个月
6.5～8月龄	牛肺疫活菌疫苗	皮下注射或肌内注射	牛肺疫	1年

附录2

我国批准的可用于奶牛的药物的休药期与弃奶期

药物	制剂	最大残留量/（微克/千克）	弃奶期/天	休药期/天	注意事项
阿莫西林	阿莫西林注射液	10	4	28	
阿莫西林+克拉维酸	阿莫西林/克拉维酸钾注射液	10	60小时	14	
青霉素钠/钾	注射用青霉素钠/钾	—	3	—	
氨苄西林	氨苄西林混悬注射液	10	2	6	
氨苄西林钠	注射用氨苄西林钠	10	2	6	
苯唑西林钠	注射用苯唑西林钠	30	3	14	
普鲁卡因青霉素	注射用普鲁卡因青霉素	4	3	—	
	普鲁卡因青霉素注射液	4	2	10	
卞星青霉素	注射用卞星青霉素	4	3	4	
头孢噻呋钠	注射用头孢噻呋钠	100	12小时	3	
头孢喹肟	硫酸头孢喹肟注射液	20	3	5	
硫酸链霉素	注射用硫酸链霉素	200	3	18	
硫酸双氢链霉素	注射用硫酸双氢链霉素	200	3	18	
	硫酸双氢链霉素注射液	200	7	28	

药物	制剂	最大残留量/（微克/千克）	弃奶期/天	休药期/天	注意事项
硫酸卡那霉素	硫酸卡那霉素注射液	—	7	28	
	注射用硫酸卡那霉素	—	7	28	
土霉素	土霉素注射液	100	泌乳期禁用	28	
	长效土霉素注射液	100	泌乳期禁用	28	
盐酸土霉素	注射用盐酸土霉素	100	2	8	
	长效盐酸土霉素注射液	100	—	28	
四环素	四环素片	100	泌乳期禁用	12	
盐酸四环素	注射用盐酸四环素	100	2	8	
盐酸多西环素	盐酸多西环素片	—	泌乳期禁用	28	
乳糖酸红霉素	注射用乳糖酸红霉素	40	3	14	
替米考星	替米考星注射液	50	泌乳期禁用	35	
泰拉霉素	泰拉霉素注射液	—	泌乳期禁用	49	
甲砜霉素	甲砜霉素片/甲砜霉素粉	50	7	28	
恩诺沙星	恩诺沙星注射液	100	—	14	
乳酸环丙沙星	乳酸环丙沙星注射液	—	84小时	14	
盐酸环丙沙星	盐酸环丙沙星注射液	—	—	28	
磺胺嘧啶钠	磺胺嘧啶钠注射液	100	3	10	
	复方磺胺嘧啶钠注射液	100	2	12	
磺胺二甲嘧啶钠	磺胺二甲嘧啶钠注射液	25	—	28	
磺胺甲噁唑	复方磺胺甲噁唑片	100	7	28	
磺胺对甲氧嘧啶	磺胺对甲氧嘧啶片	100	7	28	
	复方磺胺对甲氧嘧啶片	100	7	28	

药物	制剂	最大残留量/（微克/千克）	弃奶期/天	休药期/天	注意事项
磺胺对甲氧嘧啶钠	复方磺胺对甲氧嘧啶钠注射液	100	7	28	
磺胺间甲氧嘧啶钠	磺胺间甲氧嘧啶钠注射液	100	3	28	
磺胺甲氧达嗪钠	磺胺甲氧达嗪钠注射液	100	—	28	
磺胺脒	磺胺脒片	100		28	
甲氧苄啶	甲氧苄啶片	50		—	
乙酰甲喹	乙酰甲喹片	—		35	
盐酸小檗碱	盐酸小檗碱片	—		—	
硫酸小檗碱	硫酸小檗碱注射液	—		—	
乌洛托品	乌洛托品注射液	—	—		
阿苯达唑	阿苯达唑片	100	60小时	14	
芬苯达唑	芬苯达唑片	100	泌乳期禁用	21	
	芬苯达唑粉	100	泌乳期禁用	14	
奥芬达唑	奥芬达唑片	100	泌乳期禁用	7	
氧苯达唑	氧苯达唑片	—	泌乳期禁用	14	
盐酸左旋咪唑	盐酸左旋咪唑片	—	泌乳期禁用	2	
	盐酸左旋咪唑注射液	—	泌乳期禁用	14	
枸橼酸乙胺嗪	枸橼酸乙胺嗪片	—	7	28	
伊维菌素	伊维菌素注射液	10	泌乳期禁用	21	
乙酰氨基阿维菌素	乙酰氨基阿维菌素注射液	—	泌乳期禁用	1	
碘醚柳胺	碘醚柳胺混悬液	—	泌乳期禁用	60	
氯氰碘柳胺钠	氯氰碘柳胺钠片	—	28	28	
	氯氰碘柳胺钠混悬液	—	28	28	

续表

药物	制剂	最大残留量/ （微克/千克）	弃奶期/天	休药期 /天	注意事项
三氯苯达唑	三氯苯达唑片	—	泌乳期 禁用	56	
	三氯苯达唑颗粒	—	泌乳期 禁用	56	
	三氯苯达唑混悬液	—	泌乳期 禁用	56	
溴酚磷	溴酚磷片	—	5	21	
	溴酚磷粉	—	5	21	
吡喹酮	吡喹酮片	—	7	28	
三氮脒	注射用三氮脒	150	7	28	
喹嘧胺	注射用喹嘧胺	—	—	—	
硫酸喹啉脲	硫酸喹啉脲注射液	—	—	—	
盐酸吖啶黄	盐酸吖啶黄注射液	—	—	—	
台盼蓝	注射用台盼蓝	—	—	—	
二嗪农	二嗪农溶液	20	3	14	
蝇毒磷	蝇毒磷溶液	—	—	28	
精制马拉 硫磷	精制马拉硫磷溶液	—	—	28	
敌敌畏	敌敌畏溶液	—	—	—	
辛硫磷	辛硫磷浇泼溶液	10	—	14	
双甲脒	双甲脒溶液	10	泌乳期 禁用	21	
环丙氨嗪	环丙氨嗪可溶性粉	—	—	3	
	环丙氨嗪可溶性颗粒	—	—	3	
尼可刹米	尼可刹米注射液	—	—	—	
戊四氮	戊四氮注射液	—	—	—	
樟脑磺酸钠	樟脑磺酸钠注射液	—	—	—	
硝酸士的宁	硝酸士的宁注射液	—	妊娠动物 禁用	—	
盐酸氯丙嗪	盐酸氯丙嗪片	不得检出	7	28	
溴化钙	溴化钙注射液	—	—	—	
苯巴比妥钠	注射用苯巴比妥钠	—	7	28	国家禁止 在饲料及 饮水使用
硫酸镁	硫酸镁注射液	—	—	—	

续表

药物	制剂	最大残留量/（微克/千克）	弃奶期/天	休药期/天	注意事项
盐酸哌替啶	盐酸哌替啶注射液	—	不宜用于妊娠动物		
异戊巴比妥钠	注射用异戊巴比妥钠	—	—	—	国家禁止在饲料及饮水使用
盐酸氯胺酮	盐酸氯胺酮注射液	—	7	28	
赛拉嗪	盐酸赛拉嗪注射液	不得检出	—	14	
赛拉唑	盐酸赛拉唑注射液	不得检出	7	28	
氯化琥珀胆碱	氯化琥珀胆碱注射液	—	妊娠动物禁用	—	
氨甲酰胆碱	氨甲酰胆碱注射液	—	妊娠动物禁用	—	
硝酸毛果芸香碱	硝酸毛果芸香碱注射液	—	妊娠动物禁用	—	
甲硫酸新斯的明	甲硫酸新斯的明注射液	—	—	—	
硫酸阿托品	硫酸阿托品注射液	—	—	—	
氢溴酸东莨菪碱	氢溴酸东莨菪碱注射液	—	7	28	
盐酸肾上腺素	盐酸肾上腺素注射液	—	—	—	
盐酸普鲁卡因	盐酸普鲁卡因注射液	—	—	—	
盐酸利多卡因	盐酸利多卡因注射液	—	—	—	
对乙酰氨基酚	对乙酰氨基酚片	—	—	—	
	对乙酰氨基酚注射液	—	—	—	
安乃近	安乃近片	—	7	28	
	安乃近注射液	—	7	28	
安替比林	安痛定注射液	—	—	—	
	复方氨基比林注射液	—	7	28	
水杨酸钠	水杨酸钠注射液	—	48小时	0	
	复方水杨酸钠注射液	—	—	—	
氟尼辛葡甲胺	氟尼辛葡甲胺注射液	—	—	28	
氢化可的松	氢化可的松注射液	—	妊娠早期及后期动物禁用	0	

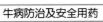

续表

药物	制剂	最大残留量/（微克/千克）	弃奶期/天	休药期/天	注意事项
醋酸可的松	醋酸可的松注射液	—	—	0	
	醋酸泼尼松片	—	—	0	
地塞米松磷酸钠	地塞米松磷酸钠注射液	0.3	3	21	
氨茶碱	氨茶碱注射液	—	—	—	
洋地黄	洋地黄酊	—	—	—	
亚硫酸氢钠甲萘醌	亚硫酸氢钠甲萘醌注射液	—	—	0	
酚磺乙胺	酚磺乙胺注射液	—	—	0	
安络血	安络血注射液	—	—	0	
维生素B_{12}	维生素B_{12}注射液	—	—	0	
呋塞米	呋塞米片	—	—	—	
	呋塞米注射液	—	—	—	
氢氯噻嗪	氢氯噻嗪片	—	—	—	
甘露醇	甘露醇注射液	—	—	—	
山梨醇	山梨醇注射液	—	—	—	
缩宫素	缩宫素注射液	—	—	—	
垂体后叶素	垂体后叶素注射液	—	—	—	
马来酸麦角新碱	马来酸麦角新碱注射液	—	—	—	
丙酸睾酮	丙酸睾酮注射液	不得检出	—	—	国家禁用
苯丙酸诺龙	苯丙酸诺龙注射液	不得检出	7	28	
苯甲酸雌二醇	苯甲酸雌二醇注射液	不得检出	7	28	
黄体酮	黄体酮注射液	—	泌乳牛禁用	30	
绒促性素	注射用绒促性素	—	—	—	国家禁止在饲料及饮水使用
血促性素	注射用血促性素	—	—	—	
甲基前列腺素$F_{2\alpha}$	甲基前列腺素$F_{2\alpha}$注射液	—	妊娠动物忌用	1	
氨基丁三醇前列腺素$F_{2\alpha}$	氨基丁三醇前列腺素$F_{2\alpha}$注射液	—	—	1	
氯前列醇	氯前列醇注射液	—	不需要流产的妊娠动物禁用	1	

续表

药物	制剂	最大残留量/ (微克/千克)	弃奶期/天	休药期 /天	注意事项
氯前列醇钠	氯前列醇钠注射液	—	不需要流产的妊娠动物禁用	1	
	注射用氯前列醇钠	—	不需要流产的妊娠动物禁用	1	
维生素A	维生素AD注射液	—	—	—	
维生素D_2	维生素D_2胶性钙注射液	—	—	—	
维生素D_3	维生素D_3注射液	—	7	28	
维生素E	维生素E注射液	—	—	28	
维生素B_1	维生素B_1片	—	—	0	
	维生素B_1注射液	—	—	0	
维生素B_2	维生素B_2片	—	—	0	
	维生素B_2注射液	—	—	0	
维生素B_6	维生素B_6片	—	—	0	
	维生素B_6注射液	—	—	0	
	复合维生素B溶液	—	—	—	
	复合维生素B注射液	—	—	—	
维生素C	维生素C片	—	—	0	
	维生素C注射液	—	—	0	
	泛酸钙	—	—	—	
烟酰胺	烟酰胺片	—	—	—	
	烟酰胺注射液	—	—	—	
烟酸	烟酸片	—	—	—	
氯化钙	氯化钙注射液	—	—	—	
	氯化钙葡萄糖注射液	—	—	—	
葡萄糖酸钙	葡萄糖酸钙注射液	—	—	—	
	硼葡萄糖酸钙注射液	—	—	—	
亚硒酸钠	亚硒酸钠注射液	—	—	—	
	亚硒酸钠维生素E预混剂	—	—	28	
	亚硒酸钠维生素E注射液	—	—	14	
	复方布他磷注射液	—	—	30	

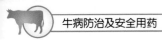

药物	制剂	最大残留量/ （微克/千克）	弃奶期/天	休药期 /天	注意事项
氯化胆碱	氯化胆碱溶液	—	—	—	
盐酸苯海 拉明	盐酸苯海拉明注射液	—	—	—	
盐酸异丙嗪	盐酸异丙嗪片	—	—	28	国家禁止 在饲料及 饮水使用
	盐酸异丙嗪注射液	—	7	28	国家禁止 在饲料及 饮水使用
马来酸氯苯 那敏	马来酸氯苯那敏片	—	—	—	
	马来酸氯苯那敏 注射液	—	—	—	
氯唑西林钠	注射用氯唑西林钠	30	2	10	
头孢氨苄	头孢氨苄乳剂	100	2		
苄星氯唑 西林	苄星氯唑西林注射液	—	泌乳期 禁用	28	产犊后 4天禁用
	苄星氯唑西林乳房 注入剂（干乳期）	—	4	28	
氨苄西林＋ 苄星氯唑 西林	氨苄西林、苄星氯 唑西林乳房注入剂 （干乳期）	10	4	28	产犊前 49天 使用
氯唑西林钠 ＋ 氨苄西林钠	氯唑西林钠+氨苄西 林钠乳剂（干乳期）	30/10	泌乳期 禁用	—	专供停乳 期乳腺炎 使用
	氯唑西林钠+氨苄西 林钠乳剂（泌乳期）	30/10	2	—	
	氨苄西林钠+氯唑 西林钠乳房注入剂 （泌乳期）	10	60小时	7	
盐酸林可 霉素	盐酸林可霉素乳房注 入剂	150	7	—	
盐酸林可霉 素＋硫酸新 霉素	盐酸林可霉素-硫酸 新霉素乳房注入剂 （泌乳期）	150	60小时	1	
盐酸吡利 霉素	盐酸吡利霉素乳房 注入剂（泌乳期）	—	3	9	

[1] 肖定汉. 奶牛病学 [M]. 北京：中国农业大学出版社，2012.

[2] 郑继方等. 奶牛常见病综合防治技术 [M]. 北京：金盾出版社，2011.

[3] 丁伯良等. 奶牛乳腺炎 [M]. 北京：中国农业出版社，2011.

[4] 威廉·C·雷布汉著，赵德明，沈建忠主译. 奶牛疾病学 [M]. 北京：中国农业大学出版社，2009.

[5] 崔中林. 奶牛疾病学 [M]. 北京：中国农业出版社，2007.

[6] Thomas J. Divers，Simon F. Peek 主编，赵德明，沈建忠主译. Rebhun's 奶牛疾病学 [M]. 北京：中国农业大学出版社，2010.

[7] 赵月兰. 规范化健康养殖奶牛疾病技术 [M]. 北京：中国农业大学出版社，2015.

[8] 王春璈. 奶牛疾病防控治疗学 [M]. 北京：中国农业出版社，2013.

[9] 徐世文等. 奶牛病防治技术 [M]. 北京：中国农业出版社，2012.

[10] 刘长松. 奶牛疾病诊疗大全 [M]. 北京：中国农业出版社，2005.

[11] 侯绍华. 奶牛常见病特征与防控知识集要 [M]. 北京：中国农业科学技术出版社，2015.

[12] 倪和民等. 奶牛健康养殖与疾病防治 [M]. 北京：中国农业出版社，2013.

[13] 剡根强. 规模化奶牛场兽医保健指南 [M]. 北京：中国农业出版社，2015.

[14] 董义春等. 奶牛用药知识手册 [M]. 北京：中国农业出版社，2010.

[15] 中国兽药典委员会. 中华人民共和国兽药典（2010年版）：二部 [M]. 北京：中国农业出版社，2010.

[16] 中国兽药典委员会. 兽药使用指南化学药品卷（2010版）[M]. 北京：中国农业出版社，2010.

化学工业出版社同类优秀图书推荐

ISBN	书名	定价/元
28520	新编肉牛饲料配方600例（第二版）	30
27117	林地养肉牛疾病防治技术	25
27739	一本书读懂安全养肉牛	36
27351	双孢菇、草菇、杏鲍菇高产技术图解	29.8
25712	肉牛快速育肥新技术	35
24798	现代牛病防制实战技术问答	25
23505	养奶牛高手谈经验	35
23506	养肉牛高手谈经验	30
23114	牛场卫生、消毒和防疫手册	32
23197	林地生态养肉牛实用技术	29.8
23234	种草养牛实用技术	28
22587	零起点学办肉牛养殖场	39
22165	牛的行为与精细饲养管	30

邮购地址：北京市东城区青年湖南街13号化学工业出版社（100011）

服务电话：010-64518888（销售中心）

如要出版新著，请与编辑联系。

编辑联系方式：010-64519829，E-mail：qiyanp@126.com。

如需更多图书信息，请登录www.cip.com.cn。